História Mínima de Israel

Coleção Paralelos

Coordenação de texto: Luiz Henrique Soares e Elen Durando
Preparação: Margarida Goldsztajn
Revisão de texto: Marcio Honorio de Godoy
Capa e projeto gráfico: Sergio Kon
Produção: Ricardo W. Neves e Sergio Kon

Mario Sznajder

HISTÓRIA MÍNIMA DE ISRAEL

HISTÓRIA DO POVO,
DA REGIÃO E DO CONFLITO

TRADUÇÃO
MARGARIDA GOLDSZTAJN

© El Colegio de México, A.C.
Carretera Picacho Ajusco, n. 20, Colonia Ampliación Fuentes del Pedregal
14110 Ciudad de México, México.
www.colmex.mx

CIP-Brasil. Catalogação na Publicação
Sindicato Nacional dos Editores de Livros, RJ

S994h
    Sznajder, Mario, 1948-
        História mínima de Israel : história do povo, da região e do conflito / Mario Sznajder ; tradução Margarida Goldsztajn. - 1. ed. - São Paulo : Perspectiva, 2024.
        336 p. ; 21 cm. (Paralelos ; 14)

    Tradução de: Historia mínima de Israel
    Inclui bibliografia
    ISBN 978-65-5505-199-5

    1. Israel - História. 2. Palestina - História. 3. Conflito Árabe-israelense - História. I. Goldsztajn, Margarida. II. Título. III. Série.

24-93472
        CDD: 956.94
        CDU: 94(569.4)

Meri Gleice Rodrigues de Souza - Bibliotecária - CRB-7/6439
23/08/2024 27/08/2024

1ª edição.

Direitos reservados em língua portuguesa à

EDITORA PERSPECTIVA LTDA.

Alameda Santos, 1909, cj. 22
01419-100 São Paulo SP Brasil
Tel.: (11) 3885-8388
www.editoraperspectiva.com.br

2024

Para Gadi, Itay e Yuval

SUMÁRIO

Introdução
11

1 O Povo de Israel
(Século XVIII a.C. - Século XVIII d.C.)
14

2 Sionismo e Migração
(1881-1918)
35

3 Construindo a Nação e o Estado
(1918-1948)
54

4. O Estado de Israel
(1948-1956)
82

5 As Guerras de Israel
(1956-1974)
145

6 A Busca Pela Paz
(1974-1981)
208

7 Entre a Paz e a Guerra
(1981-2009)
228

8 A Era Netanyahu
290

Referências
325

INTRODUÇÃO

A *História Mínima de Israel* representa um desafio complexo que envolve diversas tarefas simultâneas. A primeira é esclarecer a relação entre certos conceitos básicos que são com frequência confundidos, como *judeu*, *israelita* e *israelense*. A segunda pretende abreviar a história milenar do povo judeu e apresentar alguns dos seus problemas como o antissemitismo, o messianismo, o retorno à terra bíblica e as variantes do judeu em níveis cultural, social e político. Posteriormente, analisa-se a criação do moderno Estado de Israel e os problemas que ainda afetam a sua existência.

Quando falamos de judeus ou israelitas usamos vários conceitos: *povo, nação, religião, grupo étnico, diáspora*. No entanto, Shmuel Noah Eisenstadt, um sociólogo israelense, propôs o conceito de *civilização israelita*, uma vez que nenhum dos anteriores era suficientemente amplo, nem explícito, para definir judeus e israelitas. De acordo com Eisenstadt, o mais marcante dos fatores distintivos judaicos tem sido a religião, por exemplo, a relação peculiar ideológica e metafísica dos judeus com a terra de Israel, da qual se sentiram exilados durante os últimos dois milênios. A antiga civilização israelita apresentou a primeira religião monoteísta, que proclamou o conceito de um Deus universal e transcendente que criou o universo e impôs sua vontade e lei.

O termo *Israel* implica novos elementos de conceituação que em português estão relacionados às acepções *israelita* e *israelense*. Atualmente, são chamados de *israelenses* os nascidos no Estado de

Israel ou os cidadãos desse país, enquanto *israelita* é sinônimo de judeu ou membro do povo de Israel, o povo judeu. O termo *judeu* está relacionado ao território da Judeia, assim denominado porque, segundo fontes bíblicas, foi ocupado pela tribo de Iehudá-Judá-Judeia durante a conquista de Canaã, após o êxodo do Egito. Israel é o nome que o patriarca Jacó adquiriu depois de sua luta com o anjo do Senhor, de acordo com o Antigo Testamento. Esse patronímico deu nome ao reino de Davi, no século x a.C., tendo sido usado para identificar os judeus como *israelitas* ou membros do povo de Israel. O termo *judeu*(*s*) – no plural, em hebraico, *iehudim* – foi mencionado pela primeira vez no *Livro de Jeremias*.

O primeiro capítulo deste livro nos leva do século XVIII a.C. ao século XVIII d.C. por meio de uma brevíssima síntese da história do povo judeu durante mais de 3.500 anos. O segundo capítulo analisa com maiores detalhes o surgimento do sionismo e de outros movimentos políticos judeus; também destaca as duas primeiras migrações judaicas modernas, o retorno à terra de Israel e a oposição que esse fenômeno desperta entre a população árabe local. No terceiro capítulo, centrado no período em que a Palestina se converteu no Mandato Britânico, o texto enfoca o processo de construção institucional e nacional do que será o futuro Israel, o aumento da violência intercomunitária e das tentativas de resolver os dilemas do confronto árabe-judaico. O quarto capítulo examina os primeiros anos de vida do Estado de Israel em um Oriente Médio hostil e as mudanças demográficas, sociais e econômicas de grande magnitude que afetaram a estabilização e a consolidação do novo Estado. Uma vez estabelecido, o Estado de Israel entrou em um longo período de guerras internacionais, que são o tema do quinto capítulo. O capítulo seis examina a busca pela paz entre Israel e seus vizinhos árabes, sempre num contexto saturado de violência. O sétimo e o último capítulos abrangem a década de 1980 do século XX ao início do século XXI, para mergulhar em um Israel envolvido nos processos de paz e de guerra.

Ao longo do texto, diversas hipóteses são apresentadas a fim de esclarecer as causas que explicam as consequências dos processos analisados na *História Mínima de Israel*. A primeira versa sobre a diferença entre as narrativas sobre Israel – e sobre os conflitos árabe--israelense e palestino-israelense – e o seu impacto em ambos os lados. Essa análise mostra que embora Israel opere formalmente de maneira democrática desde os tempos pré-Estado, o eleitor médio expressa sua vontade eleitoral e pública sobre uma realidade que conhece muito pouco. Isso também se aplica aos partidos árabes, em contextos menos democráticos. A segunda visa explicar a sobrevivência da sociedade judaica e o panorama de Israel, um Oriente Médio sempre hostil, com base na modernidade material e cultural do modelo utilizado pelo sionismo desde o início das modernas imigrações judaicas ou do retorno à terra bíblica. Dialeticamente, o modelo moderno de Israel desencadeia processos de retorno a identidades coletivas tradicionais. A terceira hipótese sustenta que a capacidade de improvisação que caracteriza as elites israelenses contribui sobremaneira para a resolução dos problemas que surgem no projeto sionista; no entanto, ao não se basear em estratégias de longo prazo, o fato de mensurar o progresso no sentido de seus objetivos e propor soluções eficazes para problemas *ad hoc* cria complicações que geram uma sensação contínua de crise.

Neste texto preferiu-se usar a terminologia original para mencionar fenômenos, fatos e instituições, bem como personagens, em uma transliteração para o português dos idiomas originais (hebraico, árabe e outros) que respeite tanto a fonética original quanto sua correta pronúncia em português.

No texto, são mencionadas obras em hebraico, espanhol, inglês, francês e alemão que serviram de base para a preparação desta obra, porém nas referências as fontes hebraicas são omitidas por serem numerosas demais.

O objetivo é que este livro desperte curiosidade suficiente para que os leitores decidam estudar mais a fundo os temas aqui apresentados sob o título: *História Mínima de Israel*.

1.
O POVO DE ISRAEL
(século XVIII a.C. - século XVIII d.C.)

No relato bíblico há elementos históricos confirmados por fontes primárias externas à *Bíblia*, por exemplo, as Cartas de Tel Amarna (Egito, século XIV a.c.) escritas em acadiano, nas quais se faz referência aos *habiru* – antigos hebreus – ou as Cartas de Laquis ou Cartas de Hosaías (Judeia, século VI a.c.) escritas em hebraico durante o reinado de Zedequias. A *Bíblia* hebraica – *Biblia hebraica* em latim, ou *Tanakh* (*Torá*, *Neviím*, *Ketuvím* em hebraico) – consiste em uma compilação de textos escritos em hebraico a partir do final do século VII a.c. por vários autores. No debate sobre arqueologia bíblica surgiram controvérsias especialmente sobre o período dos monarcas do Reino Unido de Israel e de Judá – Saul, Davi e Salomão – em relação à sua realidade histórica e existência. Os minimalistas, por um lado, questionam a existência do reino ou o confinam a limites muito reduzidos de cidade-reino, ao passo que os maximalistas, por outro lado, sustentam que o relato bíblico é histórico. A descoberta de dois pequenos pergaminhos de prata do século VII a.C. em Jerusalém e dos 981 manuscritos ou Manuscritos do Mar Morto, encontrados em Qumran, a partir de 1946, bem como novas descobertas arqueológicas na área de Siloé-Cidade de Davi, em Jerusalém, e no vale de Elá – local em que, segundo o texto bíblico, Davi derrotou Golias –, corrobora parcialmente alguns relatos bíblicos.

Segundo a narrativa bíblica, o povo judeu ou israelita é formado pelos descendentes dos patriarcas Abraão, Isaque e Jacó. Abraão emigrou da cidade de Ur, na Mesopotâmia asiática do Oriente

Médio, para a Terra de Canaã aproximadamente no século XVIII a.C. Sua família residia nos arredores de Hebron e seus membros trabalharam como pastores por duas gerações. Contudo, depois de uma fome de sete anos, emigraram para o Egito e se estabeleceram na Terra de Gessen, convidados por José, um dos doze filhos de Jacó que havia alcançado uma posição elevada na corte faraônica. Depois de ali viverem durante vários séculos e terem sido escravizados pelos egípcios, um novo líder, Moisés, guiou o povo no que é chamado de êxodo do Egito. A saída do Egito constitui, para os judeus, uma festividade, ou melhor, um vínculo de identidade fundamental que é celebrado todos os anos na festa de Péssakh. É na fuga do Egito para o deserto que o povo judeu acentuou sua identidade religiosa ao receber os Dez Mandamentos que, além de reforçarem a identidade monoteísta, estabelecem princípios morais que constituem uma parte dos fundamentos da cultura ocidental. Decorridos quarenta anos após a saída do Egito e pouco depois da morte de Moisés no Monte Nebó – localizado, de acordo com a *Bíblia*, em Moab, na atual Jordânia –, os judeus entraram na Terra Prometida de Canaã e a conquistaram. Canaã foi subdividida entre as doze tribos que descendem dos filhos de Jacó e, no âmbito da interação com os habitantes locais, elas começaram a se estabelecer durante a chamada "Era dos Juízes" de Israel. De acordo com Israel Finkelstein e Neil Asher Silberman, esse parece ser o período em que as práticas e os rituais da elite que, segundo a tradição bíblica, liderou o êxodo do Egito, transformaram-se em uma religião popular que regulamentou as condutas sociais da maioria demográfica de Canaã que, mais tarde, tornou-se o povo de Israel.

O último dos juízes, o profeta Samuel, ungiu Saul como primeiro rei de Israel, aparentemente no século XI a.C. Saul, por sua vez, foi sucedido por Davi, seu genro, que atuou como líder militar e rei de Israel ao mesmo tempo. Davi conquistou Jerusalém, uma antiga cidade cananeia, jebusita, na terra da tribo de Judá-Judeia. Esse centro, declarado muito mais tarde como a Cidade Santa do judaísmo e depois do cristianismo e do islã, sempre desempenhou um papel central na identidade judaica e atualmente na palestina. Salomão, sucessor de Davi, construiu ali o Primeiro Templo judaico. O objetivo da sua construção era abrigar a Arca da Aliança que continha as duas tábuas da lei com os Dez Mandamentos no *Sancta Sanctorum*, o Santo dos Santos. A época de Davi e Salomão forneceu os materiais necessários para construir o tipo de mito histórico que nos séculos XIX e XX os nacionalismos modernos usaram com conotações heroicas, gloriosas e românticas ao mesmo tempo. O Antigo Testamento mostra uma luta contínua entre o monoteísmo estrito dos profetas e as práticas pagãs de grandes grupos judaicos e de suas elites. Os principais profetas – Isaías, Jeremias, Ezequiel e Daniel – atuaram especialmente no Reino de Judá entre os séculos XVII e V a.c.

A divisão do Reino de Israel e Judá após a morte do rei Salomão e a ascensão ao trono de um de seus filhos, Jeroboão, foram produto de uma revolta da maioria das tribos de Israel contra o poder central que sustentava seu esplendor não apenas com base no comércio, mas com pesados impostos. Na época da monarquia unida mais tarde no Reino de Judá, os judeus tinham um único templo em Jerusalém ao qual faziam peregrinações três vezes por ano durante as festividades religioso-agrícolas de Péssakh, Schavuót[1] e Sucót[2]. Somente ali era permitido o sacrifício ritual. Sabe-se da existência de apenas um outro templo judaico no primeiro milênio a.c., localizado na ilha de Elefantina no Egito, que aparentemente remonta ao século VII a.c., cuja existência foi analisada por Simon Schama.

A divisão entre o Reino de Israel, mais extenso e populoso, no Norte, e o Reino de Judá no Sul, ocorreu no final da terceira década do século IX a.c. O Reino de Israel, com capital em Samaria (em hebraico, Schomron), desenvolveu-se rapidamente, porém, devido aos seus confrontos com a Assíria, perdeu a independência no ano de 722 a.C.

O Reino de Judá parece ter começado de forma fragmentada ou dividido em cantões para integrar uma unidade monárquica por

---

[1] Festa das Primícias do trigo e, do ponto de vista religioso, da entrega da *Torá*. (N. da T.)
[2] Festa das Cabanas, tem um duplo aspecto, o agrícola e o religioso. No primeiro, marca a estação do outono, o fim do ano agrícola e a colheita (*assif*) das frutas. Do ponto de vista religioso, relembra os quarenta anos que o povo judeu perambulou pelo deserto, habitando em cabanas. (N. da T.)

volta do século VIII a.C. Sua capital era Jerusalém. Esse pequeno Estado judeu, vassalo da Assíria, continuou a existir até ser conquistado pelo Império Neobabilônico.

A diáspora judaica existe desde o ano de 597 a.C., data da derrota da Judeia e início da ocupação babilônica. Contudo, diante da resistência judaica, os babilônios destruíram Jerusalém e o Primeiro Templo em 586 a.C.

As deportações para a Babilônia e a saída dos judeus para o Egito provocaram uma nova dispersão. Ou seja, uma diáspora multipolar, embora, ao contrário das deportações assírias do século VIII a.C. para muitas partes desse império e dos deportados que se converteram nas "Dez Tribos Perdidas" de Israel, na deportação e dispersão com a conquista babilônica da Judeia os deportados mantiveram a sua identidade judaica coletiva.

O Império Babilônico sucumbiu às hostes de Ciro, o Grande, fundador do Império Persa. Ele permitiu que uma parte dos exilados judeus – liderados por Zorobabel, Esdras e Neemias – retornasse a Jerusalém e reconstruísse o templo. Esse retorno parcial se deu em várias etapas durante os séculos VI e V a.C., e o templo foi reconstruído em Jerusalém (mapa 1).

Essa foi a época da canonização dos livros sagrados que constituem a *Bíblia* judaica, também chamada de Antigo Testamento ou *Tanakh*: *Torá* (Pentateuco: os Cinco Livros de Moisés ou instrução); *Neviím* (os Oito Livros dos Profetas); e *Ketuvím* (os Onze Livros da Verdade ou Escritos). No total são 24 livros que compõem um relato que vai desde a criação do mundo (*Gênesis*) até a época do Segundo Templo. A tradição bíblica oral paralela foi compilada mais tarde nos textos do *Talmud* – traduzido do hebraico "ensino" –, que reúne a bagagem multissecular jurídico-religiosa-ritual do povo judeu. Ritual e religião, costumes sociais e vínculo com a terra ancestral foram ingredientes centrais para a existência de comunidades judaicas autônomas na diáspora.

Nessa fase histórica do povo de Israel/povo judeu, os níveis de autonomia eram diferentes, dependendo da área religiosa. Jerusalém e as regiões habitadas pelos judeus que retornaram da Babilônia permaneceram submetidas ao poder político do Império Persa, depois ao império macedônico de Alexandre, o Grande, e do seu herdeiro local, o grego ptolomaico, e, posteriormente, o grego selêucida. Foi no período em que Roma começou a emergir como uma potência futura que ocorreu a rebelião dos macabeus. Em 167 a.c., os judeus se revoltaram contra o rei greco-selêucida Antíoco IV Epifânio, liderados por Matatias, um sacerdote judeu, cujo filho, Judas Macabeu, assumiu a liderança político-militar no confronto. A contenda permitiu a restauração religiosa judaica do Templo de Jerusalém. No contexto dessa guerra, Judas Macabeu enviou uma delegação a Roma para tentar se aliar à República romana contra os gregos selêucidas. A autonomia da Judeia foi alcançada por volta da quarta década do século II a.C. Em termos religiosos, a guerra dos macabeus e a purificação do Templo de Jerusalém, na qual foram eliminados todos os vestígios do paganismo helênico, são lembradas desde então pelos judeus com o nome de Hanuká, Festa das Luzes ou reinauguração do Templo de Jerusalém e sua consagração a Deus. Hanuká enfatiza os valores do pietismo religioso, o sacrifício contra o paganismo e a luta pela independência. Apoios e alianças externos, cisões internas até o nível de guerra civil, o *éthos* militar e guerreiro do lado macabeu (percebido como a parte menos numerosa e mais fraca, porém que atinge seus objetivos por meio de uma combinação de sabedoria aplicada, fé e heroísmo) foram usados pelo nacionalismo judaico contemporâneo.

Simão, o último dos irmãos de Judas Macabeu, estabeleceu a dinastia dos asmoneus, que conseguiu expandir os territórios da Judeia para Samaria, partes da Transjordânia – em que ocorreu a conversão dos idumeus ao judaísmo –, o leste da Galileia e a área costeira do Mediterrâneo. A mescla entre religião e política criou dois grupos políticos religiosos: os fariseus – do hebraico *peruschim* (separados), ou puristas religiosos –, e os saduceus, ou zadoquitas, relacionados ao ex-sumo sacerdote Sadoc – encarregados dos rituais no Templo de Jerusalém e comprometidos com as autoridades políticas. Em 63 a.C., Pompeu conquistou Jerusalém e teve início o controle romano sobre a Judeia. O Reino de Judá continuou

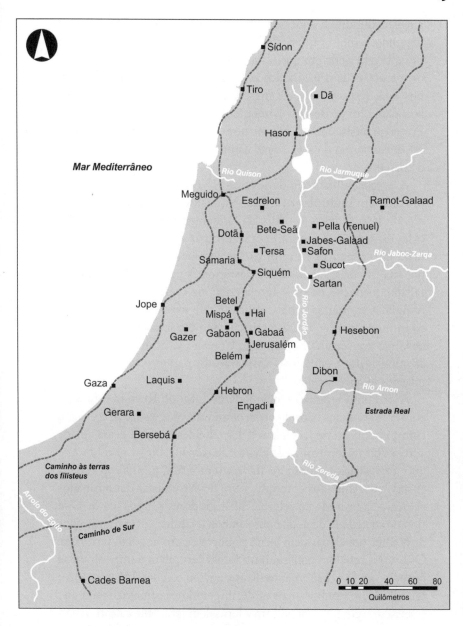

MAPA 1. Israel na Época do Antigo Testamento

a existir durante a época de Herodes, o Grande, reconstrutor do Segundo Templo, que erigiu Cesareia e reinou protegido por Roma durante o período em que Jesus Cristo nasceu. Herodes assassinou os membros da dinastia dos asmoneus, colaborou com os romanos e foi responsável pelo massacre dos Santos Inocentes. A era herodiana foi de desenvolvimento material e turbulência política. Precedeu o nascimento de uma nova religião, monoteísta e universal, que emergiu do seio do judaísmo e de suas discussões internas: o cristianismo. A presença histórica de Jesus de Nazaré tem sido discutida e provada em múltiplas ocasiões. Na história de Israel, a vida e a crucificação de Jesus são fatos de fundamental importância não só pelo impacto contemporâneo que, naquela época turbulenta significou uma tentativa de reformar ou revolucionar o judaísmo, mas por sua importância histórica posterior. A propagação do monoteísmo, a criação de uma Igreja cristã de caráter universal – que rompia as fronteiras tribais, étnicas e religiosas do judaísmo – e o confronto histórico entre o cristianismo e o judaísmo continuam ao longo dos séculos. Somente no Concílio Vaticano II (1962-1965) as iniciativas do papa João XXIII transformaram positivamente as relações judaico-cristãs.

A primeira rebelião – chamada de Grande Revolta – judaica contra os romanos ocorreu entre os anos de 66 e 73 d.C. e começou com a conquista de Jerusalém pelos rebeldes e a fuga dessa cidade após a derrota das tropas da guarnição romana. Nesse período surgiram os sicários – homens da *sica* (em latim, punhal ou espada curta) – relacionados com um grupo de extremistas denominados zelotes – "admiradores zelosos" ou "seguidores zelosos" da fé. Esse tipo de sociedade de assassinos semeou o pânico entre os inimigos da revolta, pois atuava em locais públicos e com impacto terrorista. Os grupos rebeldes conseguiram tomar Jerusalém e impediram as negociações com os romanos. Roma enviou o general Vespasiano e seu filho Tito (ambos, mais tarde, imperadores romanos) para que evitassem o choque frontal com a Jerusalém reforçada e destruíssem as demais praças fortes judaicas. A redução territorial concentrou os rebeldes que conseguiram escapar dos romanos em Jerusalém. Houve fortes enfrentamentos entre os zelotes e os saduceus que coincidiram com uma guerra civil em Roma, para a qual Vespasiano foi chamado e ali nomeado imperador. Tito sitiou Jerusalém acampando no Monte Scopus. No verão de 70 d.C., Jerusalém e o templo foram saqueados e incendiados pelos romanos. No entanto, os zelotes ainda resistiram em outros lugares; tomaram Massada e massacraram a guarnição romana local. Os zelotes resistiram até abril de 73 d.C. quando, de acordo com a narrativa prevalente em Israel e na diáspora judaica, os combatentes de Massada preferiram um suicídio coletivo a se renderem aos romanos. Nachman Ben Yehuda analisa como a narrativa de Flávio Josefo em sua obra *De bello iudaico* (A Guerra dos Judeus) passou por um processo de ideologização e mitificação. As ruínas da fortaleza de Massada converteram-se em um símbolo de liberdade e do Estado de Israel. Massada foi transformada em um santuário nacional moderno, reverenciado por gerações de sionistas e militares israelenses e, ao mesmo tempo, uma grande atração turística. Durante as primeiras décadas do Estado de Israel, os soldados das Forças de Defesa de Israel (FDI) ali prestavam juramento de fidelidade, exclamando: "Massada não cairá novamente."

A segunda rebelião foi a Revolta das Diásporas ou das comunidades judaicas no Império Romano entre 115 e 117 d.C., também chamada de Guerra de Kitos ou de Lúsio Quieto – o comandante romano que a reprimiu. Grandes grupos de judeus que povoavam cidades como Alexandria, no Egito, Cirene, na atual Líbia, e cidades em Chipre e na Mesopotâmia asiática se rebelaram contra Roma. O resultado foi a enorme intervenção militar romana que praticamente destruiu as comunidades judaicas rebeldes.

A última revolta foi liderada entre os anos de 132 e 136 por Simão Barcoquebas (em hebraico, Bar Kokhbá, Filho da Estrela, segundo o apelido que lhe foi dado por seu líder espiritual, o rabi Akiva). Por um breve período foi restabelecida uma entidade judaica independente cujo centro estava na Judeia. No entanto, a rebelião foi reprimida, com mais de meio milhão de judeus mortos, pelo imperador romano Adriano, que erradicou os judeus de Jerusalém e da região. Adriano, em sua tentativa de eliminar a influência judaica, impôs o nome de Síria Palestina à região que os romanos outrora chamavam de *Iudaea* – Judeia, o antigo Reino Unido de Israel e de Judá. Da mesma forma, no lugar de Jerusalém, estabeleceu uma cidade romana: Aelia Capitolina, dominada por um templo no qual a estátua de Júpiter e a da sua própria imagem tinham precedência como altares pagãos. Essa é a época em que o povo judeu se descentralizou pela proibição do culto israelita em Jerusalém, o desaparecimento não só do templo, mas da esperança de reconstruí-lo e da dispersão física das comunidades judaicas no âmbito do Império Romano e mais para além dele. Discussões teológicas judaicas surgiram no que é denominado judaísmo rabínico das sinagogas (em latim e grego: lugares de congregação). O centro geográfico-religioso-político do povo de Israel/povo judeu mudou-se de Jerusalém para o Oriente – Babilônia – e para o Ocidente – Roma – e dali para comunidades ao redor do mundo. O Antigo Testamento, ou *Tanakh*, foi aceito como texto canônico entre os séculos v a.C. e i d.C., isto é, na época em que a maioria dos judeus estava concentrada territorialmente em Israel/Judeia e o Templo de Jerusalém existia; mais tarde, foi respeitado, estudado e interpretado durante a diáspora.

A nova estrutura geográfica, social e demográfica do povo de Israel, disperso pela Ásia, África e Europa, gerou um judaísmo de pequenas comunidades necessitadas de novos textos canônicos centrais que adaptassem as tradições orais e escritas à realidade da diáspora. O *Talmud* se converteu no texto central do judaísmo rabínico e diaspórico, composto pela Mischná, ou estudo repetitivo (com base no que está escrito) da antiga tradição oral valorizada pelos fariseus, e pela G[u]emará (complemento ou conclusão), que é o resultado das discussões dos rabinos na Galileia – que redigiram o *Talmud* de Jerusalém – e dos rabinos na Mesopotâmia asiática (atual Iraque) – que redigiram o *Talmud* Babilônico – entre os séculos III e VI d.C. A associação entre os conceitos de diáspora e exílio indica uma mudança radical no modo de vida, não só no que tange à perda de soberania sobre um território e o distanciamento dos seus santuários, mas também à transição de uma maioria para uma minoria.

No Império Bizantino, a terra de Israel foi subdividida em: Palaestina Prima (capital: Cesareia); Palaestina Seconda (capital: Citópolis ou Bete-Seã); Palaestina Salutaris ou Palaestina Tertia (capital: Petra).

O imperador Heráclio reconquistou Jerusalém dos persas sassânidas para Bizâncio em 629 d.C. O território foi posteriormente conquistado pela onda de expansão islâmica em 638 d.C. Entre essa data e a Primeira Cruzada (1099 d.C.), a Palestina foi controlada por sucessivos califados. O domínio muçulmano estabeleceu o *Iund Filastin* – em árabe, distrito militar da Palestina, com capital em Lod e depois Ramla – no território da Palaestina Prima, e o *Iund al-Urdunn* – distrito militar da Jordânia – na Palaestina Seconda, com capital em Tiberíades. As Cruzadas tomaram Jerusalém em 1099 d.C. e estabeleceram o Reino Latino, que sobreviveu até que seu último enclave – Acre – caiu nas mãos dos mamelucos em 1291. Jerusalém havia sido recuperada para o islã por Saladino em 1187. Além disso, essa região foi palco do confronto entre mongóis e mamelucos na Batalha de Ain Jalut (em 1260, com a vitória mameluca). Em 1517, o califado otomano substituiu o mameluco e incluiu toda a histórica Israel-Palestina no Vilaiá-Vilaiet (em turco, província) de Damasco. Isso se manteve durante o domínio otomano e é usado como referência à imigração sionista moderna em direção à parte sul da província otomana da Síria ou Palestina Otomana.

O surgimento do cristianismo no próprio seio do judaísmo e depois do islã no Oriente Médio colocou maiores desafios à preservação da identidade coletiva judaica.

O processo de dispersão sempre foi muito mais longo e menos abrupto do que o do exílio. Flávio Josefo alegava que a nação judaica estava amplamente dispersa por toda a terra habitável. Filo de Alexandria considerava a dispersão judaica como uma bênção, comparável à dispersão dos gregos entre suas colônias.

Do ponto de vista geográfico, as primeiras diásporas judaicas que preservaram a sua identidade estavam no Oriente Médio, particularmente na Babilônia e no Egito. A Rota da Seda da Ásia Central viu as comunidades judaicas florescerem em Bukhara, Samarcanda e no vale de Fergana (no Uzbequistão), bem como em Herate e Cabul (no Afeganistão) e até em Kaifeng (na China). Alguns judeus se estabeleceram em Cochim (na Índia); e, inclusive, muitos séculos depois, sob controle britânico, chegaram à Índia judeus de Bagdá. Da mesma forma, outros grupos judaicos fixaram-se em todo o norte da África.

Na cidade de Roma residiam judeus que vieram de Alexandria no período final da República e gozavam de liberdade religiosa desde a época de Júlio César. Também chegaram os primeiros cristãos que, no início, eram vistos como uma seita proveniente da Judeia. A população judaica de Roma e do império aumentou com a vinda dos prisioneiros judeus após os tumultos. A partir de Roma, alguns judeus conseguiram chegar às diversas províncias do Império Romano. No que diz respeito às decisões dos imperadores romanos, Tibério e Calígula expulsaram os judeus, porém Vespasiano estabeleceu um imposto especial para essa comunidade (*fiscus judaicus*). É possível que membros do povo de Israel/povo judeu tivessem chegado à Península Ibérica junto com os fenícios vários séculos a.C., mas só existem testemunhos da presença judaica nessa região a partir da época romana.

A existência e a identidade judaicas da Arábia e do Iêmen são anteriores à destruição do Segundo Templo. Inscrições e dados arqueológicos indicam que havia tribos judaicas – ou convertidas ao judaísmo – na Arábia durante os séculos anteriores ao islã. O tráfego cultural, comercial e militar através do estreito de Bab el-Mandeb, entre o Iêmen e a Etiópia, fornece uma explicação mais realista da origem do judaísmo etíope que a lenda da rainha de Sabá e sua visita ao rei Salomão em Jerusalém.

Há quem afirme que no norte da Mesopotâmia eles sobreviveram como judeus de língua aramaica entre grupos populacionais curdos, remanescentes das tribos do Reino de Israel, deportados pelos assírios no século VIII a.C.

Após as conquistas muçulmanas, por volta do século X d.C., as comunidades judaicas da Espanha (em hebraico, Sefarad) muçulmana e católica foram fortalecidas e se converteram em centros espirituais, culturais e econômicos no transcurso do que é identificado como a Idade de Ouro do judaísmo sefardita. A França e o vale do Reno abrigavam crescentes populações judaicas, que foram sobremaneira afetadas pela violência judeofóbica gerada em torno da Primeira Cruzada (de 1096 d.C. em diante). A organização comunitária com elemento confederativo regional, oriunda da Babilônia, foi usada na Espanha e mais tarde transferida para o Império Otomano por intermédio dos judeus expulsos da Espanha em decorrência do Édito de Granada, de janeiro de 1492.

Na Europa Central, entre os chamados judeus asquenazitas (no medievo, no Vale do Reno, na Alemanha e, por extensão, no norte da Europa e suas terras eslavas), as comunidades judaicas utilizavam a Halakhá ou código jurídico judaico que compilava a lei oral e a lei escrita como um guia para a vida diária. Mais tarde, essa mesma prática difundiu-se pelas florescentes comunidades judaicas da Polônia, Lituânia, Boêmia e Morávia, que construíram a confederação denominada Váad Arba Aratzót (Conselho das Quatro Terras), que funcionou de 1580 a 1764. Assim, a resolução de problemas pontuais permanecia nas mãos dos rabinos encarregados de propiciar respostas às dificuldades individuais e comunitárias. No entanto, alguns indivíduos e grupos de judeus que preservaram a sua identidade deslocaram-se por toda a Europa e, depois das grandes viagens dos séculos XV a XVIII, da Europa e do Oriente Médio a todos os continentes que recebiam migrações.

Na Idade Média, comunidades judaicas inteiras foram expulsas de vários lugares da Europa. Por trás das expulsões havia manifestações ostensivas de antissemitismo, algumas relacionadas à crucificação de Cristo, outras às funções econômicas e sociais dos judeus, à sua impopularidade social, à sua endogamia, embora, em geral, fossem devidas à judeofobia. Eduardo 1 da Inglaterra expulsou os judeus a fim de confiscar os seus bens e aliviar as dificuldades econômicas estatais – édito de expulsão da Inglaterra e do País de Gales de 1290. As expulsões de judeus foram recorrentes em vários lugares, por exemplo: na Gasconha, pelo mesmo Eduardo 1, em

1287; na França, em 1182, 1305, 1327 e 1394; nos territórios alemães, durante as Cruzadas – assassinatos em massa e desenraizamento de comunidades no vale do Reno – e depois em 1348, 1510 e 1541; no reino da Hungria, em 1349 e 1360; na Silésia, em 1150 e 1494; na Áustria, em 1421; na Espanha e na Sicília, em 1492; em Portugal, em 1497; em Nápoles, em 1541; e nos Estados Papais, em 1569 e em 1593. Esses atos envolveram a transferência de judeus para outros lugares e uma migração judaica para as terras eslavas orientais, especialmente a Polônia, na qual durante um longo período foi encorajada a migração judaica como fator positivo de desenvolvimento econômico e urbano. A grande expulsão da Espanha em 1492 levou milhares de judeus para o Norte da África e para os territórios controlados pelo Império Otomano, bem como para a Itália e a Holanda.

    Surtos de antissemitismo ocorreram comumente no âmbito de crises e mobilizações gerais, como as Cruzadas ou a grande revolta antipolaca dos cossacos ucranianos, liderada por Bogdan Khmelnitski (1648-1656), em que a violência tomou conta da vida de dezenas de milhares de judeus e destruiu centenas de comunidades judaicas na Ucrânia. O ódio xenófobo e religioso combinava com a aversão ao papel desempenhado por muitos judeus como delegados econômicos (arrecadação de impostos, cobrança de aluguel e todos os tipos de cobranças) da nobreza polaca, que era vista pelos ucranianos como escravizadora. A mediação econômica e artesanal judaica colocava tal minoria no centro da tempestade dessa revolta, como aconteceu em diferentes circunstâncias na Primeira Cruzada (final do século XI) e durante a Peste Negra (século XIV).

    A judeofobia também existia no mundo muçulmano. Todos aqueles que não fossem muçulmanos – judeus, cristãos: *dhimmi* – eram tolerados e protegidos sob a condição do pagamento de um imposto especial, conforme estabelecido no *Alcorão*. Alguns ataques antijudaicos ocorreram em Córdoba (1013), Granada (1066), Fez (1032, Marrocos) e Kairouan (1270, Tunísia). Houve vários períodos estáveis e tranquilos, porém na memória do povo judeu incorporou--se a lembrança da intolerância, da discriminação e das perseguições.

A ideia messiânica aparece nos textos bíblicos proféticos de Isaías, Jeremias e Ezequiel. Além da visão escatológica, está compreendida uma visão de paz e reino universal. Mesmo que Ciro, o Grande, tenha sido considerado uma figura messiânica ungida, o futuro rei messias deveria ser um descendente patrilinear do rei Davi e, desde a dispersão judaica, sua principal tarefa seria reunir todos os judeus na Terra de Israel, restabelecer o seu reino e construir o Terceiro Templo em Jerusalém. Desde Judas Macabeu, no século II a.c., até Menachem Mendel Schneersohn, o rabino de Lubavitch e líder da seita hassídica Chabad, de 1950 a 1994, despontaram figuras messiânicas no seio do povo judeu. A aparição e a morte de Jesus, o fundador do cristianismo, foi o fenômeno messiânico que mais exerceu influência no desenvolvimento do judaísmo. Contudo, também se destacam as figuras messiânicas de David Reuveni e Salomão Molkho. Por outro lado, Sabatai Tzvi (1626-1676), rabino cabalista oriundo de Esmirna, se autoproclamou o messias no período em que o desespero gerado pelos massacres cossacos da rebelião de Khmelnitski na Ucrânia – em meados do século XVII – propagava-se entre os judeus. A reivindicação de retorno à terra original e a reconstrução do Templo de Jerusalém o confrontou com o poder otomano. Quando o sultão deu a Sabatai Tzvi a possibilidade de escolher entre a conversão ao islã ou ser executado, ele aceitou a primeira opção e, portanto, para a maioria dos judeus passou a ser considerado um falso messias. No século XVIII, na Polônia, surgiu Jacob Franck, que acreditava ser uma reencarnação de Sabatai Tzvi. Ele liderou sua seita a práticas de purificação pela transgressão sexual e acabou se convertendo ao cristianismo junto com milhares de seus seguidores. As correntes místicas judaicas foram canalizadas para a ascensão do hassidismo ou judaísmo hassídico baseado em rabinos carismáticos e "fazedores de milagres" como o Baal Schem Tov (1698-1760), fundador dessa corrente. Os *hassidim* (os pios) e suas cortes rabínicas entraram em conflito com a escola bíblica racionalista dos judeus da Lituânia, dedicados ao estudo e à interpretação da Lei Mosaica e do *Talmud*. O povo judeu demonstrava vitalidade e, ao mesmo tempo, cisão.

A palavra *pogrom*, de origem russa, significa demolir violentamente e semear confusão numa base discriminatória. O uso desse termo – desde o primeiro *pogrom*, em Odessa, 1821 – deveria ser considerado como um significado geral de ataques antijudeus.

O bairro judeu fechado ou cercado – a judaria na Península Ibérica medieval, o mellah no Marrocos –, e depois o gueto, era outro aspecto discriminatório. O confinamento das minorias judaicas em áreas muradas parece ter se originado em Worms, no vale do Reno, durante a época da Primeira Cruzada (1096), e em Praga, para defender a população judaica local. O gueto de Veneza, fundado em 1516, foi o primeiro a registrar esse nome. A natureza endogâmica da religião judaica, o antissemitismo circundante e a "guetização" judaica tiveram uma relação complexa em termos socioeconômicos, culturais e religiosos. Vários grupos de judeus conseguiram obter sérias mudanças estatutárias em paralelo às grandes reformas e revoluções das sociedades das quais faziam parte. As grandes revoluções europeias, além das estadunidenses, mudaram o *status* das minorias judaicas ao liberalizar cada uma de suas sociedades.

A Revolução Gloriosa na Inglaterra ocorreu três décadas depois que Oliver Cromwell voltasse a admitir judeus naquele país, três séculos e meio após a sua expulsão pelo rei Eduardo I. A rainha Maria e o príncipe consorte Guilherme de Orange trouxeram grandes banqueiros judeus holandeses de origem ibérica – especialmente os Mendes da Costa, Salvador e López Suasso –, que ajudaram a transformar Londres, em vez de Amsterdã, no principal centro comercial e financeiro internacional.

Antes da Revolução Francesa, a maioria judaica na França era asquenazita e provinha da Alsácia e da Lorena, regiões obtidas pelo Tratado de Vestfália (1648). Uma minoria, que parecia mais integrada socialmente, era de origem sefardita, ou seja, aqueles judeus que haviam sido expulsos da Espanha e de Portugal e agora residiam no sudoeste da França. É importante destacar que a Revolução Francesa concedeu direitos aos judeus. Napoleão, na ocupação da Itália em 1797, viu pela primeira vez o gueto de Ancona e constatou que os judeus eram obrigados a usar chapéus, gorros e braçadeiras amarelas. Ele ordenou que fosse cancelada a obrigação de residir no gueto e de trajar as vestes discriminatórias. As tropas francesas estenderam essa ordem a Pádua, Verona, Veneza e Roma. Tais símbolos foram substituídos pela roseta revolucionária tricolor francesa. Depois de ocupar o Egito e combater os otomanos na Palestina, antes do cerco de Acre, Napoleão redigiu uma proclamação na forma de uma carta à nação judaica. Nela, ele conclama os exilados israelitas herdeiros legítimos da sua terra, a Palestina, a que se ergam e sigam o exemplo dos macabeus, a fim de recuperar sua dignidade e obter direitos iguais. Alguns veem esse documento como um antecessor do sionismo moderno. O Código Civil Napoleônico de 1804 outorgou todos os direitos civis a judeus, protestantes e maçons. A resposta da comunidade judaica da França foi a composição e o uso de uma oração judaica, em 1807, rezando pelo sucesso e pela prosperidade do imperador Napoleão.

Novos argumentos de natureza nacionalista foram adicionados às antigas alegações antissemitas – até que ponto os "cidadãos" judeus podem ser incorporados como parte "integrante" de cada nação – e acrescentados aos sistemas etnorreligioso e cultural já existentes. A presença judaica expandiu-se pelas migrações massivas da Europa para a América e pelos processos colonizadores europeus na Oceania, África do Sul e em geral. A revolução e a guerra que levaram à criação dos Estados Unidos da América (EUA) ocorreram quando já havia uma população judaica que chegara com os holandeses em Nova Amsterdã, mais tarde chamada de Nova York. Muitos judeus convertidos e criptojudeus[3] chegaram à Iberoamérica com as colonizações espanhola e portuguesa e depois com a holandesa.

Do século XIX até a Segunda Guerra Mundial, a maior concentração dos judeus estava na Europa Oriental, na zona de demarcação judaica do Império Russo, estabelecida por Catarina II, a Grande, tsarina da Rússia, em 1791. Essa região, na qual os judeus tinham autorização de residência, incluía grande parte do que são

■■ 3   O termo "criptojudeu" se refere aos judeus que praticavam sua fé e seus costumes em segredo, por receio de perseguições religiosas, ao mesmo tempo que publicamente praticavam outra religião. (N. da T.)

atualmente as repúblicas da Polônia, Ucrânia, Lituânia, Moldávia, Bielorrússia e parte da Rússia ocidental. Com poucas exceções, os judeus foram proibidos de morar nas cidades imperiais de São Petersburgo e Moscou, bem como em Sebastopol, Ialta e Kiev. A Europa Oriental chegou a abrigar mais de cinco milhões de pessoas (40% dos judeus) no início do século XX.

Jarrod Tany argumenta que, durante o século XIX, os *pogroms* de Odessa, os primeiros no Império Russo e em uma cidade na qual a proporção da população judaica crescia rapidamente, deveram-se mais às fricções provocadas pela rápida modernização – urbanização acelerada, mobilidade social, presença de uma *intelligentsia* secularizada e atritos interétnicos nas novas indústrias – do que a um renascimento da judeofobia ou do antissemitismo medieval. Os dois tipos de motivações não são excludentes, pois o antissemitismo ou a judeofobia fazia parte da bagagem cultural de todos os grupos étnicos presentes em Odessa – e na região de demarcação do império tsarista – durante o século XIX, e sempre atuou de forma violenta numa base multifatorial.

Bernard Lewis explica que os problemas dos judeus no mundo islâmico, sobretudo desde o final do século XVIII, não se limitavam à pobreza e à degradação. Eles estavam expostos a explosões de violência. Em 1770 e 1776, os judeus de Jidá (atual Arábia Saudita) foram expulsos e se refugiaram no Iêmen. Em 1790, houve um massacre de judeus em Tetuão, no Marrocos, e outro em 1828, em Bagdá. Bernard Lewis resumiu o *status* dos *dhimmis*, ao contrário dos judeus nas sociedades cristãs, afirmando que no mundo islâmico a atitude para com os judeus não era de ódio, mas de desprezo (chamando-os de *macacos*), enquanto para os cristãos, o epíteto era *porcos*.

A expansão ocidental no mundo islâmico trouxe consigo tanto a proteção dos judeus pelas potências ocidentais como o antissemitismo ocidental. No entanto, houve *pogroms* em Mexed, no Irã, em 1839, nos quais a multidão atacou o bairro judeu e queimou a sinagoga; a violência só cessou após a conversão forçada dos judeus ao islã. Em 1840 houve, um libelo de sangue (acusação de assassinato ritual) contra nove judeus em Damasco, acusados de sequestrar e torturar um monge capuchinho da Sardenha. Outros *pogroms* ocorreram em Damasco, em 1848 e 1890; em Alepo, em 1859 e 1875; em Beirute, em 1862 e 1874; no Cairo, em 1844, 1890, 1901 e 1902; em Alexandria, em 1870, 1882, 1901 e 1907; em Istambul, em 1870 e 1874; e em Esmirna, em 1872 e 1874.

Desde os *pogroms* de 1881 na Rússia, por vezes encorajados pelas autoridades, surgiu a ideia de autodefesa, já que o número de judeus que servira no exército russo era cada vez maior e havia igualmente trabalhadores manuais e artesãos muito capazes de usar um bastão, uma faca ou um machado para se defender. Carroceiros, carregadores, aprendizes, magarefes[4], açougueiros, ferreiros, carpinteiros e todo tipo de "homens fortes" foram recrutados, em geral nas sinagogas, pelas organizações dos grupos de autodefesa. Líderes sindicais e políticos, estudantes, professores de hebraico e intelectuais não apenas debatiam, mas também engrossaram as fileiras desses grupos. A ideia básica era bloquear a irrupção da massa de agressores nos bairros judeus e assim defender a população. Na esquerda judaica se discutia se a autodefesa era legítima, já que para alguns a ira antissemita fazia parte da ira pré-revolucionária ou do extremo descontentamento social com o tsarismo. Prevaleceu a ideia de que o principal era defender os judeus atacados. Os grupos se equipavam com bastões de ferro, machados, facas e alguns poucos revólveres. Muitos dos participantes da autodefesa em Berdychiv, Odessa, Varsóvia, Minsk e outros locais foram detidos pelas autoridades e condenados. O *pogrom* de Quichinau – a cidade do massacre, segundo o poema de Chaim Nachman Bialik (1873-1934) que, décadas depois, se tornaria o poeta nacional de Israel – sofreu uma reviravolta quando a Sociedade de Escritores Judeus – da qual, além de Bialik eram membros Ahad Ha'am, Mordechai Ben-Ami, Simon Dubnow, Yeoshua Rawnitski, entre outros – fez uma declaração pública. Redigida por Ahad Ha'am (1856-1927), sustentava que era degradante que cinco milhões de pessoas mostrassem o pescoço para serem degolados e pedissem ajuda sem tentar proteger

■■ 4 Pessoa capacitada a abater determinados animais permitidos ao consumo e segundo os preceitos da lei judaica. (N. da T.)

seus bens, sua dignidade e sua vida com as próprias mãos. Ela exigia a formação de uma organização permanente de autodefesa e a convocação de um congresso de representantes das comunidades judaicas da Rússia. Em outubro de 1905, quando os *pogroms* instigados pelo regime tsarista atingiram o apogeu, os grupos de autodefesa travaram batalhas campais em Jitomir, Yekaterinoslav, Odessa e várias dezenas de cidades afetadas pela violência antissemita. Nas revoluções de 1917, a desintegração do Império Russo deixou o país nas mãos dos Brancos – partidários do tsar – e dos Vermelhos – partidários da revolução – e bandos armados e novos exércitos nacionais – polacos, ucranianos, lituanos e outros –, que em muitas ocasiões desencadearam *pogroms* contra judeus locais, especialmente na Ucrânia. Mais de quatrocentos mil judeus, que serviram no exército russo durante a Primeira Guerra Mundial, juntaram-se aos grupos de autodefesa e ao recém-formado Exército Vermelho que, ao contrário do Exército Branco, em geral, não permitia ataques antijudeus. Essas lições das últimas décadas do século XIX e das primeiras do século XX foram levadas à Terra de Israel pelos sionistas russos.

Os nomes "judeus" de esquerda mais mencionados eram Karl Marx; Ferdinand Lasalle – fundador da social-democracia alemã e oponente de Marx; Rosa Luxemburgo – ideóloga judia polonesa, cofundadora do Spartakusbund (Liga Espartaquista), mais tarde Partido Comunista Alemão entreguerras; e Leon Trótski.

Na França, Adolphe Crémieux foi o protótipo do político republicano que ao mesmo tempo cuidava da administração da comunidade judaica daquele país e da defesa dos direitos judaicos. Benjamin Disraeli, convertido ao anglicanismo aos doze anos, mas oriundo de uma família judia, fundou o moderno Partido Conservador Britânico e serviu dois mandatos como primeiro-ministro do Reino Unido. É difícil estabelecer a relação entre o fato de que essas personagens eram de origem judaica, ou judeus praticantes como Crémieux, e sua participação política.

Figuras religiosas como o rabino Yehudá Shlomo Alkalay (1798-1878) de Sarajevo, Bósnia, e o rabino Zvi Kalischer (1795-1874) de

Torún, na época Prússia Oriental e agora Polônia, combinavam elementos do nacionalismo judaico com o antigo ideal de retorno na década de trinta do século XIX e formularam ideias sobre a emigração judaica para a Terra de Israel, combinada com a colonização agrícola. A Alliance Israélite Universelle (Aliança Israelita Universal), financiada pelo barão Edmond James de Rothschild, de Berlim, erigiu a primeira escola agrícola de Mikvê Israel perto de Jaffa em 1870. Ela abarcava três km^2 de terra concedidos pelo sultão Abdulazize, que permitiu a importação de novas máquinas agrícolas com as quais Karl Netter fundou e dirigiu essa instituição moderna, que se tornaria uma das bases do futuro projeto sionista.

Uma figura central para o entendimento do sionismo foi Moisés Hess (1812-1875), intelectual judeu-alemão e ativista socialista. Conhecido como um dos precursores do movimento comunista, juntamente com Karl Marx e Friedrich Engels, e ao mesmo tempo como um dos precursores do sionismo pela publicação em 1862 de sua obra *Rom und Jerusalem* (Roma e Jerusalém). Hess vê, no contexto da reunificação italiana que ocorre naquele período, a questão judaica como a "questão última do nacionalismo", subtítulo de seu livro. Nesse texto, ele coteja a libertação de Roma com a futura e necessária libertação de Jerusalém. Quando morreu, em 1875, foi sepultado em Paris, porém em 1961 seus restos mortais foram transferidos para o cemitério de Kineret, um dos primeiros *kibutzim*, de frente para o lago Tiberíades, no atual nordeste de Israel, para que pudesse jazer ao lado dos outros pais do sionismo socialista, Nachman Syrkin (1868-1924), Ber Borochov (1881-1917) e Berl Katznelson (1887-1944).

Em 1843, Bruno Bauer (1809-1882), teólogo e historiador alemão, publicou *Die Judenfrage* (A Questão Judaica), em que propõe um Estado secular no qual os judeus abandonariam sua identidade religiosa e se integrariam na sociedade. Karl Marx respondeu a Bruno Bauer em seu artigo *Zur Judenfrage* (Sobre a Questão Judaica) em 1844. O argumento de Marx era que, embora o Estado fosse secular, isso não significava que não teria uma religião; ademais, a liberdade política decerto permaneceria condicionada à falta de liberdade econômica que o capitalismo e a propriedade privada implicariam. A relação que estabeleceu entre a religião e o capitalismo levou muitos a criticarem Marx por adotar uma atitude antissemita, embora outros expliquem que ele, crítico do papel desempenhado pelos judeus na economia, defendia seus direitos de emancipação.

O socialismo judaico do Bund, o bundismo, foi um movimento que durante seus primórdios na Lituânia e na Bielorrússia poderia ser considerado mais forte que o sionismo. As greves e a organização de círculos culturais adquiriram uma dinâmica cada vez mais acelerada na sétima e oitava décadas do século XIX. Ideias socialistas foram disseminadas na classe operária judaica e o dialeto judaico local, o ídiche, era a língua desse movimento. A Algemeyner Ídischer Árbeter-Bund in Lite, Poyln un Rusland (em ídiche, União Judaica Trabalhista na Lituânia, Polônia e Rússia) foi fundada em Vilnius como uma organização sindical e um partido político em 1897, no mesmo ano em que o Primeiro Congresso Sionista Mundial se reuniu na Basileia. O Bund usou e cultivou a língua e a cultura do ídiche, ou o "idioma judaico", em contraposição à adoção do hebraico como idioma nacional por parte do sionismo. Na época das revoluções russas de 1917 e da guerra civil, grande parte do Bund foi absorvida pelos bolcheviques no combate ao violento antissemitismo dos tsaristas. O Bund permaneceu ativo na Polônia e dedicou-se à autodefesa judaica e à demanda por direitos iguais para essa minoria, com representantes no parlamento polaco e nos municípios desse país.

2.
SIONISMO E MIGRAÇÃO
(1881-1918)

O sionismo, como movimento de libertação do povo judeu, teve antecedentes na associação Hovevei Tzion (Amantes de Sião, 1890), que promovia a migração para a Terra de Israel com a finalidade de ali estabelecer colônias agrícolas. O nome formal do movimento era Sociedade de Apoio aos Agricultores e Artesãos Judeus na Síria e na Terra de Israel, também conhecida como Comitê de Odessa. Na década de 1890, contava com milhares de membros, entre eles o dr. Ludwik Lejzer Zamenhoff, que compôs a gramática ídiche e inventou o esperanto como língua internacional, e o magnata russo do chá Kalonimus Wolf Wissotzky. Uma associação estudantil estabelecida em Carcóvia, na Rússia, chamada Bilu – cujo nome origina-se do início do versículo 2:5 do livro de Isaías: *Beit Iaakóv lekhú ve-nelkhá*, que em hebraico significa: "Casa de Jacó, vinde e caminhemos" – emigrou, liderada por Israel Belkind, e chegou à escola agrícola Mikvê Israel. Os Amantes de Sião estabeleceram a segunda colônia agrícola judaica moderna, Rishon LeZion – cuja origem é o versículo 41:27 do Livro de Isaías: "Primícias de Sião, ei-las, ei-las aqui, a Jerusalém envio um mensageiro" –, a sudeste de Jaffa, em 1882, e os pioneiros do Bilu foram para lá. Nessa província do Império Otomano vivia uma população judaica – menos de 5% do total de habitantes – concentrada em quatro cidades (santas, para os judeus): Jerusalém, Hebron, Safed e Tiberíades. Eram judeus ultraortodoxos muito empobrecidos, em grande parte dedicados a estudos rabínicos e a trabalhos de baixa renda. Essa população, conhecida como *ha-ischuv ha-iaschan* (em hebraico, o antigo assentamento comunitário – urbano) era mantida por doações provenientes da diáspora judaica, uma vez que os residentes na Terra Santa cumpriam a tradição de residir nesse local como precondição para a vinda do messias.

Sir Moses Montefiore, banqueiro – cunhado e sócio de Nathan Rothschild – e filantropo judeu britânico de origem italiana, era um visitante assíduo em Jerusalém. Com recursos próprios, Montefiore construiu os primeiros bairros judeus fora dos muros da cidade, por exemplo, Mischkenot Schaananim (1860; em hebraico, Bairro Tranquilo) – que tinha inclusive uma casa de repouso financiada por recursos doados pelo magnata e filantropo judeu estadunidense Judá Touro. Montefiore fundou mais dois bairros, fora dos muros da antiga Jerusalém, que formaram os primeiros novos assentamentos comunitários ou *ha-ischuv ha-hadasch* (em hebraico, a nova comunidade judaica). Comprou terras para prover treinamento agrícola aos judeus e apoiou a diversificação do trabalho. Embora a colonização europeia na Terra Santa tenha tido o precedente dos templários alemães em meados do século XIX, os antigos residentes judeus estabeleceram a primeira colônia agrícola judaica moderna, Petakh Tikva – (em hebraico, abertura para a esperança) – a nordeste de Jaffa (1878). Nesses esforços para a melhoria do padrão de vida dos judeus na Terra Santa baseada na solidariedade dos correligionários, porém ao mesmo tempo no contexto da modernização, encaixaram-se as primeiras migrações modernas judaicas como os Amantes de Sião e os membros do Bilu. Em Katowice – atualmente na Polônia, na época Kattowitz, parte do Império Alemão –, foi fundada, em 1884, a associação filantrópica Hovevei Tzion, presidida pelo rabino Samuel Mohilever (1824-1898) e dirigida por Leon Pinsker (1821-1891), médico e intelectual judeu que havia publicado, em 1881, a obra *Autoemancipation!: Mahnruf an seine Stammesgenossen von einem russischen Juden* (Autoemancipação: Exortação de um Judeu Russo a Seu Povo). Esse texto conclui que os judeus, vistos como estrangeiros em todas as terras, precisavam de uma terra própria para se emanciparem; essa era a terra bíblica. Os Amantes de Sião, diante das dificuldades enfrentadas pelos fundadores de Rischon

LeTzion, pediram ajuda financeira a Edmond James de Rothschild, que forneceu fundos, tecnologias e capacidade administrativa para desenvolver esse projeto agrícola e, cm 1886, ali estabeleceu a vinícola Carmel Mizrahi, com base em seus vinhedos plantados em 1882. Essa vinícola, beneficiária de assistência técnica francesa, converteu-se na base da indústria vinícola de Israel.

O movimento migratório iniciado pelos Amantes de Sião e pelo Bilu foi chamado, na estrutura sionista, de Primeira Aliá (Primeira Imigração). Em termos hebraicos/sionistas, *aliá* ou, no hebraico moderno, ascensão em direção a Sião – a Jerusalém. Também foi denominada a imigração dos "agricultores" e estabeleceu 33 colônias agrícolas das quais 28 ainda existem. O impacto econômico e demográfico dessa imigração, relativamente pequena em número – não atingiu mais do que 10% da população local preexistente, com estimativas que variam de quinze mil a trinta mil imigrantes judeus, principalmente da Europa Oriental, com um pequeno grupo de judeus do Iêmen que os precedeu e se estabeleceu Jerusalém fora dos muros –, foi considerável. Cerca de metade dos judeus que chegou na Primeira Imigração abandonou o país a curto prazo. A população local vivenciou o aumento de demanda de trabalho no setor agrícola que, por sua vez, gerou um aumento nos salários dos trabalhadores árabes empregados nas colônias agrícolas judaicas e ao mesmo tempo da imigração árabe para esse novo setor, do entorno mais pobre e economicamente mais deprimido da Síria, da Transjordânia, do Egito e até do Sudão.

Em 1891, o barão Maurice de Hirsch, de origem judaico-alemã, fundou, com outros banqueiros e financistas judeus, a ICA - Ídische Colonizátsie Associátzie (Associação de Colonização Judaica), que promovia a migração de judeus para colônias agrícolas na Argentina e no Brasil. Desde 1896, a ICA deu apoio à imigração judaica para G[u]edera, Hadera, Ness Ziona e Mischmar ha-Iarden na Terra de Israel, e mais tarde adquiriu propriedades agrícolas para estabelecer Iavniel, Bet Gan, Kfar Tavor e outras colônias. Após a Primeira Guerra Mundial, a ICA na Palestina Britânica integrou-se, juntamente com outras sociedades de ajuda agrícola, à PICA – Palestine

Ídische Colonizátsie Associátzie – acrônimo em ídiche (1923) de Associação de Colonização Judaica na Palestina.

Ahad Ha'am, um dos grandes intelectuais sionistas, visitou a Terra de Israel em 1891 e suscitou sérias dúvidas sobre a possibilidade de encontrar terras disponíveis para o projeto de imigração judaica. Ademais, expressou a necessidade de criar um centro cultural judaico na Terra de Israel, o que reforçaria a vida judaica na diáspora. Tal necessidade era de natureza identitária. Mesmo assim, Ahad Ha'am criticou o sionismo político de Herzl por não contemplar em profundidade o aspecto espiritual.

A Primeira Imigração, desenvolvida entre 1881 e 1903, ocorreu em paralelo à emigração de cerca de dois milhões e meio de judeus que abandonaram a Europa Oriental devido ao aumento da pobreza e do antissemitismo. No entanto, não representou mais de 1% da onda emigratória judaica da época.

Em 1881, chegou à Terra de Israel Eliezer Ben-Yehuda, um judeu de origem lituana que havia estudado o Oriente Médio na Sorbonne de Paris. Ben-Yehuda tinha hebraizado seu sobrenome – o original era Perlman – e acreditava na necessidade de resolver a questão judaica por meio da imigração e da territorialização. Como os intelectuais europeus do seu tempo, considerava a língua nacional uma condição *sine qua non* para a construção da moderna nação judaica. Nem o ídiche, nem o ladino e nem o judaico-árabe poderiam, segundo Ben-Yehuda, servir como fator de unificação, apenas a língua ancestral, o hebraico da *Bíblia*, modernizado e adaptado às necessidades da comunidade judaica emergente, que décadas mais tarde seria o Estado de Israel e adotaria esse idioma oficialmente, junto com o árabe. Tal fenômeno de renascimento linguístico já havia ocorrido nos nacionalismos europeus, como com o gaélico na Irlanda, o italiano, o grego e outros. Para Ben-Yehuda, tratava-se de renovar um idioma antigo e adaptá-lo do uso litúrgico às necessidades da modernização. Em 1890, ele estabeleceu em Jerusalém, juntamente com outros especialistas, o Comitê de Língua Hebraica, que décadas depois seria institucionalizado como a Academia da Língua Hebraica, oficialmente estabelecida por Israel em 1953. Sua contribuição para a imprensa e seu dicionário da língua hebraica moderna reverberaram em círculos relativamente pequenos. O hebraico era ensinado nas escolas estabelecidas pela Primeira Imigração. O renascimento do hebraico literário na Europa Oriental foi promovido por escritores como Mendele Mocher Sforim, Chaim Nachman Bialik, Ahad Ha'am, Yosef Haim Brenner e Shaul Tchernichovsky. Enquanto isso, o renascimento cultural judaico ocorria particularmente em Odessa, Vilnius e Varsóvia, tanto em hebraico como em ídiche; até que em 1921 um grupo de escritores liderados por Bialik – e incapazes de se adaptarem à realidade da Revolução Bolchevique – emigrou para a Palestina Britânica.

As relações dos imigrantes judeus com o antigo *ischuv* não foram simples. A antiga elite sefardita, especialmente em Jerusalém, adotou uma atitude de indiferença em relação à Primeira Imigração. Ela estava firmemente imbuída na sociedade e na administração otomanas. Os membros asquenazitas ortodoxos do antigo *ischuv* viram com desconfiança e hostilidade a chegada de imigrantes seculares não só para as colônias agrícolas, mas para a própria Jerusalém. Contudo, os membros da Primeira Imigração preferiram evitar confrontos com seus correligionários judeus locais, embora desde a sua chegada tenha emergido o conflito com a maioria árabe.

Os intelectuais árabes rejeitaram o direito dos judeus a um retorno organizado e a um Estado-nação judeu em terra bíblica. Começaram inclusive a formular seus próprios projetos de Estado-nação árabe(s) no início do século xx como uma resposta dialética à Primeira Imigração e depois ao projeto sionista, mas também sob a influência de experiências próprias e contatos com nacionalismos europeus.

Em 1899, o árabe e patriota otomano Yusuf al-Khalidi, que fora prefeito de Jerusalém e depois representante da população dessa cidade no Parlamento Imperial em Istambul, escreveu ao seu amigo Zadok Khan, o rabino-chefe da França e amigo de Herzl, que era necessário descontinuar o projeto sionista. De acordo com Khalidi, tal projeto poria em risco a coexistência entre muçulmanos, judeus e cristãos na Palestina otomana; pelo que, em "nome de Deus", apelava aos sionistas para que deixassem aquela terra em paz. A carta foi encaminhada a Herzl, que respondeu que a imigração de judeus para a Terra Santa seria de grande benefício para o Império Otomano e a população não judia daquela terra.

Em 1905, o nacionalista árabe Najib Azouri escreveu *Le Réveil de la nation arabe dans l'Asie turque* (O Despertar da Nação Árabe na Ásia Turca), em que afirmava que o sionismo e o nacionalismo árabe estavam destinados a lutar entre si até que um prevalecesse.

O nacionalismo árabe teve origem no século XIX, orientado pelas atividades de figuras como Jamal al-din al-Afghani; entretanto, um verdadeiro renascimento nacional árabe ocorreu após o Genç Türkler (Revolução dos Jovens Turcos), movimento político revolucionário em 1908 e a reação à política de turquificação do mundo árabe. Após essa revolução, houve iniciativas sionistas para desenvolver uma política benevolente de cooperação judaico-árabe.

As reações dos templários, que tinham chegado ao mesmo território duas décadas antes que os sionistas, não foram muito diferentes daquelas enfrentadas pela primeira imigração judaica moderna. Essas colônias alemãs eram um exemplo positivo do que as populações europeias modernas com capital e tecnologias adequadas poderiam alcançar em uma terra considerada árida e empobrecida.

TABELA 1. Povoação estimada da Palestina 1870-1946

	ÁRABES	(%)	JUDEUS	(%)	TOTAL
1870	367.224	(98%)	7.000	(2%)	375.000
1893	469.000	(98%)	10.000	(2%)	497.000
1912	525.000	(93%)	40.000	(6%)	565.000
1920	542.000	(90%)	61.000	(10%)	603.000
1925	598.000	(83%)	120.000	(17%)	719.000
1930	763.000	(82%)	165.000	(18%)	928.000
1935	886.000	(71%)	355.000	(29%)	1.241.000
1940	1.014.000	(69%)	463.000	(31%)	1.478.000
1946	1.237.000	(65%)	608.000	(35%)	1.845.000

Fonte: Tabela populacional apresentada por Maxime Rodinson. Disponível em: <http://www.adespicabletruce.org.uk/page62.html>.

Theodor Herzl (1860-1904), jornalista, escritor e intelectual judeu secular de origem austro-húngara, fundou o sionismo político. A publicação em 1881 de *Die Judenfrage als Frage der Racenschädlichkeit für Existenz, Sitte und Cultur der Völker: Mit einer weltgeschichtlichen, religionsbezüglich, social und politisch freiheitlichen Antwort* (A Questão Judaica Como Questão de Detrimento da Nocividade Racial da Existência, Costumes e Cultura do Povo" Com uma Resposta Histórica Mundial, Religiosa, Social e Politicamente Livre), de Eugen Dühring, foi decisiva para Herzl. Diante do argumento "científico" no qual Dühring baseava seu antissemitismo, Herzl alegou que se uma pessoa tão educada e perspicaz como Dühring fosse capaz de apresentar esse tipo de argumento antissemita, o que se poderia esperar da massa inculta? Herzl foi enviado a Paris pela *Neue Freie Press* de Viena como correspondente. Na França, berço das liberdades revolucionárias francesas, o antissemitismo social e político estava em ascensão desde a derrota contra a Prússia em 1870. Em *La France juive*, Édouard Drumont acusou os Rothschild – e os judeus em geral – de serem responsáveis pela quebra do banco católico Union Générale, que, no início de 1882, gerou uma crise no mercado de ações de Paris, uma massa de falências, o desaparecimento de poupanças e um terrível abalo econômico na França. O incitamento antissemita foi promovido pelo intelectual e poeta Charles Maurras e seu jornal e movimento político *Action française*, que serviram de ponta de lança da direita no caso Dreyfus, apresentado por ele como uma figura paradigmática da *République juive*, traidor e inimigo da França.

O caso Dreyfus foi para Herzl o catalisador que o levou a redigir a base do programa político do sionismo em *Der Judenstaat* (O Estado judeu). O capitão Alfred Dreyfus, um francês alsaciano e judeu, foi acusado de trair a França e de espionagem em favor do Império Alemão. Na França, desencadeou-se uma onda de antissemitismo. No final, Herzl chegou à conclusão, juntamente com muitos outros, que Dreyfus era inocente, o que foi comprovado dois anos depois, quando outro oficial francês chamado Esterhazy foi identificado como o verdadeiro espião. Se na França, um país desenvolvido, moderno e liberal, o fato de um judeu ser acusado de traição provocou tal reação antissemita, o que seria da maioria judaica na Europa Oriental, em que era vítima constante de acusações e *pogroms*? Herzl concluiu que deveria ser estabelecido um Estado soberano no qual os judeus pudessem viver com segurança. O livro *Der Judenstaat: Versuch einer modernen Lösung der Judenfrage* (O Estado Judeu: A Busca Por uma Solução Moderna Para a Questão Judaica) foi publicado em fevereiro de 1896. Esse texto de 86 páginas serviu de manifesto fundamental do sionismo político. Nele, Herzl explica por que os judeus, embora dispersos, constituem um povo com identidade nacional própria, merecem autodefinição e um território independente que forneça uma solução para a situação judaica e para o mundo em relação ao problema judaico. *Der Judenstaat* teve grande impacto. O livro de Herzl funcionou como um catalisador político para as diversas tendências sionistas preexistentes – culturais, sociais, religiosas, trabalhistas, migratórias. Herzl começou a desenvolver intenso trabalho diplomático e conseguiu realizar o Primeiro Congresso Sionista Mundial na Basileia, Suíça, em agosto de 1897. Em junho de 1897, começou a publicar o semanário *Die Welt* (O Mundo), editado por ele mesmo, que serviu como plataforma publicitária do movimento sionista até 1914.

A Organização Sionista Mundial foi fundada na Basileia. O programa da Basileia era que o sionismo aspirava alcançar o reconhecimento público de uma pátria segura para o povo judeu na Palestina. Herzl resumiu o Primeiro Congresso Sionista Mundial em seu diário pessoal em 3 de setembro de 1897: "Na Basileia, fundei o Estado judeu. Se eu dissesse isso em voz alta hoje, receberia como resposta uma gargalhada universal. Talvez em cinco anos, certamente em cinquenta, todos o saberão." O Estado de Israel foi estabelecido cinquenta anos e oito meses depois da previsão de Herzl, em maio de 1948.

O processo de institucionalização foi rápido. Os congressos eram realizados ano após ano. No segundo congresso (1899), foi instituído o Banco Sionista – Jewish Colonial Trust – que se tornou o Banco Anglo-Palestino e mais tarde o Bank Leumi (Banco Nacional) em

1950. No quinto congresso (1901), deu-se início ao estabelecimento do Kéren Kaiémet (Fundo de Existência), destinado à compra de terras agrícolas no futuro Israel. O sexto congresso, na Basileia (1903), foi o último que contou com a participação de Herzl, falecido em 1904. Nesse congresso, a discussão central versou sobre a territorialidade. O projeto de autonomia judaica na área de El Arish já tinha sido discutido com estadistas britânicos e descartado. Por outro lado, os britânicos se ofereceram para estabelecer um assentamento judaico autônomo na África Oriental (Uganda). No sétimo congresso (1905), após a morte de Herzl, Uganda foi rejeitada como alternativa.

De 1897 a 1904, Herzl desenvolveu intensa atividade diplomática a fim de obter apoio político internacional para o projeto sionista. Ele conseguiu se encontrar com o grão-duque de Baden, Frederico, tio do imperador alemão. Essa reunião levou ao encontro de Herzl com Guilherme II em 1898 em Jerusalém, bem como a um encontro anterior em Mikvê Israel, durante a visita do imperador alemão à Terra Santa. Em Istambul, Herzl tentou agendar uma reunião com o sultão otomano Abdul Hamid II, mas não teve sucesso. Em vez disso, encontrou-se com o grão-vizir – o primeiro-ministro do império – e propôs que os judeus assumissem a dívida otomana e consolidassem as finanças do império em troca de um território na Terra Santa. A oferta não foi aceita, mas em 1901 Herzl voltou a fazê-la diretamente ao sultão Abdul Hamid II, embora ela novamente tenha sido rejeitada. Em 1903, Herzl viajou para São Petersburgo para se encontrar com os ministros do tsar, Witte e Plehve, que lhe transmitiram a recusa do governo russo ao sionismo. Ele tentou, sem sucesso, obter o apoio de Pio X em 1903 e manteve uma entrevista muito amistosa, se bem que politicamente estéril, com Vitor Emanuel III, rei da Itália.

A organização sionista Mizrahi (acrônimo em hebraico de Mercaz Rukhaní, isto é, Centro Espiritual) foi fundada em 1902 em Vilnius pelo rabino Isaac Jacob Reines (1839-1915). Esse movimento desenvolveu-se como um partido político após a Primeira Guerra Mundial, recebendo o nome ha-Mizrahi tanto na Polônia quanto na Palestina britânica. Reines aceitava o sionismo político como o caminho a seguir até que chegasse a hora da redenção messiânica, que ele considerava ainda distante. Entretanto, acreditava na necessidade de institucionalizar politicamente a presença religiosa no sionismo, a fim de evitar a secularização total do movimento.

Em 1912, o Agudat Israel (União de Israel) foi fundado em Kattowitz como um partido religioso ultraortodoxo para representar a ala mais crente e praticante do judaísmo, como o eram os *hassidim* e os lituanos, racionalistas ultraortodoxos seguidores do Hagrá, acrônimo em hebraico de ha-Gaon Rabi Eliáhu (1720-1797) de Vilnius, grande talmudista e cabalista, líder dos *mitnagdim* (oponentes) – a contraparte do hassidismo. O Agudat Israel era um partido setorial que representava os judeus como uma comunidade e minoria religiosas – e não em termos nacionais – sujeitas às leis da *Torá*. Como tal, ele se opunha ao movimento sionista e representava o setor ultraortodoxo no Sejm (parlamento polaco). Teve uma forte presença em Jerusalém e Bnei Brak – um subúrbio de Tel Aviv, na Palestina Britânica – e atuou contra o governo do Mandato Britânico e as autoridades sionistas judaicas e na diáspora.

A esquerda foi maioria no sionismo até a década de 1970. Seus primeiros ideólogos foram Nachman Syrkin (1868-1924) e Ber Borochov (1881-1917). Ambos relacionaram a emancipação nacional judaica com a libertação das classes oprimidas. Em 1906, Syrkin e Borochov fundaram o Poalei Tzion (Trabalhadores de Sião), o primeiro partido socialista no movimento sionista. Um de seus primeiros membros foi David Ben-Gurion (1886-1973), que se tornou o líder da esquerda sionista trabalhista e primeiro chefe de governo de Israel em 1948.

Ben-Gurion emigrou do Império Russo (Varsóvia) para a Palestina otomana no âmbito da Segunda Imigração judaica. Ela ocorreu entre 1904 e o início da Primeira Guerra Mundial em 1914. Entre 35.000 e 40.000 judeus imigraram para a Terra de Israel. Estima-se que cerca de metade deles posteriormente reemigrou para outros destinos devido às dificuldades que encontrara na Terra Santa. O destino preferido dos migrantes judeus eram os EUA, porém muitos se dirigiram à Europa Ocidental, ao Canadá, à África do Sul, à Austrália, à Argentina e ao restante da América Latina. A Palestina otomana, do ponto de vista quantitativo, era um destino menor, se bem que ideologicamente importante. Na Segunda Imigração chegam à Terra de Israel os futuros líderes políticos do Estado judeu. Como resultado dessa imigração, houve confrontos ideológicos entre a matriz capitalista da Primeira Imigração e a socialista da Segunda. Novos modelos agrícolas e sociais, especialmente o kibutz, foram desenvolvidos por membros da Segunda Imigração, que criaram a primeira instituição de autodefesa em 1909, o Hashomer (em hebraico, o Guardião), contra a violência árabe. No final de 1907, uma sociedade secreta de pioneiros sionistas, Bar G[u]iora, foi fundada em Jaffa, liderada por Israel G[u]iladi, Alexander Zaid, Mendel Portugali e Yitzhak Ben-Zvi (1884-1963) e composta por membros do Poalei Tzion, que reivindicavam o direito de trabalhar a terra e de autodefesa. Dedicaram-se ao trabalho agrícola e à defesa das suas comunidades. O Hashomer foi fundado em Sejera pelos líderes do Bar G[u]iora em 1909 e sua tarefa era a proteção de todos os assentamentos sionistas. Adquiriu pequenas quantidades de armas e passou da guarda a pé para a patrulha a cavalo. Substituiu guardiões árabes ineficazes e provocou sua inimizade. Mesmo que seus membros não ultrapassassem uma centena, estabeleceram-se em Tel Adaschim (1913), Kfar G[u]iladí (1916) e Tel Hai (1918). Em 1920, o Hashomer fundiu-se com a Haganá.

A liderança da Segunda Imigração gerou a narrativa central com base num mito mobilizador centrado na figura do "novo homem da revolução sionista", cuja imagem era contraposta à do judeu da diáspora. Tratava-se de um agricultor-pioneiro, combatente e secular em contraste com o habitante do gueto, do bairro ou da pequena aldeia judaica, que era urbano, pequeno comerciante ou artesão, religioso e vítima de violência antissemita individual ou de um *pogrom*. Tudo isso tinha a ver com inverter a pirâmide de Borochov a fim de criar uma sociedade produtiva e autônoma com uma ampla base agrícola e depois industrial, em vez do que era visto como parasitário da sociedade que a abrigava. O principal ideólogo dessa revolução social foi Aaron David Gordon – mais conhecido como A.D. Gordon (1856-1922) –, que imigrou para a Palestina otomana em 1904. Influenciado pelo pensamento social de Leon Tolstói, Gordon dedicou-se ao trabalho agrícola, não obstante sua idade e debilidade física, e a apregoar seu credo pelo exemplo pessoal e por sua adesão a princípios morais rígidos de austeridade e probidade, embora distantes da religião. A migração para a Terra de Israel, o trabalho agrícola no cerne da natureza e fortes valores espirituais constituíam a tríade redentora. Em sua busca pela solidariedade humana universal, Gordon propôs que a terra fosse alocada aos vizinhos árabes sempre que se estabelecesse um novo assentamento judaico, para normalizar as relações entre ambos os grupos. Além disso, tinha uma concepção no que tange ao papel a ser desempenhado pelas mulheres na nova sociedade judaica. Gordon fundou um novo partido político de esquerda não marxista, Hapoel Hatzair (em hebraico, O Jovem Operário), no qual todos os seus princípios foram adotados.

Em 1909, foi fundado o Akhuzat Báit (em hebraico, a Casa Residencial), o primeiro bairro judeu nas proximidades do porto de Jaffa, do qual se desenvolveu a primeira cidade moderna do Oriente Médio: Tel Aviv. Ali foi criada a G[u]imnásia ha-Ivrit (em hebraico, o Colégio Hebraico) e depois a G[u]imnásia Herzlía, em 1909. Esse colégio, a primeira instituição hebraica de ensino secundário, foi fundado em Jaffa, em 1905. No entanto, ao ser transferido para a futura Tel Aviv, estabeleceu-se como um dos modelos básicos de educação hebraica em Israel. A iniciativa urbana centra-se na fundação de Tel Aviv, uma cidade moderna, nas proximidades do antigo porto de Jaffa. Tel Aviv foi fundada em 1909 e rapidamente ultrapassou sua vizinha em população e produtividade. Inclusive se desenvolveu ao norte de Jaffa como centro socioeconômico e cultural do projeto sionista e depois de Israel. Em claro contraste com as condições de vida, superlotação, falta de áreas verdes e planejamento em Jaffa, Tel Aviv foi uma cidade planejada com múltiplos parques e espaços públicos, sobre uma infraestrutura arquitetônica moderna na qual floresceu na década de 1930 o estilo Bauhaus, importado por imigrantes alemães.

Em 1908, começou a operar o Escritório Palestino da Organização Sionista Mundial, mais tarde o Executivo Sionista na Palestina; posteriormente, em 1929, recebeu o nome de Agência Judaica e ficou responsável pela imigração judaica para a Palestina e depois ao Estado de Israel.

Arthur Ruppin (1876-1943), um dos primeiros líderes sionistas e um dos fundadores de Tel Aviv, cuidou da aquisição de terras e de seu assentamento. Ele argumentava que o sistema agrícola baseado na propriedade privada da terra estava fadado ao fracasso. Em 1908, juntamente com Otto Warburg, estabeleceu outra instituição central para o projeto sionista: Hakhscharat ha-Ischuv (em hebraico, Capacitação da Comunidade), que mais tarde ficou conhecida como PLDC – Palestine Land Development Corporation (Companhia para o Desenvolvimento de Terras na Palestina). Para Ruppin, professor e fundador do Departamento de Sociologia da Universidade Hebraica de Jerusalém em 1926, a única possibilidade de que o projeto sionista adquirisse uma base agrícola firme seria pelo trabalho coletivo hebreu da terra e sem depender do trabalho árabe, mal remunerado e de caráter colonialista europeu. Para concretizar essa ideia, outro conceito foi gerado: *kvutzát kibusch* (grupo de conquista). Grupos de jovens pioneiros voltados para o assentamento de terras adquiridas pelo Fundo Nacional Judaico, que recebiam treinamento agrícola prévio e aos quais se destinava um edifício adquirido ou eram enviados para reforçar assentamentos que haviam enfraquecido e estavam à beira da desintegração ou do abandono, como foi o caso da Beer Tuvia, em 1911.

A mais original das manifestações coletivistas foi o kibutz. Kibutz (em hebraico, coletivo) é um derivado direto de *kvutzá* (grupo). Foram pioneiros organizados em forma de comunas nas quais a tendência era eliminar a propriedade privada. A religiosidade tradicional judaica que existira na Primeira Imigração e no antigo *ischuv* foi substituída pela "religião do trabalho" em busca das ideias gordonianas e socialistas. Esses grupos constituíram a vanguarda proativa que conquistaria – não do ponto de vista militar, porém agrícola e trabalhista – a Terra de Israel. Em 1909, foi criado o primeiro kibutz, Degania (derivado do hebraico *dagan*, cereal), que incluía os elementos supramencionados. Degania foi fundada no sul do lago Tiberíades e começou como uma *kvutzá* de dez homens e duas mulheres em terras adquiridas pelo Fundo Nacional Judaico; depois de três décadas já contava com sessenta lares. Uma das características de Degania foi o fato de não ser implantada a habitação coletiva para os filhos da *kvutzá* – isto é, as crianças viviam e dormiam na casa dos pais – enquanto em grande parte dos *kibutzim* o dormitório infantil coletivo era uma prática comum. O produtivismo econômico, primeiro na agricultura e depois na indústria e nos serviços, foi uma das bandeiras de desenvolvimento dos *kibutzim*. Sua contribuição econômica ao projeto nacional ultrapassou a sua proporção da população judaica em geral. O mesmo ocorreu com a participação no estabelecimento de segurança do *ischuv*. Grande parte da liderança política do futuro Israel provinha de um kibutz ou estava intimamente relacionado politicamente a ele. O *kibutznik* (membro do kibutz) era a representação real do novo homem da revolução sionista: agricultor-pioneiro, combatente e secular. Outro dos temas da narrativa da liderança sionista foi o renascimento de uma terra descrita na *Bíblia* como "de leite e mel", ou seja, que havia decaído em desertos e pântanos, mas no final foi devolvida à sua antiga prosperidade pelo trabalho intensivo dos membros do kibutz. Em cem anos, o número de *kibutzim* chegou a 270. As bases econômicas se diversificaram e os *kibutzim* desempenharam papéis públicos fundamentais na criação e na vida do Estado de Israel. Os blocos de assentamentos liderados pelos *kibutzim* foram centrais para determinar o tamanho e a localização do futuro Estado judeu quando foi proposta, desde 1937, a divisão da Palestina Britânica em dois Estados, um árabe e outro judeu.

O funcionamento interno do kibutz como democracia direta gerida pela assembleia dos seus membros criou uma cultura política participativa e responsável em que eles eram "enviados" para ocupar cargos públicos, no âmbito do projeto sionista, fora do seu próprio kibutz e, se necessário, fora do país (tabela 2).

Tabela 2. O crescimento dos *kibutzim*

ANO	NÚMERO DE KIBUTZIM	POPULAÇÃO DOS KIBUTZIM
1910	1	
1920	12	805
1930	29	3.900
1940	82	26.550
1950	214	67.550
1960	229	77.950
1970	229	85.100
1980	255	111.200
1990	270	125.100
2000	268	117.300

Fonte: The Kibbutz & Moshav: History & Overview, Jewish Virtual Library. Disponível em: <http://www.jewishvirtuallibrary.org/jsource/Society_&_Culture/kibbutz.html>.

Com a eclosão da Primeira Guerra Mundial e em busca de esforços para turquificar o Império Otomano, o projeto sionista enfrentou mais dificuldades de migração e aquisição de terras.

Três dos principais líderes da Segunda Imigração (David Ben--Gurion, Moshe Sharett e Yitzhak Ben-Zvi) estudaram Direito em Istambul, depois de aprenderem o idioma turco. Ao que parece, Ben--Gurion pretendia ser um representante no parlamento do Império Otomano. No entanto, tais projetos foram truncados pela Primeira Guerra Mundial. Sharett foi recrutado pelo exército otomano e serviu como oficial e tradutor durante a guerra. Ben-Zvi e Ben-Gurion retornaram para a Palestina otomana e foram deportados para o Egito. Assim, chegaram aos EUA em 1915, onde fundaram o novo movimento juvenil sionista: he-Halutz (em hebraico, o Pioneiro).

Em novembro de 1914, Djemal (Yemal) Pasha (ex-ministro da marinha otomana) foi nomeado comandante do exército otomano com a missão de atacar os britânicos no Egito, além de ser responsável pela Palestina otomana. Em 1914 começou a busca por inimigos internos. Ele se concentrou no setor judaico, embora mais tarde tenha atacado de forma brutal o setor árabe. Não permitiu que os judeus estabelecessem mais assentamentos, dissolveu o Hashomer, proibiu o uso dos símbolos sionistas e a língua hebraica em público e dificultou o funcionamento das entidades judaicas. A vida sionista na Palestina foi submetida aos rigores da mão militar. As penúrias da guerra pioraram a situação. Uma praga de gafanhotos (1915) causou fome e diversas doenças; em conjunto com as deportações e expulsões, isso reduziu a população judaica local.

As duas ofensivas otomano-alemãs (1915 e 1916), que tinham como objetivo tomar o Canal de Suez, fracassaram. Os exércitos britânicos começaram a avançar pelo Sinai e depois entraram no deserto do Neg[u]ev e na Palestina otomana.

Entre novembro de 1915 e maio de 1916, a Grã-Bretanha negociou secretamente com a França, com o consentimento da Rússia, o Acordo Sykes-Picot, que dividiu as províncias árabes do Império Otomano e deu origem a um Estado árabe independente.

Fortes grupos sionistas operaram nos países beligerantes e nos EUA. Chaim Weizmann (1874-1952), notório químico e líder sionista de origem russa, estabeleceu-se em Manchester como professor universitário em 1904, e ali conheceu o deputado conservador local, Arthur Balfour. Seu trabalho científico lhe trouxe fama e seus dons diplomáticos foram muito úteis para o sionismo.

Em 1915, Herbert Samuel, o primeiro judeu a ocupar um cargo ministerial no gabinete britânico sem abandonar a sua religião, apresentou um memorando ao primeiro-ministro britânico, Herbert H. Asquith, no qual propunha a criação de um Protetorado Britânico para os judeus. Samuel havia elaborado esse documento depois de longas conversas com Chaim Weizmann, que fora nomeado membro dos laboratórios do Almirantado britânico para suas pesquisas na área da fermentação industrial, que possibilitaram a produção acelerada de acetona, usada para fazer cordite. O lorde do Almirantado, Winston Churchill, bem como David Lloyd George, depois ministro das Munições e posteriormente primeiro-ministro britânico (1916-1922), encorajaram Weizmann a criar uma planta piloto em uma destilaria de gin, o que demonstrou a possibilidade de produção de acetona em larga escala e ampliou extraordinariamente a perspectiva de produzir munição para o esforço de guerra britânico. Conforme observado por Simon Sebag Montefiore, em Weizmann, a ciência e o sionismo alimentaram-se mutuamente numa direção positiva. Usando a proposta do Protetorado Britânico sobre os judeus que Herbert Samuel lhe havia confiado, ele tentou convencer Balfour. Contudo, o memorando de Herbert Samuel só contou com o apoio de Lloyd George no gabinete e não fez nenhum progresso.

O primeiro-ministro Lloyd George considerava essencial o apoio judeu à Tríplice Entente. Lloyd George, Churchill e Balfour eram filossemitas. Outros, como Mark Sykes, convenceram-se de que o apoio judaico era necessário para vencer a guerra, uma vez que o sionismo era percebido como influente nos EUA e porque grande parte da liderança da Revolução Russa, sobretudo entre os bolcheviques, era de origem judaica. A homogeneidade ou a solidariedade interna judaica era exagerada, pois não se levava em conta que a origem judaica não impedia que os bolcheviques, por exemplo, fossem antissionistas. A carta enviada pelo lorde Balfour, então secretário de Relações Exteriores da Grã-Bretanha, ao barão Lionel Walter Rothschild para ser transmitida à Federação Sionista da Grã-Bretanha e Irlanda em 2 de novembro de 1917 é conhecida como a Declaração Balfour. O texto afirma que o governo de Sua Majestade era a favor do estabelecimento de um lar nacional para o povo judeu na Palestina, sem prejudicar os direitos de outras comunidades que ali residiam.

Tal declaração de intenções foi considerada, naquele momento, como a maior conquista política do sionismo. A parte mais complexa está na frase "lar nacional para o povo judeu", porque não se menciona pátria, nação, Estado – ou Estado-nação em termos de política moderna.

Alguns ativistas sionistas como Vladimir Zeev Jabotinsky (1880-1940) e Josef Trumpeldor (1880-1920) sugeriram às autoridades militares britânicas no Egito, no início de 1915, a formação de uma legião judaica integrada por voluntários da Palestina deportados pelas autoridades otomanas para libertar a Palestina do domínio turco. Trumpeldor criou o Tzion Mule Corps (Corpo Muleteiro de Sião), que mobilizou 650 homens, a maioria dos quais havia servido na campanha de Galípoli em 1915. Essa formação dissolveu-se no início de 1916 e parte de seus veteranos, com Jabotinsky e Trumpeldor, juntaram-se ao regimento de Londres. Em agosto de 1917, constituiu-se o 38º Batalhão de Fuzileiros Reais, cujos recrutas eram judeus de origem russa; em abril de 1918 foi adicionado o 39º Batalhão de Fuzileiros Reais, que recrutou judeus do Canadá e dos EUA, incluindo David Ben-Gurion, Yitzhak Ben-Zvi e outros líderes sionistas. Naquele ano, milhares de voluntários sionistas que viviam na Palestina apresentaram-se de livre vontade para servir na Legião Judaica. No final, apenas mil foram incorporados e formaram o 40º Batalhão de Fuzileiros Reais. A Legião Judaica chegou a ter cinco mil homens e lutou na Palestina e na Transjordânia contra os otomanos. O tenente Jabotinsky foi condecorado por suas ações na travessia do Jordão. A Legião combateu também na Batalha de Meg[u]ido (setembro de 1918), que foi decisiva nessa campanha.

Em setembro de 1917, os otomanos descobriram a rede de espionagem judaica denominada NILI, acrônimo em hebraico de Nétzakh Israel Lo Ieschakêr ("a eternidade de Israel não mentirá"). Essa rede, organizada em Zikhron Iaakov, uma das primeiras colônias do barão Rothschild, pelo proeminente agrônomo Aaron Aaronsohn, ofereceu aos britânicos, por meio de pombos-correios, informações importantes que foram essenciais para a vitória na Batalha de Bersebá (31 de outubro 1917). Contudo, quando um dos pombos caiu nas mãos dos otomanos, em setembro de 1917, os membros da rede foram capturados, torturados e executados.

Em 9 de dezembro, Jerusalém se rendeu às forças da Tríplice Entente. Allenby entrou na Cidade Velha de Jerusalém no dia 11 de dezembro pelo Portão de Jaffa, acompanhado por alguns de seus oficiais, entre eles Thomas E. Lawrence. A libertação de Jerusalém do domínio otomano foi muito bem recebida em Londres e por toda a Tríplice Entente após o fatídico 1917. Em seu discurso, no qual aceitou a rendição de Jerusalém pelas mãos de seu prefeito, Allenby tentou não ofender as sensibilidades locais, mas quando recebeu as chaves da cidade entregues pelo prefeito Hussein al-Husseini, supostamente teria dito: "Agora as Cruzadas acabaram."

A guerra no Oriente Médio continuou por dez meses até o Armistício de Mudros (30 de outubro de 1918), quando o Império Otomano se rendeu.

Em 1919, a Palestina não possuía fronteiras definidas, mas ainda assim estava claro que os falantes do árabe constituíam a maioria da população.

3.
CONSTRUINDO A NAÇÃO E O ESTADO
(1918-1948)

Em 26 de abril de 1920, a Conferência de San Remo delineou a divisão do Império Otomano em mandatos para as potências vitoriosas. Apoiou os mandatos franceses e britânicos no Oriente Médio e endossou a Declaração Balfour. Faisal (1833-1933), líder da revolta árabe que cooperou com os britânicos, aconselhado por T.E. Lawrence, foi proclamado pelo governo do Congresso Nacional Sírio, em 7 de março de 1920, monarca do reino árabe da Síria, porém os franceses assumiram o controle desse país após uma curta guerra franco-síria e em julho expulsaram Faisal, que se exilou no Reino Unido.

A elite política e cultural britânica acreditava saber onde ficava a Palestina. Na época da Declaração Balfour, a profunda cultura sionista cristã da elite anglicana via a Palestina conforme desenhada em suas Bíblias, num mapa que aparecia no início, no qual se detalhava os domínios das tribos de Israel e se estendia de forma coloquial "de Dã a Bersebá".

Em 1921, em Jerusalém, Churchill especificou detalhadamente o que circulava de forma fragmentada no pensamento britânico: Faisal seria enviado a Bagdá para se tornar rei do Iraque. Um de seus irmãos, Abdalá ou Abdula (1882-1951), que tentara ajudar Faisal quando este fora atacado pelos franceses e agora estava preso entre Damasco, Aqaba e o rio Jordão, se tornaria o emir (príncipe) da Transjordânia.

A Transjordânia foi, como Adam Garfinkle corretamente apontou, adicionada ao Mandato Britânico entre 1921-1922. É importante estabelecer isso claramente, uma vez que uma história mítica da Palestina adotada pelo Movimento Revisionista Sionista (os ancestrais ideológicos nacionalistas do partido Likud que atualmente governa Israel) afirma que foi nesse momento que ocorreu a primeira "partilha" da Palestina. Se é aceita a versão de que a maior parte da "Palestina completa" foi separada naquela época, prossegue esse tipo de argumento, qualquer exigência de outra partilha (ou seja, "a solução de dois Estados") deve ser rejeitada. Na realidade, a Palestina não foi dividida em 1921-1922. A Declaração Balfour não havia detalhado nenhuma área específica para o lar nacional judaico a ser estabelecido "na Palestina". A administração de Samuel estendia-se (para o leste) apenas até o rio Jordão por ordem do lorde Curzon, secretário das Relações Exteriores. A Palestina expandiu-se para legalizar o estabelecimento da Transjordânia, realizado por Winston Churchill, e não se dividiu, como alegam os revisionistas de direita em Israel.

Em junho de 1918 teve lugar a reunião da qual decorreu o acordo Weizmann-Faisal, assinado em janeiro de 1919. Nesse acordo, era estabelecido o apoio de Faisal à imigração judaica para a Palestina desde que não em prejuízo da população árabe local, que receberia ajuda para o seu desenvolvimento econômico. Faisal adicionou uma cláusula segundo a qual o referido acordo seria cumprido apenas se os árabes obtivessem sua independência conforme exigido em seu memorando de 4 de janeiro de 1919, dirigido à chancelaria da Grã-Bretanha.

Após o fim da Primeira Guerra Mundial, a tensão antissionista na Palestina se exacerbava. No ataque a Tel Hai, no início de março de 1920, duas mulheres e quatro homens morreram. Um deles, Josef Trumpeldor, pronunciou a frase que ficou famosa na narrativa épica sionista: "É bom morrer pelo nosso país." Jerusalém converteu-se em foco de distúrbios quando uma peregrinação árabe, por ocasião da festividade de Nabi Musa, paralela ao Péssakh, degenerou em uma espécie de *pogrom* na Cidade Velha e no centro da Cidade Nova de Jerusalém. Uma das figuras centrais que incitou a violência árabe foi Haj Amin al-Husseini (1895-1974). Os britânicos tentaram frear os tumultos com suas tropas, mas não permitiram que o lado sionista reforçasse o bairro judeu da Cidade Antiga com as hostes, já treinadas, comandadas por Jabotinsky que, em setembro de 1919, havia sido dispensado da Legião Judaica do exército britânico por agitação política. O governo militar britânico deteve Jabotinsky para acalmar o lado árabe, sentenciando-o a quinze anos de trabalhos forçados. Alguns membros da Haganá foram condenados a três anos da mesma pena, ao passo que os árabes presos receberam sentenças leves. Haj Amin al-Husseini exilou-se na Transjordânia. Em paralelo, as autoridades militares britânicas limitaram a imigração judaica para a Palestina e a venda de terras ao Fundo Nacional Judaico.

One Palestine, Complete: Jews and Arabs Under the British Mandate (Uma Palestina Completa: Judeus e Árabes Sob o Mandato Britânico) é o título de um livro sobre a história do Mandato Britânico na Palestina de autoria do historiador israelense Tom Segev. Sua origem é uma anedota real. Em 30 de junho de 1920, Herbert Samuel chegou à Casa do Governo em Jerusalém para substituir o chefe da administração militar britânica da ocupação, o general *sir* Louis Bols (1867-1930). Ficou surpreso quando Bols exigiu que, ao tomar posse formal do país, assinasse um "recibo". Bols apresentou-lhe um pedaço de papel que continha a frase "Recebida, uma Palestina, completa." Samuel assinou, contudo, sendo uma pessoa prudente, acrescentou as letras "E&OE", uma abreviatura em inglês de *Except errors or omissions* (Exceto Erros & Omissões), que muitas vezes era adicionada a documentos comerciais como medida de precaução.

Herbert Samuel, o primeiro alto comissário britânico na Palestina, sionista convicto, desempenhou uma dupla tarefa política no início do Mandato Britânico. Facilitou a imigração judaica e os assentamentos no que foi descrito como "colonialismo cauteloso". Samuel concedeu anistia geral a todos os réus processados pelos desmandos de abril, que levou à libertação de Jabotinsky e de seus companheiros, bem como o retorno à Palestina de Haj Amin al-Husseini do exílio na Transjordânia. O Alto Comissariado Britânico o nomeou mufti (líder jurídico e religioso islâmico) de Jerusalém em março de 1921.

Os ultraortodoxos do Agudat Israel desenvolveram posições claramente antissionistas. Seu porta-voz mais importante foi o escritor e publicitário judeu holandês Jacob Israel De Haan (1881-1924), que chegara à Palestina em 1919 como sionista. Influenciado pelo rabino Yosef Chaim Sonnenfeld, líder do Agudat Israel em Jerusalém, adotou posições antissionistas e converteu-se no porta-voz do grupo. Além disso, o correspondente dos jornais holandeses e do *Daily Express* britânico chegou a publicar notícias e artigos contra o projeto sionista. Ele enviou o xarife Hussein de Meca e seus dois filhos, Faisal (rei do Iraque) e Abdalá (emir da Transjordânia), com um memorando no qual propunha que os judeus abandonassem o seu projeto político, enunciado na Declaração Balfour e, em troca, a liderança árabe aceitaria a imigração judaica ilimitada para a Palestina britânica. Essa ideia fazia parte da oposição dos *haredim* (em hebraico, tementes a Deus ou judeus ultraortodoxos) ao sionismo, por considerá-lo secular e com práticas que violavam todos os princípios religiosos, das leis dietéticas à santidade do sábado. Os jovens extremistas, liderado por Amram Blau, líder dos Neturei Karta (em aramaico, guardiões da cidade [de Jerusalém]) – constituíam-se em uma oposição que se manifestava no não pagamento do imposto especial que o movimento sionista arrecadava para financiar uma força policial judaica que protegeria bairros e comunidades dos ataques árabes. Os ultraortodoxos alegavam, com base nas profecias bíblicas e no *Talmud*, que somente pela vontade de Deus o povo judeu retornaria à Terra Prometida e com a vinda do messias ocorreria a redenção. Qualquer intervenção humana, voluntária e política, não só era desnecessária, mas produziria resultados terríveis. De Haan procurou um acordo com os líderes árabes para que protegessem a minoria judaica na Palestina. O impacto das ideias proclamadas por De Haan levou ao seu assassinato em 30 de junho de 1924. Quando ele saía de sua sinagoga, após a oração matutina, Avraham Teomi, um ativista da Haganá, disparou três tiros contra ele e fugiu. Jacob Israel De Haan era homossexual e as autoridades sionistas atribuíram o assassinato ao seu amante árabe.

O estabelecimento de um Váad Leumí (em hebraico, Comitê Nacional) em 1920, foi uma peça-chave do quadro institucionalizador sionista. Fazia parte do knesset Israel (em hebraico, reunião de Israel), que incluía o Assefát ha-Nivkharim (em hebraico, Assembleia dos Eleitos). O Váad Leumí era responsável pela educação, saúde, pelas comunidades (devido às divisões por países de origem dos imigrantes judeus), pela assistência social e pelo rabinato, encarregado dos assuntos pertinentes ao culto da religião judaica. O departamento político administrava as relações com o governo mandatário britânico e com a contraparte árabe. Devido à heterogeneidade social da minoria judaica da Palestina, era imperativo que os líderes políticos adotassem um sistema altamente representativo. O sionismo compreendeu, desde seus primeiros passos políticos, que sua força seria multiplicada pelo voluntarismo, pelo ímpeto ideológico dos seus membros e pela participação ativa da população judaica da Palestina. Portanto, foi adotado um sistema eleitoral proporcional de lista territorial única. Tal sistema, por meio da construção de coalizões e guiado pelo objetivo comum do projeto, asseguraria a maior participação voluntária possível. De mais a mais, o sistema, por meio de uma barreira eleitoral baixa, garantia representação a pequenos grupos sociais. Quando o Estado de Israel foi fundado, 28 anos de autogoverno comunitário haviam gerado uma certa cultura política e, mais ainda, sistemas de interesses e de partidos que dificultariam mudar o sistema para outro mais orientado para decisões. A Assembleia dos Eleitos foi dominada por partidos afiliados a associações operárias de esquerda e desde 1931 pelo partido sionista Mapai, acrônimo em hebraico de Miflég[u]et Poalei Eretz Israel (Partido dos Trabalhadores da Terra de Israel), liderado por David Ben-Gurion e fundado em janeiro de 1930.

Desde 1929, o Executivo Sionista da Palestina passou a denominar-se Agência Judaica para a Palestina. Os dirigentes políticos durante o Mandato Britânico foram Frederick H. Kisch (1923-1931), Haim Arlosoroff (1931-1933), Arthur Ruppin (1933-1935) e David Ben-Gurion (1935-1948). Kisch foi o primeiro diretor político da Agência Judaica para a Palestina e, sendo um graduado oficial altamente condecorado do exército britânico durante a Primeira Guerra Mundial, mantinha excelentes relações com as autoridades do Mandato e com importantes personalidades árabes.

A Haganá (em hebraico, Defesa) foi uma organização clandestina de caráter paramilitar estabelecida pelas autoridades sionistas pouco depois dos ataques árabes ao *ischuv* em 1920. A fundação da Haganá em junho do mesmo ano deveu-se a uma iniciativa partidária do Akhdut ha-Avodá (em hebraico, Unidade Trabalhista). No início, a Haganá possuía algumas centenas de membros, concentrados em Jaffa-Tel Aviv, Jerusalém e Haifa, e nos *kibutzim* e *moschavim*[5]. Mal armados, tais membros assumiram funções de advertência, guarda e autodefesa. A violência árabe de 1929 levou os líderes do sionismo na Palestina à conclusão de que era necessário organizar-se numa escala muito maior. A política de autodefesa criou uma fissura interna, e aqueles que não aceitaram um papel passivo/defensivo e exigiram retaliação constituíram, em 1931, a Haganá Bet, Haganá B´ ou segunda Haganá, mais conhecida como Irgún Tzvaí Leumí (em hebraico, Organização Militar Nacional ou, em sua sigla hebraica, Etzel), inspirados por Zeev Jabotinsky. Granadas começaram a ser fabricadas localmente e armas foram compradas, além de um enorme recrutamento de jovens e adultos; no final do treinamento, criou-se um verdadeiro exército clandestino. A Haganá cresceu durante a década de 1930 e mais ainda durante a rebelião palestina de 1936-1939, e foi subdividida em setores especializados. Chegou a mobilizar cerca de cinquenta mil homens e mulheres. Muitos membros da Haganá foram recrutados pelas diversas forças policiais britânicas. O capital paramilitar humano formado ao longo dessas décadas constituiu, quando da fundação do Estado de Israel em 1948, a base para institucionalizar todas essas forças ao incorporá-las à Tzvá Haganá le-Israel (Forças de Defesa de Israel, acrônimo hebraico Tzahal).

Em dezembro de 1920, outro dos pilares do futuro Estado judeu foi erigido no ato de fundação da Histadrut no edifício do Technion (Instituto Tecnológico, Escola de Ciências e Engenharia, estabelecido em 1912) em Haifa. A Histadrut ha-Klalit schel ha-Ovdim

■■ 5 Plural de *moschav*, é um tipo de comunidade rural cooperativa israelense que combina fazendas geridas privadamente e coletivização de serviços, como a comercialização de produtos e algumas vezes indústria leve. (N. da T.)

be-Eretz Israel (Organização Geral dos Trabalhadores na Terra de Israel) era a organização sindical central do proletariado judeu na Palestina britânica e mais tarde no Estado de Israel. Os principais líderes pertenciam à segunda imigração e trouxeram consigo dois elementos derivados da experiência na área de residência judaica do Império Russo e outras adjacentes no Império Austro-Húngaro e no Império Alemão. O primeiro era a autodefesa contra *pogroms*, que já havia sido colocada em prática na organização Hashomer que se juntou à Haganá em 1920. O segundo elemento eram os princípios socialistas de defesa dos interesses do proletariado e a construção de instituições que serviriam de base para uma sociedade futura. A Histadrut foi constituída como uma organização apartidária, porém era dirigida pelos partidos políticos de esquerda, convertendo-se no baluarte do socialismo trabalhista israelense. Também estabeleceu cooperativas de consumidores e produtores, escritórios para fornecer trabalho aos desempregados e absorveu uma grande organização de assistência médica, Kupat Holim Klalit (Fundo Médico Geral), fundada em 1911 com o nome de Fundo de Saúde dos Operários da Judeia. Ela construiu hospitais em Petakh Tikva e no vale de Jezreel (Afula). Em 1921, fundou uma cooperativa de construção de estradas e infraestruturas, Batz (acrônimo em hebraico de Binian ve-Avodot Tziburiót, ou seja, Construção e Obras Públicas) que, em 1923, foi reconstituída como Solel Boné (em hebraico, pavimenta e constrói); apesar de ser uma cooperativa, era administrada como uma empresa privada. A Solel Boné realizou, durante o Mandato Britânico, obras de pavimentação e construção de infraestruturas em todo o Oriente Médio, do Iraque ao Egito; em particular, estradas, pontes e bases aéreas e militares para os britânicos. O braço industrial da Solel Boné foi fundado em 1944 com o nome de Indústrias Koor (em hebraico, núcleo). Em 1947, foi criada a Telrad, a primeira indústria de telecomunicações, como um projeto conjunto sindical-privado. Essas instituições pré--estatais, controladas pelos partidos políticos dominantes – David Ben-Gurion foi eleito secretário-geral da Histadrut em 1921 e desde 1930 o Partido Mapai controla a Histadrut –, constituíram as bases para o estabelecimento do Estado de Israel em 1948. A Histadrut fundou, em 1921, o Bank Hapoalim (Banco dos Trabalhadores), que se transformou no maior banco de Israel; na Histadrut, a atividade sindical era separada da atividade empresarial. Ela também estabeleceu a Hevrat ha-Ovdim (Companhia dos Trabalhadores) para que se encarregasse da parte empresarial, mas como uma cooperativa de propriedade de todos os membros da Histadrut. Foi criada uma cooperativa de consumo, o Hamaschbir Hamerkazí, (Central de Fornecedores) e outra de distribuição e comercialização da produção agrícola, especialmente dos *kibutzim* e dos *moschavim*, a Tnuvá (em hebraico, produtos agrícolas).

As teses de Zeev Sternhell, expressas em seu livro *The Founding Myths of Israel: Nationalism, Socialism and the Making of the Jewish State* (Os Mitos Fundacionais de Israel: Nacionalismo, Socialismo e a Criação do Estado de Israel) são assaz reveladoras. O argumento mantém que o movimento sionista, com recursos escassos, não conseguiria concretizar ambos os ideais, o Estado nacional e a sociedade justa, e que nas circunstâncias em que outras decisões de efeito cumulativo foram tomadas, o Estado nacional adquiriu prioridade e maior importância do que a ideia de uma futura sociedade socialista. As organizações colonizadoras judaicas do barão Rothschild e do barão Hirsch, desde o final do século XIX, apoiaram com capital e tecnologia o esforço agrícola dos pioneiros judeus na Palestina, e em 1924 elas foram institucionalizadas na PICA, que tendia mais para o projeto nacional do que para o social. Os componentes nacionais contribuíram para agravar a animosidade árabe contra o projeto sionista, o que exacerbou as tendências nacionalistas dentro do sionismo. Durante a primeira metade do século XX, a esfera pública sionista na Palestina continuou a ser dominada pelo mito mobilizador que combinou o renascimento nacional – baseado no mito histórico bíblico do reino de Davi – com a criação de uma sociedade socialista. Na realidade material, os esforços concentraram-se na construção da Nação e do Estado nacional, mais do que do projeto social. A tese de Ilan Pappé sobre o papel central do conceito de segurança e sua quase monopolização prática por parte de

Ben-Gurion parece não ter considerado uma realidade de contínua violência local na Palestina, que se desenvolveu em paralelo a outra realidade diferente e infinitamente pior: o Holocausto. As estruturas institucionais que já existiam por volta da independência de Israel, o fato de Ben-Gurion deter a liderança formal do governo sionista paralelamente ao Mandato e, a partir de maio de 1948, o cargo de primeiro-ministro e ministro da Defesa não permitiam tal monopólio. As decisões de segurança não eram discutidas apenas no gabinete, mas em plena cooperação com o Estado-Maior da Haganá e mais tarde com as FDI. Embora Ben-Gurion em geral recebesse apoio do seu gabinete, houve ocasiões, como por exemplo a votação sobre a possibilidade de realizar um novo ataque em Latrun, em setembro de 1948, após os fracassados ataques anteriores, em que a maioria do gabinete se opôs a Ben-Gurion que exigia esse ataque, que finalmente não se concretizou. A ameaça existencial, embora não tenha sido total e imediata, tornava-se crível e quase real. Existisse ou não uma intenção e, mais ainda, uma capacidade real de "jogar os judeus no mar" ou de *Itbah al Iahud*! (em árabe, degolar os judeus) – o grito de guerra da turba árabe em 1948 – eram riscos que não valia a pena correr nem poderiam ser demonstrados como falsos, a não ser *ex post factum*. O acúmulo do impacto dos mitos mobilizadores, tanto na sociedade israelense como na palestina e na árabe em geral, gerou uma narrativa de enfrentamento e ameaças existenciais mútuas, alimentada pela necessidade de denegrir e deslegitimar o inimigo enquanto o conflito continuava; mobilizou igualmente as massas na direção da construção do Estado-nação que, no caso judaico, foi estabelecido em Israel em 1948 e no caso palestino ainda não se concretizou. A utilização do conceito de segurança e dos perigos existenciais faz parte de uma narrativa de mobilização e legitimidade necessária para cada uma das partes. Ao longo dos anos, foi gerada uma cultura que pressupunha a existência de uma ameaça existencial, remediada com "segurança". As elites políticas tornaram-se prisioneiras de sua própria narrativa e, portanto, na esfera pública israelense, o conceito de *segurança* tornou-se um foco muito difícil de ser questionado. Do ponto de vista retórico, era continuamente reforçado pelo uso e abuso da ideia de "ameaça existencial", o que levou a um processo dialético muito difícil de se conter. O confronto, a violência e a percepção de ameaça existencial, grandemente exacerbadas pela violência antijudaica nas diásporas antes da Primeira e Segunda Guerras Mundiais, pela violência na Palestina e ainda mais pelo Holocausto judeu, geraram em todas as áreas narrativas de enfrentamento muito difíceis de serem invalidadas.

A política do "trabalho hebreu" cresceu. Uma integração completa de ambas as economias teria significado uma reprodução do colonialismo clássico. No entanto, quanto mais crescia a economia da parte judaica da Palestina – e mais terras eram adquiridas e cultivadas pelos sionistas – mais aumentava a animosidade árabe. Esse fato encorajou a ideia e a prática do trabalho hebreu para defender a estrutura socioeconômica do projeto sionista diante da rejeição árabe.

Uma filosofia política que visa impedir o colonialismo e a exploração produziu o boicote ao trabalho árabe impulsionado pela Histadrut, que iniciou uma campanha para separar os camponeses árabes do setor judaico e instou os judeus a se apresentarem voluntariamente para trabalhar nos campos. Argumentou-se que se fosse demonstrado que as vagas de trabalho na economia judaica pudessem ser preenchidas com a força laboral árabe, os ingleses usariam isso para impedir a imigração judaica da Alemanha nazista. Enquanto os britânicos (Comissão Shaw, Relatório Hope-Simpson, Livro Branco de Passfield), na década de 1930, haviam criticado o princípio da economia dual e a ideia da capacidade de absorção dos imigrantes no setor judaico, havia agora a ameaça de que tais críticas fossem implementadas pela potência colonial. O assassinato de judeus em Hebron e Safed em 1929 contribuiu para debilitar qualquer iniciativa sionista de solidariedade de classe e exacerbou o confronto étnico-nacional. A percepção de Ben-Gurion sobre a força e a violência do crescente movimento nacional árabe-palestino começou a substituir a sua adesão anterior à abordagem relativa aos benefícios mútuos que seriam conseguidos para ambas as comunidades por meio da imigração judaica e do desenvolvimento econômico.

A tese de Gottheil, de natureza econômica e fundamentada tanto na teoria quanto na evidência empírica, é que as economias mais atraentes e desenvolvidas – como foi o caso da Palestina britânica – se convertem em polos de atração migratória para populações que vivem no âmbito de economias menos atraentes. Esse fenômeno se repete internamente em vários países, entre regiões menos e mais desenvolvidas – tendo as últimas níveis mais elevados de empregos e salários, em função do seu dinamismo econômico e demanda de trabalho. Como há ampla evidência de migrações árabes desse tipo dentro do próprio Oriente Médio, de países relativamente pobres e superpovoados, e internamente de regiões menos desenvolvidas para as mais desenvolvidas, Gottheil alega que não há razão para supor que esse fenômeno não tenha ocorrido na Palestina britânica entre as duas Guerras Mundiais.

Os motins de 1929 não têm precedentes na história do conflito na Palestina, seja devido à sua duração, seu âmbito geográfico, danos à vida ou à propriedade. Esses confrontos, que o lado judeu chamou de Meoraót Tarpat (em hebraico, motins do ano de 5.689 – no calendário hebraico) e a parte árabe de Tawrat al-Buraq (em árabe, motins de Buraq, nome do cavalo alado em que Maomé fez sua viagem noturna de Jerusalém para Meca e nome árabe da viela em que ficava o Muro das Lamentações), foram desencadeados devido aos incidentes relacionados aos direitos sobre o Muro das Lamentações em agosto de 1929. Houve centenas de mortos e feridos de ambos os lados. Judeus massacrados em Hebron e Safed; a erradicação dos judeus de Hebron foi acompanhada por ataques em Jerusalém e outros lugares. A Haganá assumiu a defesa da parte judaica. Houve um ataque a uma mesquita em Jerusalém. Os panfletos que conclamavam as massas árabes para que atacassem os judeus, emitidos por ordem de Haj Amin al-Husseini, alegavam que a presença judaica no Muro das Lamentações fazia parte de um plano sionista para se apoderar do al-Haram ash-Sharif – o Monte do Templo, o Nobre Santuário para os muçulmanos –, do Domo da Rocha e da Mesquita de al-Aqsa (A Mesquita Distante). Esse tipo de argumento ainda é atual.

A expansão da imigração judaica durante o Mandato Britânico e a aquisição de terras para o projeto sionista, bem como a "batalha pelo trabalho hebreu" geraram desemprego agrícola e urbanização marginal que afetou o setor árabe palestino e fomentou a animosidade antijudaica. As comissões britânicas sugeriram limitar a imigração judaica para a Palestina e a aquisição de terras árabes pelos judeus. Isso implicava um afastamento britânico da Declaração Balfour e apoio ao lado árabe.

Uma das consequências dos massacres de 1929 e das mudanças socioeconômicas pelas quais a Palestina passava foi a criação, em 1930, do al-Kaff al-Aswad (em árabe, A Mão Negra), grupo armado antissionista e antibritânico. A Mão Negra, estabelecida e liderada pelo xeique Izz ad-Din al-Qassam, realizou atos terroristas antissionistas e antibritânicos. O assassinato de um policial britânico levou à perseguição de Izz ad-Din al-Qassam. Encurralado perto de Jenin, morreu em combate ao enfrentar os britânicos e se transformou em um herói popular palestino. Seu funeral em Haifa foi a maior manifestação política palestina durante o Mandato Britânico. Os militantes palestinos que se rebelaram contra os britânicos adotaram o apelido de *qassamiyun*, seguidores de al-Qassam. Em 1991, o braço armado do Hamas foi denominado Izz ad-Din al-Qassam.

O segundo assassinato político dentro do *ischuv* ocorreu na praia de Tel Aviv, em 16 de junho de 1933. A vítima foi Haim Arlosoroff, um dos fundadores do Mapai – o Partido Trabalhista Israelense – em 1931 e diretor político da Agência Judaica da Palestina. Arlosoroff negociou com o governo nazista da Alemanha o Acordo de Transferência (em hebraico, Eskem ha-Aavará), que estipulava que as autoridades alemãs permitiriam a emigração judaica para a Palestina com grande parte do seu capital, mas, por sua vez, aumentariam as exportações de mercadorias alemãs para a Palestina. O governo nazista negociou e assinou esse acordo com a Federação Sionista Alemã e com o Anglo-Palestine Bank em 25 de agosto de 1933 – dois meses após o assassinato de Arlosoroff. Haim Arlosoroff, como diretor político da Agência Judaica, participou pessoalmente das negociações com Otto von Henting, diretor da seção do Oriente Médio da Chancelaria Alemã em Berlim. Para a Alemanha nazista, se livrar de um número considerável de judeus, sem que eles engrossassem as fileiras antinazistas nos países ocidentais e, ao mesmo tempo, usar a emigração para reativar sua economia por meio das exportações era um passo positivo, não obstante as políticas antissemitas. Além disso, estava em consonância com a política econômica nazista, que temia um boicote internacional judaico contra a Alemanha. Para o *ischuv*, a contribuição do capital humano e do capital material que os imigrantes alemães trariam era essencial, e de fato acelerou a economia e o desenvolvimento social e cultural do projeto sionista. Jabotinsky exigiu um boicote mundial contra a Alemanha nazista, liderado a partir da Palestina Mandatória, e condenou o possível acordo. O assassinato de Arlosoroff, antes da assinatura do acordo, foi o ápice dessa controvérsia. Abba Ahimeir, um dos líderes da facção revisionista extremista e editor do jornal *Hazit ha-Am* (em hebraico, Frente Popular), foi acusado de ser seu autor intelectual, ao passo que dois ativistas revisionistas, Avraham Stavsky e Zeev Rosenblatt, foram acusados de terem assassinado o líder trabalhista. Todos foram presos, embora no final tivessem que ser libertados, pois não foram encontradas evidências que corroborassem sua participação no assassinato. Por outro lado, os revisionistas argumentaram que Arlosoroff fora assassinado por dois árabes que tentaram agredir sexualmente sua esposa, Sima, que estava com ele durante o crime; entretanto, a polícia havia manipulado o depoimento dela. Dezenas de milhares participaram do funeral de Arlosoroff; a lembrança de seu assassinato e as acusações subsequentes duraram décadas.

Tentativas de diálogo entre a liderança sionista e a elite palestina, principalmente com a família Nashashibi – uma família eminente de Jerusalém, liderada por Ragheb-Rayeb Nashashibi, prefeito de Jerusalém de 1920 a 1934 e líder do Partido de Defesa Nacional – não deram resultado. Os Nashashibi eram relativamente moderados e cooperavam com o Mandato Britânico, portanto, os radicais nacionalistas palestinos protestaram contra as mencionadas tentativas de diálogo. Durante a rebelião palestina, Ragheb Nashashibi, ameaçado de morte por apoiar a ideia da divisão da Palestina elaborada pela Comissão Peel, foi obrigado a se exilar no Egito. Os planos federativos foram discutidos entre os líderes sionistas e o emir Abdalá da Transjordânia, mas face à oposição ferrenha da maioria da liderança nacionalista palestina e as ondas de violência, não chegaram a se concretizar.

Quando os britânicos ofereceram à comunidade judaica um Estado em 1937 como conclusão da Comissão Peel, a ser estabelecido em uma parte muito reduzida da Palestina, Ben-Gurion aceitou a proposta, embora aspirasse à soberania judaica sobre a maior parte possível da Palestina. Duas palavras-chave surgiram então: força e oportunidade.

O enfoque de Ben-Gurion no tocante a processos de longo prazo e soluções abrangentes era atípico entre a maioria de seus colegas na liderança sionista. Eles ainda nutriam a esperança de que, ao comprar terras e casas, estabeleceriam progressivamente uma nova realidade. Ben-Gurion compreendeu muito cedo que isso nunca seria suficiente, pois no final do Mandato o movimento sionista conseguira comprar cerca de 6% das terras de toda a Palestina britânica.

O grande mufti de Jerusalém era o líder indiscutível do movimento nacionalista palestino e suas ideias antissionistas e antijudaicas mais extremistas do que no passado, relacionando-se inclusive com a política do que seria o eixo nazifascista. Em 1935 ele assumiu o controle da Guerra Santa (em árabe, al-Jihad al- Muqaddas) e da Hombridade Juvenil (em árabe, al-Futuwwa), organizações paramilitares juvenis dispostas a combater militarmente o sionismo.

O *crescendo* da violência na Palestina atingiu um nível culminante em meados de abril de 1936, quando num ataque de *qassamiyun* contra um comboio de caminhões, dois motoristas judeus foram mortos. Em 16 de abril, um dia após o ataque, o Irgún assassinou dois operários árabes em Petakh Tikva. Um dia depois, no enterro de um dos motoristas judeus em Tel Aviv, eclodiu uma onda de violência e, nos dias subsequentes, os ataques fizeram vítimas de ambos os lados. No final de abril, foi declarada uma greve geral árabe-palestina que durou até outubro de 1936. Foi assim que começou a rebelião palestina.

Em 25 de abril, foi criado um Alto Comitê Árabe (ACA), composto pelos novos partidos árabes, que decidiu manter a greve geral, iniciada em Nablus em 19 de abril, até que o governo britânico fechasse a imigração judaica, proibisse a transferência das terras árabes para os judeus e estabelecesse um governo nacional árabe responsável. Deve-se levar em conta de que se trata de um período no qual agentes nazistas da Alemanha operavam na Palestina, angariando a simpatia do lado árabe, como o fizeram em 1937 Adolf Eichmann e Herbert Hagen, bem como outros agentes nazistas que atuavam a partir das colônias templárias.

Em outubro de 1936, o ACA pediu o fim da greve. A Comissão Peel chegou à Palestina em novembro de 1936 e conduziu sua investigação por meio de entrevistas com líderes árabes e judeus. Weizmann explicou a difícil situação em que se encontrava o judaísmo europeu, pois era vítima de ondas de antissemitismo e não tinha possibilidades de emigrar para a Palestina. O grande mufti de Jerusalém apresentou a posição árabe e exigiu a cessação imediata da imigração judaica, já que não acreditava que os quatrocentos mil judeus que já residiam na Palestina fossem assimiláveis à maioria árabe. Em julho de 1937, a Comissão Peel apresentou a sua análise e suas conclusões, destacando que o governo britânico, no âmbito da Primeira Guerra Mundial, fizera promessas contraditórias e irreconciliáveis tanto para o lado judeu como para o lado árabe, a fim de obter seu apoio. O confronto impossibilitava o funcionamento normal do Mandato Britânico na Palestina. O mesmo ocorria no que dizia respeito à exigência árabe de criação de outro Estado, como acontecia naquela época no Iraque, no Egito, na Síria e no Líbano. O lado sionista via na política britânica uma obstrução ao estabelecimento do lar nacional judaico na Palestina. A comissão propôs a divisão da Palestina em três partes: um mini-Estado judeu concentrado na costa da Palestina e na Galileia; um Estado árabe, ligado à Transjordânia, que ocuparia uma parte sul da costa da Palestina, Judeia, Samaria e o deserto do Neg[u]ev; e uma área do Mandato Britânico, que incluiria os lugares santos – Jerusalém e Belém, com um corredor territorial que desembocaria no mar em Jaffa, bem como Nazaré. As conclusões mencionavam a futura necessidade de troca de territórios e populações entre os dois futuros Estados, no intuito de alcançar maior homogeneidade e coerência social.

O Reino Unido aceitou essa primeira proposta de partilha da Palestina como politicamente viável. O comitê dos Mandatos da Liga das Nações a rejeitou e a Agência Judaica aceitou a proposta em princípio, porém não nos termos territoriais sugeridos. O Alto Comitê Árabe, por sua vez, rejeitou o Plano Peel de partilha. O resultado prático foi um aumento da violência na Palestina.

O recrutamento de judeus pelas forças policiais britânicas na Palestina acelerou-se. A colaboração cresceu quando chegou à Palestina um oficial da inteligência britânica que apoiava a causa sionista e era um inovador militar. Orde Charles Wingate (1903-1944) pertencia aos Irmãos de Plymouth, um grupo evangélico que baseava seu credo na *Bíblia* e via na criação de um Estado judeu uma obrigação de natureza teológica. Com base nisso e na sua função militar, uma estreita aliança foi estabelecida entre Wingate e a liderança sionista. No entanto, foram as táticas militares de Wingate que fundamentaram a admiração sionista por ele e que lhe valeu o título de "o amigo" (de Israel). O alvo britânico preferido pelos combatentes árabes era o oleoduto Mosul-Haifa, que fornecia petróleo iraquiano ao Reino Unido e às suas forças armadas no Mediterrâneo Oriental. A criação de unidades judaico-palestinas-britânicas denominadas Special Night Squads (Esquadrões Noturnos Especiais) em 1938, especializados em emboscar os sabotadores árabes do oleoduto Mosul-Haifa e na retaliação contra as aldeias das quais os ataques se originavam, levaram à sua redução. A tática de atacar a fim de se defender se tornaria uma parte central da futura história militar de Israel. Em 1933, Yitzhak Sadeh (1890-1952), ex-combatente russo condecorado na Primeira Guerra Mundial e comandante na Haganá em 1921, criou a Unidade de Patrulha (em hebraico,

Nodedet, ou seja, móbil) no vale do Jordão. Em 1936, no contexto da cooperação entre os britânicos e a Haganá, foi estabelecida o Jewish Settlement Police (Polícia de Assentamentos Judaicos) ou *Notrim* em hebraico, para defender as colônias judaicas na Palestina. Contava com dezesseis mil homens. Em 1937, Sadeh fundou as *Plugot Sadé* (em hebraico, Unidades de Campo), que seriam a unidade de comando da Haganá. Wingate, condecorado por seus sucessos militares, foi transferido para a Grã-Bretanha, no intuito de distanciá-lo dos sionistas. Yitzhak Sadeh fundou o kibutz Hanita, um posto avançado na fronteira com o Líbano, no âmbito das operações Homá u-Migdal (em hebraico, Paliçada e Torre). Entre o final de 1936 e o final de 1939, enquanto ocorria a revolta palestina, os movimentos pioneiros, acompanhados pelas forças dos *Notrim* e da Haganá, construíram 52 assentamentos – entre eles, Hanita – em áreas fronteiriças, conectando-os entre si. Os grupos de jovens pioneiros erigiam em um dia uma torre e uma paliçada, em torno das quais seria erguido o novo assentamento em terras adquiridas legalmente. Esses assentamentos foram fundamentais na elaboração das fronteiras do futuro Estado judeu. De forma ilegal e violenta, o Irgún realizou uma série de operações "dissuasoras" contra a população árabe na Palestina, lançando granadas e colocando explosivos em aldeias e cidades árabes, como represália aos ataques, com o objetivo de desmoralizar a população árabe para que não apoiasse os seus grupos armados. A política da liderança do *ischuv* e seu braço armado foi uma das atividades restritas de "autocontenção" e de cooperação com as autoridades do Mandato Britânico. Por outro lado, o ativismo revisionista, parcialmente inspirado pela liderança de Zeev Jabotinsky e do Irgún Tzvaí Leumí se opôs à política de autocontenção. Em novembro de 1937, face ao aumento da violência árabe, o Irgún abandonou todas as restrições e começou a atacar alvos árabes a partir do Domingo Negro (14 de novembro de 1937). Após a execução de um membro do Irgún capturado pelos britânicos no final de junho de 1938, a organização intensificou suas atividades e realizou dezenas de ataques a aldeias e cidades árabes e aos meios de transporte. Em julho de 1936, grupos árabes voluntários armados, da Síria e da Transjordânia, comandados por Fawzi al-Qawuqji, de origem libanesa, que havia servido como oficial otomano na Primeira Guerra Mundial e depois na Legião Síria do exército francês, se infiltraram na Palestina com algumas centenas de homens e começaram a operar contra os britânicos e os judeus. Outro grupo liderado por Abd al-Qadir al-Husseini – membro da família do grão-mufti – atuou na área de Jerusalém. Os britânicos perderam o controle de diversas regiões da Palestina e da Cidade Velha de Jerusalém, que foi recuperado em outubro de 1938, quando chegaram reforços do Egito e da Inglaterra. A repressão britânica tornou-se mais violenta. A imposição de leis de emergência, buscas por armas, prisões, campos de detenção, expulsão e forte pressão policial-militar, bem como como execuções, conseguiram reimpor um certo nível de tranquilidade por volta de 1939.

Walid Khalidi argumentou que o relatório da Comissão Peel e a proposta para a partilha da Palestina foram o gatilho para a segunda onda de violência na revolta árabe, em meados de 1937. A repressão britânica foi muito dura e começou em setembro de 1937, após o assassinato de um alto funcionário britânico em Nazaré.

Os comandantes militares britânicos na Palestina – entre eles, Archibald Wavell, Robert Haining, Bernard Montgomery, Roderic Hill e Arthur Harris, reconhecidos por sua participação na Segunda Guerra Mundial – implementaram políticas severas que custaram a vida de entre quatro e oito mil árabes palestinos e causaram quase quinze mil feridos, enquanto 108 foram enforcados. A medida que teve maior projeção política para o futuro do conflito árabe-israelense na Palestina foi a desintegração da liderança árabe palestina nas mãos dos britânicos, pela deportação para as Ilhas Seychelles de cinco dos líderes proeminentes do ACA. Ao mesmo tempo, Haj Amin al-Husseini, o principal líder da revolta, exilou-se no Líbano, embora tenha continuado a dirigir a insurreição. A repressão desinstitucionalizou e desmobilizou a elite política palestina, facilitando o trabalho dos extremistas árabes após a Segunda Guerra Mundial.

Avraham Sela assinala os quatro impactos centrais da revolta palestina de 1936-1939 sobre o futuro dos árabes palestinos:

1. A elite palestina foi dizimada pelo terror interno tanto nas aldeias como nas cidades. Quase não há nenhuma família eminente que não tenha sido afetada. Isso reduziu significativamente a capacidade palestina de reagir ao desafio que o sionismo representava em todos os seus aspectos.

2. Durante a Segunda Guerra Mundial, a vida política ficou paralisada devido à lei marcial imposta pelos britânicos, porém ainda mais pela ausência de uma elite política eficaz durante os dez anos decisivos cujo produto direto foi o estabelecimento do Estado de Israel, por um lado, e a *Naqba* (em árabe, catástrofe) palestina, por outro.

3. A liderança da causa palestina foi assumida pelos Estados árabes com o apoio britânico desde que seus líderes interviessem para terminar a greve geral palestina em outubro de 1936 e aos congressos anglo-árabes de 1939 e 1946-1947. Em 1948, os Estados árabes envolveram-se política e militarmente na guerra contra o estabelecimento de Israel; e a partir de 1946 permitiram que a facção palestina dos Husseini dominasse as decisões políticas palestinas.

4. Desde os anos centrais da revolta, 1937-1939, os árabes palestinos foram dominados pelos líderes de grupos armados e terroristas. Isso acelerou a desintegração da sociedade palestina tradicional, pelo enfraquecimento do domínio e da influência das famílias notáveis sobre suas redes de clãs clientelistas na zona rural. Também foi debilitado o papel decisivo desempenhado pela *hamula* (em árabe, clã ou família extensa) na vida social palestina.

A soma dos resultados da rebelião árabe de 1936-1939 e as respostas a ela são elementos que traçam o caminho do conflito árabe-israelense das décadas seguintes.

Em maio de 1939, o Reino Unido limitou a imigração judaica para a Palestina, enquanto na Europa as políticas e as perseguições aos judeus por parte da Alemanha nazista e da Itália fascista recrudesciam. O Livro Branco de MacDonald mostrou que as pressões árabes na Palestina e no Oriente Médio foram fundamentais para a política britânica. A resposta de Ben-Gurion, em nome da Agência

Judaica, quando eclodiu a Segunda Guerra Mundial, foi que o Livro Branco seria combatido como se não houvesse guerra, e esta seria combatida (contra Hitler) como se não existisse Livro Branco. Essa frase foi repetida por Rabin na década de 1990 em termos da luta contra o terrorismo e pela paz, em paralelo. Em 1938, o Conselho Nacional Judaico da Palestina decidiu cobrar um imposto chamado de *kófer ha-ischuv* (resgate da comunidade), que serviu para criar um orçamento central de defesa que financiou a Haganá. Isso era necessário durante a rebelião palestina de 1936 a 1939 porque as autoridades britânicas não proviam defesa suficiente dos assentamentos judaicos. O alto nível do voluntarismo ideológico e social constituiu a base para a arrecadação do imposto.

A política britânica instituiu três princípios: 1. Estabelecer um Estado palestino em dez anos, que contemplava que árabes e judeus compartilhassem as regiões de governo. Num período de transição, sob o domínio britânico, "o povo da Palestina participaria cada vez mais do governo do país" e a paz interna seria restaurada; 2. Limitar a imigração judaica para a Palestina a dez mil pessoas por ano, por um período de cinco anos, após o qual a imigração judaica cessaria, a menos que o lado árabe palestino concordasse com a sua continuação. Considerava-se permitir a chegada de 25 mil refugiados judeus, quando o Alto Comissariado britânico na Palestina decidisse que existiam condições para a sua manutenção; 3. Conceder ao Alto Comissariado o direito de limitar e proibir a transferência das terras árabes aos judeus.

A ascensão de Hitler ao poder em janeiro de 1933, as leis de Nuremberg em 1935, a anexação da Áustria em março de 1938 e a dos Sudetos em outubro de 1938, as leis raciais da Itália fascista em novembro de 1938, e a ocupação da Boêmia e da Morávia juntamente com a dissolução da Checoslováquia em março de 1939 resultaram na exclusão da cidadania dos judeus nesses países. A quinta migração judaica moderna para a Palestina começou em 1929. A Palestina superara a crise econômica de 1927, quando o mundo entrou em recessão em 1929. A combinação de padrões de vida em declínio e manifestações antissemitas serviu como um forte incentivo migratório para os judeus daquela região, se bem que a maioria não tenha emigrado para a Palestina. Não obstante, essa quinta migração, que durou até a Segunda Guerra Mundial, foi decisiva para o projeto sionista tanto em termos qualitativos como em termos quantitativos. O fluxo migratório não é preciso, mas estima-se que tanto legal quanto ilegalmente, migraram para a Palestina nesse período entre 250 mil e 300 mil judeus, dos quais cerca de 60 mil da Alemanha e da Áustria. Eles se estabeleceram nas cidades, especialmente em Tel Aviv, o que contribuiu para o desenvolvimento urbano moderno da Palestina e acrescentou à sociedade judaica local um número apreciável de profissionais e acadêmicos, bem como estilos de vida importados da Europa Central. Às vésperas da Segunda Guerra Mundial, a população judaica da Palestina ultrapassava 475 mil pessoas.

A Segunda Guerra Mundial eclodiu formalmente em 1º de setembro de 1939, quando a Alemanha nazista invadiu a Polônia. A Agência Judaica e as instituições sionistas cooperaram na guerra contra o nazismo e o fascismo, à exceção do grupo Stern-Lehi – acrônimo hebraico para Lokhamei Herut Israel (Lutadores para a Liberdade de Israel).

Foram 27 mil judeus palestinos – distribuídos em quinze batalhões e outras unidades – que se alistaram nas forças armadas britânicas. Da mesma forma, cerca de 23 mil árabes foram alistados, especialmente na Legião Árabe, organizada e comandada por oficiais britânicos. Esse exército converteu-se em um dos mais eficientes no Oriente Médio e serviu aos objetivos políticos do emir Abdalá da Transjordânia, diametralmente opostos à causa palestina. Em 1941, Yitzhak Sadeh participou como fundador do Palmakh (acrônimo em hebraico de Plugot Mákhatz, Unidades de Choque), cuja presença e atividade foram fundamentais na guerra de 1947-1949. O alto comando da Haganá, com aprovação e apoio britânicos, criou essa unidade com o objetivo de defender a comunidade judaica caso as tropas alemãs do Norte de África, comandadas por Erwin Rommel, ocupassem a Palestina. O plano era realizar ações de guerrilha contra a possível ocupação alemã na área do Monte

Carmelo e agir contra a violência árabe local. As tropas francesas de Vichy ocuparam a Síria e o Líbano até o verão de 1941. Por sua vez, os membros do Palmakh participaram das operações britânicas contra o governo e as tropas de Vichy no Oriente Médio em junho de 1941. Numa dessas incursões no sul do Líbano, Moshe Dayan (1915-1981) perdeu o olho esquerdo e devido a danos nos músculos circundantes, adotou o tapa-olho preto que se converteu em seu símbolo.

Durante 1940 e 1941, a Força Aérea Real Italiana atacou repetidamente Haifa, Tel Aviv e Acre com a intenção de destruir as refinarias de petróleo, vitais para o esforço de guerra britânico. As ofensivas do Africa Korps que acompanharam os ataques iniciados pelos italianos, ameaçaram o Egito e a Palestina. Em abril de 1941, ocorreu o golpe pró-nazista de Rashid Ali al-Gaylani no Iraque, com o auxílio da Alemanha, a fim de desalojar os britânicos daquele país e incorporá-lo como aliado do Eixo. O grande mufti de Jerusalém simpatizava com a Alemanha nazista desde a ascensão de Hitler ao poder, refugiou-se no Iraque e foi um dos promotores do golpe de Estado de al-Gaylani. Havia uma possibilidade real de que a guerra resultasse na ocupação da Palestina pelo Eixo e pelas forças árabes simpatizantes.

No final de 1944, os britânicos criaram uma Brigada Judaica composta por soldados e oficiais da Palestina, cujo quartel-general foi estabelecido no Cairo. A Brigada Judaica era formada por três batalhões e um regimento de artilharia, enviados para combater na Itália como parte do 8º exército britânico, que conseguiu chegar a Tarvisio, na fronteira entre Áustria, Iugoslávia e Itália. A Brigada Judaica desempenhou um papel importante na assistência aos sobreviventes judeus do Holocausto, que foram levados pela imigração ilegal à Palestina. Em julho de 1945, a Brigada Judaica foi transferida para a Bélgica e a Holanda, e depois para a zona de ocupação britânica no norte da Alemanha, onde foi dissolvida em 1946. Os membros dessas unidades – juntamente com os sobreviventes do Holocausto – formaram o *Nokmim* (em hebraico, vingadores), que fizeram uso de suas identidades militares britânicas e se dedicaram à execução de ex-membros da ss e de ex-oficiais da Wehrmacht que haviam participado do extermínio dos judeus durante o Holocausto.

Do lado sionista, persistia o problema dos judeus ultraortodoxos na Palestina – Agudat Israel e outros – que ameaçavam se opor perante organizações internacionais à criação de um Estado judeu secular. O jornalista ultraortodoxo Moshe Prager (anteriormente chamado Mark) desempenhou um papel de destaque ao mediar entre a liderança sionista representada por Moshe Sneh-Kleinbaum (o comandante nacional da Haganá), Reuven Shiloah (ligação com o serviço secreto da Haganá) e Ben-Gurion, enfrentando Avraham Mordechai Alter, rabino da dinastia hassídica de G[u]er – cuja fuga para Jerusalém da Varsóvia ocupada pelos alemães havia sido conseguida por Prager – e o rabino Yitzhak-Meir Levin, líder do Agudat Israel. Para amenizar a posição de Ben-Gurion e dos sionistas seculares, Prager argumentou que sem um acordo prévio o Agudat Israel se oporia publicamente ao estabelecimento de um Estado judeu secular e, portanto, favoreceria a posição do chanceler britânico Ernst Bevin, que buscava aliados judeus que se opusessem ao estabelecimento do Estado judeu. Ben-Gurion se reuniu com o rabino Levin na Palestina e, embora partes da esquerda sionista se opusesse a um acordo com o Agudat Israel, que implicaria concessões aos judeus religiosos, em 19 de junho de 1947, a Agência Judaica enviou uma carta formal à Sede Mundial do Agudat Israel em Jerusalém, assinada por Ben-Gurion, Yitzhak Gruenbaum e Yehuda Leib Fishman, na qual os direitos dos judeus ultraortodoxos estariam garantidos no futuro Estado judeu. Essa carta é a base do *status quo* religioso-secular que prevalece em Israel até hoje. Foram estabelecidos quatro pontos centrais. O sábado – shabat – seria o dia oficial de descanso. A *kaschrut* (em hebraico, leis dietéticas judaicas) seria implementada em todo o setor estatal do país. Seria estabelecido um compromisso para manter regulamentos religiosos em assuntos conjugais. Seria mantida a autonomia dos setores educacionais judaicos. O Estado estabeleceria o programa educacional mínimo, porém não adotaria nenhuma ação contrária ao conhecimento e à consciência religiosos judaicos.

O líder do Agudat Israel, Yitzhak-Meir Levin, apresentou-se perante o UNSCOP – United Nations Special Committee on Palestine (Comitê Especial das Nações Unidas sobre a Palestina) e apoiou a posição sionista acerca da necessidade de estabelecer um Estado judeu em Israel.

O UNSCOP foi o resultado da decisão do gabinete britânico, em fevereiro de 1947, de levar o problema palestino às Nações Unidas, uma vez que o governo de Sua Majestade não conseguia resolvê-lo. O governo trabalhista da Grã-Bretanha enfrentava problemas econômicos que o tornavam cada vez mais dependente dos EUA, em que a pressão política sionista era muito forte. Manter boas relações com os EUA era essencial para a Grã-Bretanha, uma vez que entrar em conflito com eles sobre a questão da Palestina não fazia sentido para um governo trabalhista que não via com maus olhos a descolonização. Os britânicos sofriam ataques terroristas por parte do Irgún Tzvaí Leumí (Etzel) comandado por Menachem Begin e por parte do Lehi – comandado por Yitzhak Shamir. As tropas britânicas na Palestina somavam mais de cem mil soldados e a situação continuava a se deteriorar com ataques e contra-ataques de todos os lados. A Haganá participou por um período na campanha antibritânica, mas abandonou essa estratégia. Membros árabes das Nações Unidas se opuseram à nomeação do UNSCOP, já que alegavam que a Assembleia Geral deveria decidir se seria criado um Estado palestino democrático controlado pela maioria árabe. Para o lado sionista era importante incluir no mandato do UNSCOP o problema dos judeus desalojados, vítimas do Holocausto que, em 1947, perfaziam mais de quatrocentos mil. A ONU encarregou a UNSCOP de apresentar uma solução para o problema da Palestina. Em três meses e meio, a UNSCOP expôs sua proposta às Nações Unidas: o Plano de Partilha da Palestina (mapa 2).

As duas grandes potências do momento, os EUA e a URSS, não obstante o início da Guerra Fria, apoiaram a partilha da Palestina e a criação de um Estado judeu. A experiência do Holocausto e o papel da URSS na salvação de grandes grupos de judeus teve um peso importante. A política anti-imperialista da URSS a colocava em

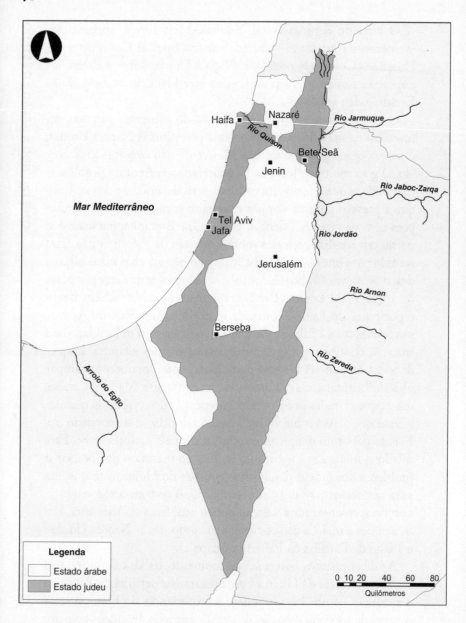

Mapa 2. Plano da Partilha da Palestina

uma posição que favorecia a dissolução do Império Britânico do qual a Palestina fazia parte. Os Estados árabes eram em sua maioria monarquias claramente anticomunistas nas suas políticas, e algumas repúblicas como a Síria e o Líbano estavam ligadas à França. O cenário político interno do *ischuv* mostrou uma forte tendência para a esquerda e embora o PKP, Palestinische Kommunistische Partei (Partido Comunista Palestino, 1923) fosse fraco, outros partidos da esquerda sionista como o Mapai, o Mapam (acrônimo em hebraico de Miflég[u]et ha-Poalim ha-Meukhédet, Partido Unido dos Trabalhadores) e o Akhdut ha-Avodá possuíam uma clara maioria. Nos EUA, graças ao trabalho político dos grupos sionistas, foi obtido o apoio de republicanos e democratas, juntamente com o do presidente Truman. O impacto do Holocausto e o fato de que os aliados ocidentais não conseguiram frear o processo de extermínio do povo judeu tinham grande peso na opinião pública estadunidense. O impacto político do voto judaico e, mais ainda, a presença pública judaica, que em sua maioria apoiava o sionismo, contribuíram a favor do futuro Estado de Israel.

TABELA 3. Resultados quantitativos da recomendação do Comitê Especial das Nações Unidas sobre a Palestina (UNSCOP)

TERRITÓRIO	POPULAÇÃO ÁRABE E OUTROS	% DE ÁRABES E OUTROS	POPULAÇÃO JUDAICA	% DE JUDEUS	POPULAÇÃO TOTAL
Estado árabe	725.000	99%	10.000	1%	735.000
Estado judeu	407.000	45%	498.000	55%	905.000
Corpus separatum de Jerusalém	105.000	51%	100.000	49%	205.000
Total	1.237.000	67%	608.000	33%	1.845.000

Fonte: Relatório do UNSCOP, 3 September 1947, Chapter 4: A Commentary on Partition.

O sionismo empreendeu um esforço extraordinário de imigração ilegal à Palestina realizado pelo Mossad le-Aliá Bet (em hebraico, Instituto para Imigração [clandestina] B – 1938-1952). No entanto, os britânicos constantemente freavam essa imigração. Dos 64 navios que a Aliá Bet conseguiu enviar da Europa à Palestina entre agosto de 1945 e maio de 1948, apenas doze conseguiram romper o bloqueio naval britânico. A maioria dos navios partia da Itália e da Grécia, alguns da França, Iugoslávia, Bulgária e mesmo da Romênia, Bélgica, Suécia e Argélia. Grande parte desses navios, responsáveis pelo transporte de dezenas de milhares de imigrantes ilegais, foi detida pela frota britânica e os judeus reenviados aos campos de detenção em Chipre ou à Europa. A exceção foram doze navios que conseguiram contrabandear 3.215 imigrantes ilegais durante quase três anos de esforços árduos. Sob pressão dos EUA, desde outubro de 1946, os britânicos haviam permitido a entrada mensal de 1.500 imigrantes judeus na Palestina. Ben-Gurion e liderança sionista consideraram o confronto com os britânicos uma batalha política que prolongava a decisão internacional sobre o destino da Palestina. Nesses termos, o confronto em torno da imigração ilegal e suas condições converteram-se em uma "fábrica" de manchetes que deram destaque positivo ao esforço sionista e uma opinião pública adversa à política e demanda árabes de cessar a imigração judaica para a Palestina. O caso mais notório é o do navio *Exodus*, que zarpou da França em 11 de julho de 1947 com a bandeira hondurenha no mastro. Transportava 4.515 passageiros e foi detectado pelos britânicos na partida, embora seu destino declarado tivesse sido Istambul. Era óbvio para a Haganá que o navio era grande demais para passar despercebido pela frota britânica e chegar à Palestina. A 32 quilômetros da costa da Palestina, o "Exodus 1947" foi abordado pela marinha britânica e seguiu-se uma batalha que deixou quatro mortos e dezenas de feridos. O navio entrou no porto de Haifa e os passageiros foram reembarcados à força em três navios britânicos que os levou de volta à França. Tudo isso com a presença de alguns membros do UNSCOP, *in situ*. Na França, os passageiros não desembarcaram e declararam greve de fome. Depois de várias semanas, o governo de Sua Majestade enviou navios para a zona de ocupação britânica na Alemanha, o que acentuou o escândalo político internacional que acompanhou a tragédia do "Exodus 1947" por mais de um mês. O capitão do navio, Ike Aronowitz, resumiu: "Se existe um Todo-Poderoso, ele nos enviou Ernst Bevin para criar o Estado judeu."

O Plano de Partilha foi aprovado pela Assembleia Geral das Nações Unidas em 29 de novembro de 1947. Os árabes o rejeitaram, os sionistas o aceitaram e os britânicos recusaram-se a assumir a responsabilidade. Ademais, os britânicos apoiaram as negociações secretas entre a liderança sionista e o governo de Abdalá na Transjordânia. Esse ponto, essencial para a compreensão do estabelecimento de Israel e da Jordânia, foi discutido por Avi Shlaim em seu livro *Collusion Across the Jordan* (Conluio do Outro Lado do Jordão). Os britânicos não tinham interesse em que seu inimigo, Haj Amin al-Husseini, ficasse à frente do Estado palestino. Os acordos secretos estabeleciam que Abdalá contestaria retoricamente, porém não *de facto*, o Estado judeu. Israel, por sua vez, não se oporia a que ele ocupasse a Cisjordânia – que constituía boa parte do possível Estado palestino, com uma população quase inteiramente árabe – e que a Transjordânia se tornasse parte do reino da Jordânia. Não houve acordo em relação a Jerusalém, porém nenhum dos lados estava interessado na internacionalização da cidade – segundo o Plano de Partilha – e, por conseguinte, lutaram por ela e a dividiram.

Em 29 de novembro de 1947, a Assembleia Geral das Nações Unidas se reuniu em Lake Success, Nova York, e aprovou, com trinta e três votos a favor, treze contra e dez abstenções, um Plano de Partilha da Palestina que se seguiria ao final do Mandato Britânico. Com a aprovação da URSS e dos EUA, a maioria dos países europeus e latino-americanos votou a favor da partilha. Todos os países árabes e muçulmanos e a Índia votaram contra, e a eles juntaram-se Grécia e Cuba.

A Resolução 181 (II), intitulada Future Government of Palestine (Futuro Governo da Palestina), especificava que a potência que exercia o mandato, o Reino Unido, solicitaria a formação de um comitê especial das Nações Unidas que elaboraria o documento para votação (A/364). Ele consistia num plano para a partilha política do território da Palestina sob o Mandato Britânico em dois Estados, um judeu e outro árabe, no âmbito de uma união econômica e de um regime internacional especial para a área de Jerusalém.

4.
O ESTADO DE ISRAEL
(1948-1956)

A noite de 29 de novembro de 1947 foi muito tensa. O resultado da votação na ONU foi motivo de júbilo para a maioria da população judaica na Palestina e para os judeus em todo o mundo. A população árabe da Palestina rejeitou o resultado da votação e a resolução 181 da ONU. O dilema político era se o projeto de estabelecimento de um Estado judeu seria ou não viável. Houve grande discussão interna entre os da direita nacionalista, que consideravam que a divisão territorial da Partilha da Palestina tirava do futuro Estado judeu a maior parte da pátria histórica, o coração da Terra Prometida na Judeia e na Samaria, e Jerusalém, já que, ao ser internacionalizada, ficava fora do seu território. O debate incluía também outros que, por razões teológicas, rejeitavam a ideia sionista do estabelecimento de um Estado judeu controlado por secularistas e sem qualquer tipo de intervenção ou redenção messiânicas, como exige a posição judaica ultraortodoxa. O Alto Comitê Árabe (da Palestina) recusou-se a "considerar qualquer tipo de concessão". Por conseguinte, os Estados árabes ameaçaram o Ocidente com a saída do bloco anticomunista e a implementação de um embargo petrolífero.

Ben-Gurion e a liderança sionista enfrentavam o dilema da sobrevivência da população judaica na Palestina. É difícil avaliar quão real era a ameaça de "liquidar o projeto sionista" ou de "lançar os judeus ao mar". A questão para Ben-Gurion e seus colegas era se a comunidade judaica organizada e o futuro Estado judeu seriam capazes de enfrentar as forças palestinas e o mundo árabe. Ben--Gurion expressou os seus sentimentos após a votação nas Nações

Unidas: "Naquela noite não consegui dançar, não consegui cantar. Olhei para eles, tão felizes, dançando, e só consegui pensar que estávamos todos indo para a guerra."

As autoridades do *ischuv* consideraram a eclosão de uma guerra e as avaliações do Serviço de Inteligência da Haganá previam altos níveis de desunião, falta de coordenação do lado árabe e árabe-palestino, que não estava preparado para a guerra.

Entre o final de novembro de 1947 e o início de 1949, ocorreram duas guerras no mesmo território. A primeira foi uma guerra civil entre a comunidade árabe e a comunidade judaica da Palestina, que começou no final de novembro de 1947. A segunda guerra foi desencadeada com o estabelecimento do Estado judeu, após a evacuação da administração e das tropas britânicas na Palestina, em 15 de maio de 1948, quando os Estados árabes invadiram Israel. A primeira ainda não terminou e a segunda foi suspensa com os acordos de armistício entre Israel e seus vizinhos árabes em 1949.

Para os árabes palestinos, essa guerra é a *Naqba* (em árabe, Catástrofe) e para a maioria dos judeus da Palestina se trata da Guerra de Independência de Israel.

A narrativa popular israelense apresenta essas guerras como heroicas e inclusive com resultados milagrosos. Em Israel existe um setor nacionalista-religioso que nelas vê o toque dos sinos que anuncia a vinda do messias. Do ponto de vista da imagem internacional, a descrição foi a de uma repetição moderna do confronto entre Davi (Israel) e Golias (os Estados árabes). Tal imagem foi de fácil difusão num mundo ocidental em que a *Bíblia* é um dos pilares civilizatórios. Uma olhada rápida no mapa político do Oriente Médio mostrava enormes territórios dos Estados árabes, comparados com um diminuto território de Israel, o que evidenciava um total desequilíbrio.

O desenvolvimento dessas guerras foi diferente das imagens e frases geradas pelas respectivas propagandas. O *ischuv* contava, antes do início do recrutamento massivo, com forças militares organizadas no âmbito da Haganá. As unidades de defesa territorial, com maiores de 25 anos, totalizava mais de vinte mil homens e mulheres, além das forças de combate móveis e mais bem treinadas, que perfaziam quinze mil homens e mulheres, entre os quais mais de três mil combatentes e reservistas do Palmakh. Havia também cerca de três mil membros do Irgún e várias centenas de membros do Lehi, treinados como guerrilheiros urbanos. As autoridades ordenaram à população do *ischuv* que resistisse aos ataques árabes, a qualquer custo.

O *Váad Leumí* – Conselho Nacional (Judaico) – organizou um governo provisório no início de março de 1948. Os treze líderes políticos, liderados por David Ben-Gurion, foram denominados Minh'elet Haam (em hebraico, Administração Popular). Sua função consistia em servir como um protogoverno provisório e, a partir de 14 de maio de 1948, como um governo provisório do Estado de Israel até as eleições legislativas, marcadas para outubro de 1948. No dia 12 de maio, realizou-se a mais importante reunião do protogoverno provisório. Dos treze membros, dois não compareceram porque estavam isolados em Jerusalém e um porque estava em missão nos EUA. Os dez presentes tiveram que decidir entre aceitar a proposta de trégua estadunidense ou declarar a independência do Estado judeu. Por seis votos contra quatro foi decidido declarar a independência. A definição das fronteiras do futuro Estado também deveria ser votada nesse contexto. Não obstante, o protogoverno provisório decidiu, por cinco votos a quatro, não definir as fronteiras futuras.

David Ben-Gurion, líder do Mapai, o partido trabalhista majoritário no Moétzet Haam (Conselho do Povo) serviu como primeiro-ministro e ministro de Segurança. O nível de fragmentação era muito elevado, já que a coligação continha nove partidos políticos distintos e a maioria relativa era do Mapai, com apenas quatro ministros. Foi assim que começou o caminho histórico do que Joan Cullá chamou de "uma democracia exótica".

Exatamente às 16h. Na sexta-feira, 14 de maio de 1948, Ben-Gurion levantou-se no auditório do Museu de Tel Aviv, bateu o martelo e o público ergueu-se de seus assentos. O plano previa que a Filarmônica (mais tarde Orquestra Filarmônica de Israel), que não era visível pelo fato de estar no andar superior, tocasse o hino nacional judaico. Antecipando a importância do momento, a multidão irrompeu de forma espontânea com o *Hatikvá* (em hebraico, Esperança, mais tarde o hino nacional de Israel) antes de a orquestra começar a tocar. No final do hino, Ben-Gurion anunciou: "Agora lerei para vocês o pergaminho da [Declaração da] Independência que foi aprovado em primeira leitura pelo Conselho do Povo." Imediatamente depois, ele afirmou: "A Terra de Israel foi o berço do povo judeu…"

Assim começa o pergaminho da declaração, que foi lido por Ben-Gurion em uma cerimônia simples no Museu de Tel Aviv no dia 14 de maio de 1948.

No meio da leitura, Ben-Gurion afirmou: "proclamamos o estabelecimento do Estado judeu na Palestina, o Estado de Israel".

O pergaminho foi assinado pelos membros do Conselho do Povo presentes no evento e ratificados por aqueles que não haviam conseguido chegar por estarem na Jerusalém sitiada. Ben-Gurion leu as primeiras decisões do Estado de Israel entre as quais se destacava a abolição do Livro Branco. Israel estaria aberto à imigração judaica. Tudo foi aprovado e o público se levantou novamente para cantar o *Hatikvá*, interpretado pela orquestra filarmônica. Essa cerimônia foi realizada por meio de uma convocação secreta, pois se temia que os árabes bombardeassem o local em que se concentrava toda a elite política do Estado judeu. No entanto, foi transmitida pela estação de rádio que doravante passou a se chamar Kol Israel; sua duração foi de 32 minutos. Ben-Gurion encerrou seu diário pessoal naquela data, e abriu um novo com a frase, escrita laconicamente: "Às quatro horas da tarde, em ponto, foi declarada a independência judaica. O Estado foi estabelecido. Seu destino está nas mãos das forças de segurança."

O Conselho do Povo passaria a se denominar Moétzet ha-Mediná ha-Zemanít (em hebraico, Conselho Provisório de Estado). Foi presidido por Chaim Weizmann e funcionou como tal de 14 de maio de 1948 a 3 de fevereiro de 1949. As eleições políticas haviam sido agendadas para 1º de outubro de 1948, mas devido à guerra foram adiadas duas vezes e finalmente ocorreram em 25 de janeiro de 1949.

Na parte árabe palestina, a dissensão derivada do fracasso da rebelião de 1936-1939 e a falta de desenvolvimento político foram decisivos. Em cada lugar havia milícias armadas que obedeciam à liderança e às necessidades locais. O líder da causa palestina naquele momento, o grande mufti de Jerusalém, chefiava a resistência palestina à partilha a partir do seu exílio no Egito. Sua liderança não era ameaçada pela de outros políticos palestinos, mas tampouco suscitava o apoio massivo da população. O Exército de Libertação Árabe, conhecido também como como Exército de Salvação Árabe, organizado a partir da Síria pela Liga Árabe e comandado por Fawzi al-Qawuqji, que chegou a espalhar mais de seis mil soldados na guerra civil na Palestina, não obedecia ao grande mufti de Jerusalém. O Exército de Libertação operava no norte da Palestina e em Samaria. No início de abril de 1948, Qawuqji atacou o kibutz Mischmar ha-Emek com a ajuda da artilharia síria. O kibutz venceu a batalha, que durou dez dias (de 4 a 14 de abril de 1948), e ocupou toda a área circundante.

Outro exército árabe palestino foi constituído por voluntários da Irmandade Muçulmana do Egito e de alguns países árabes e palestinos. O Exército da Jihad (em árabe, Guerra Santa) foi comandado por Abd al-Qadir al-Husseini, sobrinho do grande mufti de Jerusalém e por Hassan Salameh. Espalhou-se pela estrada da costa até Jerusalém e bloqueou o acesso a vários assentamentos judeus isolados no centro e no sul da Palestina. Contava com mais de cinco mil combatentes e o apoio de cerca de cinquenta mil milicianos que defendiam as aldeias e as cidades árabes na Palestina. A morte de Abd al-Qadir al-Husseini na batalha de Al-Qastal – na estrada costeira para Jerusalém –, em 8 de abril de 1948, foi um golpe moral para essa força e para a causa palestina.

A guerra entre as populações árabe e judaica da Palestina, entre o final de novembro de 1947 e meados de maio de 1948, apresentou um desequilíbrio qualitativo-organizacional. Os níveis de comando, treinamento e armamento eram superiores no lado judeu. A diferença qualitativo-militar tornou-se ainda mais perceptível quando a maioria dos ataques perpetrados por árabes-palestinos contra o *ischuv* fracassou. Ao tomarem a ofensiva – fevereiro de 1948 – as forças do *ischuv* conseguiram uma série de vitórias e desarticularam os esforços militares dos árabes-palestinos até abril de 1948. Em 15 de maio de 1948, as regras do jogo mudaram. Os britânicos terminaram de desocupar a Palestina; Estados árabes vizinhos enviaram parte de seus exércitos regulares para invadir Israel. Os invasores exigiram que em todo o território da Palestina do Mandato Britânico fosse estabelecido um Estado governado por uma maioria populacional árabe. O *ischuv* via a entrada dos exércitos palestinos voluntários na área de conflito, bem como a mobilização de milícias árabes e, mais tarde, as invasões levadas a cabo pelos exércitos árabes regulares, como uma ameaça existencial. Essa interpretação era reforçada por fluxos de propaganda árabe expressa em termos de "lançar os judeus ao mar". Ainda que não houvesse equivalência real entre a violência retórica árabe e a sua capacidade militar e política, se considerarmos o contexto, três anos após o fim do Holocausto, é possível compreender o impacto dessa retórica no recém-criado Estado de Israel.

No dia 12 de maio, a situação militar era ameaçadora. Depois de descrever detalhadamente o equilíbrio de forças entre os Estados árabes e o *ischuv*, Yigael Yadin (1917-1984), comandante de operações da Haganá, assim avaliou o possível resultado militar: "Nesse momento eu diria que as probabilidades são iguais, no entanto, para ser mais direto, eu diria que eles [os árabes] terão uma grande vantagem se mobilizarem todas as suas forças contra nós." Ben-Gurion foi mais otimista: "Podemos resistir [à invasão] e derrotá-la [mas não] sem graves baixas e comoções."

Em 15 de maio de 1948, os exércitos árabes invasores posicionaram um total de 28 mil soldados – a maioria deles da Legião Árabe Transjordana – que incluía tropas egípcias, sírias, iraquianas, libanesas, palestinas e voluntários estrangeiros. A Haganá, o Irgún e o Lehi mobilizaram entre 35 mil e 38 mil homens e mulheres que se integraram como as Forças de Defesa de Israel (FDI) em poucas semanas. Em junho de 1948, Israel enviou 42 mil homens e mulheres para diversas frentes, em meados de julho aumentaram para 65 mil soldados e, no início de 1949, para 115 mil. Em meados de julho de 1948, os exércitos árabes mobilizaram 40 mil homens na Palestina e entre outubro de 1948 e início de 1949 esse número atingiu o seu máximo, mais de 55 mil soldados. A vantagem do comando central unificado de Israel, as linhas de abastecimento relativamente curtas, a incipiente indústria militar que fornecia às FDI munições, explosivos e armas leves, juntamente com as armas da Checoslováquia, com os primeiros aviões de combate e o armamento adquirido na Europa e nos EUA de fontes privadas, não obstante o embargo declarado pela ONU, jogavam a favor de Israel.

A ampliação do recrutamento a amplos setores da sociedade judaica na Palestina e a organização de voluntários do exterior foram realizadas com base nos níveis de institucionalização que o *ischuv* possuía. A fabricação clandestina e a importação ilegal de armamento ganharam impulso. A reorganização da força militar do *ischuv* como um exército formal e depois unitário, dividido em brigadas e subordinado ao poder político estatal, foi executada com relativa velocidade e precisão. A abertura da imigração judaica após o estabelecimento do Estado de Israel desempenhou um papel demográfico militar central no crescimento das forças armadas israelenses e nos seus futuros êxitos militares. O embargo geral de armamento às partes em conflito no Oriente Médio favoreceu Israel. O *ischuv* e a Agência Judaica desenvolveram, durante a Segunda Guerra Mundial, uma indústria militar "subterrânea" na Palestina, capaz de produzir munições e obuses, submetralhadoras Sten – copiadas de um modelo britânico –, morteiros de três polegadas e granadas de mão em quantidades nada desprezíveis. Isso não tinha paralelo nos países árabes. Os agentes do futuro Israel adquiriam armas ilegalmente em qualquer mercado possível, a serem transportadas para o palco do conflito. O acordo de aquisição de armamento na Checoslováquia – abonado por Stálin após a tomada do poder pelos comunistas naquele país, em fevereiro de 1948 – foi decisivo porque proporcionou a Israel uma grande quantidade de armas e os primeiros aviões de combate para sua incipiente força aérea. As primeiras remessas de rifles, metralhadoras e munições chegaram a uma pista de pouso improvisada em Beer Túvia no dia 31de março de 1948. No final do verão de 1948, a Checoslováquia havia vendido e entregado a Israel: 84 aviões de combate (mais de vinte caças Avia S-199, que eram da Messerschmitt; 109 alemães, produzidos pela Skoda, durante e após a Segunda Guerra Mundial; e o restante, caças de combate Supermarine Spitfire Mk. ix); 22 tanques; dezesseis peças de artilharia; 60 mil armas leves e 10 milhões de cartuchos de vários calibres, incluindo obuses. Tudo foi transportado para Israel através da Iugoslávia com total cooperação do governo desse país, no que Howard Sachar chama de "a suavizada lua de mel eslava de Israel". A chegada desses armamentos foi decisiva a favor de Israel na guerra contra os países árabes que o invadiram.

Em 15 de maio de 1948, os Estados árabes vizinhos lançaram ofensivas contra Israel. Na verdade, o conflito transformou-se numa guerra internacional em que participaram exércitos regulares com artilharia, veículos blindados, aviões e navios, além das habilidades logísticas e políticas dos Estados participantes. O lado sionista recrutou voluntários judeus e sobretudo veteranos da Segunda Guerra Mundial, que desde 1946 atuavam no âmbito da imigração ilegal. A eles agregaram-se os chamados *mitnadvei hutz la-áretz* (acrônimo em hebraico Mahal, voluntários do exterior) que se converteram em capital humano militar de apoio ao exército e especialmente à Força Aérea israelense. Esse corpo de voluntários contava com mais de 3.500 membros – de 37 países – dos quais 119 perderam a vida nas guerras de 1947-1949, entre eles quatro mulheres e oito voluntários gentios. O papel do Mahal foi essencial para a criação da Força Aérea israelense, já que cerca de trezentos voluntários que serviram durante a Segunda Guerra Mundial nas forças aéreas aliadas vieram lutar em Israel. A maior presença do Mahal foi sentida na recém-criada Força Aérea de Israel, representando 70% de seu efetivo.

As guerras de 1947-1949 se desenvolveram em várias etapas, nas quais a tendência geral da parte sionista – mais tarde Israel – foi passar da defesa para o ataque. No que tange à parte árabe-palestina, ocorria o inverso.

Do final de novembro de 1947 até fevereiro de 1948, o *ischuv* limitou-se a defender suas posições, mas em seguida adotou um sistema ofensivo até meados de maio de 1948. É nessa fase que as forças palestinas locais e voluntárias, vindas dos países vizinhos, foram derrotadas pelas forças judaicas. A invasão de Israel pelos Estados árabes vizinhos colocava o primeiro numa clara posição defensiva que, após a primeira trégua – de 11 de junho a 8 de julho de 1948 – tornou-se ofensiva. A segunda trégua, imposta pelo Conselho de Segurança da ONU, para progredir nas negociações de um cessar--fogo, foi de 18 de julho a 15 de outubro de 1948. Posteriormente, Israel lançou uma série de ações ofensivas que, no dia 10 de março de 1949, expulsaram os exércitos árabes invasores de todo o território concedido pela ONU ao Estado judeu. Ademais, acrescentaram a ele Jerusalém Ocidental e o corredor em direção à cidade, a Galileia ocidental e uma parte da costa entre o que é atualmente Asdod (Ishdud) e o norte da Faixa de Gaza. É nesse período que Israel tornou realidade o controle militar sobre todo o deserto do Neg[u]ev e a área de Umm Rashrash – atualmente Eilat – que constituem a saída para o Mar Vermelho.

Ben-Gurion recrutou as primeiras turmas (homens e mulheres de 17 a 25 anos); isso se ampliou e no final de março de 1948, mais de 21 mil soldados na faixa etária de 26 a 35 anos já haviam sido recrutados e posteriormente até os quarenta anos de idade (homens). A mobilização progressiva é um fator que deve ser levado em conta para explicar a transição de uma estratégia defensiva para uma ofensiva e para a aplicação do Plano Dalet. A mais longa das batalhas foi a travada em Jerusalém, ainda mais devido ao controle das vias de acesso à cidade, que estava sitiada pelas forças palestinas desde fevereiro de 1948.

Em 15 de maio, a Liga Árabe declarou guerra a Israel. Nesse mesmo dia, os exércitos do Egito, da Jordânia, da Síria, do Iraque e do Líbano atacaram o Estado judeu. A batalha de Jerusalém continuou, dessa vez com a participação ativa da Legião Árabe que no dia 28 de maio conseguiu a rendição e a entrega do Bairro Judeu da Cidade Velha de Jerusalém. Os legionários jordanianos, comandados por *sir* John Glubb (Glubb Pasha) e oficiais britânicos, atacaram a região de Latrun e a capturaram para dificultar o trânsito entre Tel Aviv e Jerusalém. As FDI, fundadas em 26 de maio de 1948 com a fusão das forças da Haganá, do Etzel e do Lehi atacaram o saliente de Latrun cinco vezes, entre 30 de maio e 18 de julho de 1948, sem conseguir recuperar a posição estratégica da fortaleza. As batalhas de Latrun, que custaram a Israel a vida de 168 soldados e muitos feridos deram origem a uma controvérsia histórica ainda não resolvida. No confronto em Latrun foi procurado e encontrado um corredor para Jerusalém, em que outra estrada foi aberta para abastecer a cidade. Essa rota foi denominada "Estrada da Birmânia", em alusão ao nome da rota da Birmânia para o sul da China na Segunda Guerra Mundial. Latrun permaneceu em mãos jordanianas até 1967.

Um dos acontecimentos mais bizarros e perigosos da Guerra de Independência de Israel em 1948 foi a questão do Altalena, quando Ben-Gurion ordenou o ataque a um navio que trazia armas para o Irgún. As armas – cinco mil rifles, 250 metralhadoras, cinquenta bazucas e cinco milhões de cartuchos – haviam sido doadas pelo governo francês ao Irgún, independentemente do embargo decretado pela ONU. O navio chegou a Israel em 20 de junho de 1948 – durante o cessar-fogo obtido pela ONU – e conseguiu desembarcar mais de novecentos voluntários e grande parte do armamento no norte de Tel Aviv. Begin embarcou e, depois de rejeitar o ultimato do governo para entregar o restante das armas, dirigiu-se a Tel Aviv. Por sua vez, Itzhak Rabin (1922-1995) comandou as tropas governamentais que abriram fogo contra o Altalena, porque se encontrava casualmente na sede do Palmakh em Tel Aviv (Hotel Ritz), em frente ao qual o Altalena havia ancorado, a 300m da costa, e era o oficial com maior experiência de combate no local. Na segunda tentativa de desembarque de homens e armas do Altalena, eclodiu um tiroteio entre os dois lados. As forças do Irgún tinham superioridade na região de Tel Aviv, uma vez que a maioria das FDI e do Palmakh estava posicionada nas frentes contra os exércitos árabes. O governo de Ben-Gurion quase não tinha tropas para controlar Tel Aviv em caso de revolta por parte de Begin e do Irgún. Ben-Gurion encarregou Yigal Alon (1918-1980), comandante do Palmakh, de organizar a defesa contra o que ele percebia como uma revolta nacionalista contra o governo e o exército legalmente estabelecidos. Dois batalhões completos do Irgún, já integrados nas FDI abandonaram as frentes de Lod e Ramla e se dirigiram a Tel Aviv, a fim de apoiar Begin e o Altalena. Alon organizou a operação que incluía trazer artilharia para a costa de Tel Aviv e desarmar unidades do Irgún em toda a cidade. No dia 22 de junho, por volta das 16h00, depois de ter sido atacado pela artilharia a partir da costa de Tel Aviv, o Altalena hasteou a bandeira branca de rendição. Begin desembarcou e, mais tarde, pela rádio clandestina do Irgún, ordenou a todos os seus membros que não lutassem contra o exército, mas que abandonassem as FDI e fossem para Jerusalém, a fim de participar da luta para manter a cidade nas mãos de Israel. No confronto morreram dezesseis combatentes do Irgún e três soldados das FDI. A atitude de Begin evitou a eclosão de uma guerra civil no incipiente Estado de Israel pouco mais de um mês após a sua fundação. O navio foi incendiado e afundado na praia central de Tel Aviv.

O precedente do Altalena foi fundamental para a extinção de todos os órgãos militares pré-estatais, incluindo o comando do Palmakh, dissolvido por ordem de Ben-Gurion em 7 de novembro de 1948.

O assassinato do mediador das Nações Unidas, o conde Folke Bernardotte, em Jerusalém, perpetrado por ex-membros do Lehi em 17 de setembro de 1948 foi outro acontecimento trágico nessa guerra. Bernardotte conseguiu negociar duas tréguas e propôs dois planos de resolução do conflito. Eles contemplavam a internacionalização de Jerusalém sob o controle da ONU; a cessão de toda a Galileia a Israel e de todo o Neg[u]ev à Transjordânia; afirmavam o direito de todos os refugiados a regressarem aos seus lares; e fronteiras negociadas entre as partes ou estabelecidas e garantidas pelas Nações Unidas. Tais propostas eram um anátema para a extrema-direita nacionalista israelense, que via na perda de Jerusalém, do Neg[u]ev e no regresso dos refugiados árabes o colapso do projeto sionista. Um comando Lehi bloqueou a caravana de Bernardotte e o assassinou junto com o coronel francês André Serot, que o acompanhava. Os autores do assassinato nunca foram presos. Esse evento selou o destino político de Jerusalém, que permaneceu dividida entre Israel e a Jordânia. Ben-Gurion ordenou uma investigação rápida e completa e a prisão dos envolvidos, que foi relatada em detalhes ao governo dos EUA por James G. McDonald, representante especial e mais tarde embaixador dos EUA em Israel. O fornecimento de tais informações diretamente a Truman chegou a dissuadir os EUA de aplicar sanções contra Israel pelo assassinato de Bernardotte.

No final de outubro de 1948, as FDI finalizaram a sua ocupação da Galileia e expulsaram o Exército de Libertação Árabe comandado por Fawzi al-Qawuqji. No Sul, desde meados de outubro, numa série de batalhas entre israelenses e egípcios, no âmbito das quais as FDI conquistaram Bersebá e a incipiente marinha israelense conseguiu afundar o Emir Farouk, navio insigne da frota egípcia, as FDI conseguiram dividir os egípcios e cercar uma força de quatro mil homens, entre cujos comandantes estava o major Gamal Abdel Nasser (1918-1970) – mais tarde líder do Movimento dos Oficiais Livres, que faria a revolução de 1952 contra o rei Farouk e presidente do Egito (1953-1970), no bolsão de al-Faluja durante quatro meses, sem conseguir que se rendessem. O exército israelense chegou a ocupar uma parte do norte do Sinai, mas se retirou devido à pressão internacional. A ocupação do Neg[u]ev foi concluída, incluindo Sdom (Sodoma) e Umm Rashrash (Eilat).

A guerra entre Israel e os países árabes terminou formalmente com os armistícios de 1949, a maioria dos quais assinada na ilha grega de Rodes e mediada em nome da ONU por Ralph Bunche.

O primeiro armistício negociado entre Egito e Israel foi firmado após seis semanas de negociações em 24 de fevereiro de 1949. O Egito concordou em assinar porque era essencial para ele libertar suas tropas cercadas no bolsão de al-Faluja. O armistício estabeleceu que as reivindicações territoriais do Egito no Neg[u]ev seriam rejeitadas, o que significava a descontinuidade territorial entre os países árabes, separados pelo controle israelense sobre o deserto até o futuro porto israelense em Eilat, no Mar Vermelho. Ambos os lados também se comprometeram a manter a tranquilidade e a desmilitarização das áreas adjacentes à fronteira no Neg[u]ev-Sinai.

O segundo armistício foi assinado entre o Líbano e Israel em 23 de março de 1949. As negociações duraram três semanas e foram realizadas em Rosch ha-Nikrá – Rass Nakura (hebraico-árabe) –, então a fronteira entre Israel e o Líbano. Israel devolveu todas as encostas e as terras ocupadas durante a Operação Hiram que estavam para além da fronteira palestino-libanesa desde a época dos mandatos. As negociações entre Israel e a Transjordânia foram as mais complexas. Do ponto de vista formal, realizaram-se com a mediação de Ralph Bunche. Informalmente, os canais de comunicação direta entre ambas as partes funcionaram o tempo todo. As negociações começaram em 26 de dezembro de 1948 e terminaram com um acordo de armistício assinado em Rodes em 3 de abril de 1949. A ocupação da maior parte da Cisjordânia pela Legião Árabe havia criado em Israel uma faixa muito estreita entre a Cisjordânia e o Mediterrâneo – em frente a Netania em Israel – carente de qualquer profundidade estratégica e muito difícil de defender em caso de guerra. As FDI haviam preparado um plano para ocupar toda a Cisjordânia, até chegar à fronteira do Jordão. Finalmente, a operação Schin-Tav-Schin (Dente por Dente) não foi executada, porém tropas israelenses foram enviadas para pressionar o rei Abdalá da Transjordânia e forçá-lo a ceder a área do triângulo de Wadi Ara – entre Hadera e Afula – que continha quinze aldeias árabes. Abdalá insistiu que esse traspasso tivesse como contrapartida uma transferência territorial de Israel para a Transjordânia, que foi realizada ao sul de Hebron, na região de Daharia, embora a cessão israelense tenha sido muito menor. Não obstante a assinatura do armistício entre Israel e a Transjordânia, várias questões permaneceram pendentes. A Universidade Hebraica no Monte Scopus e o vizinho Hospital Hadassa em Jerusalém converteram-se em um enclave sem mais acesso para Israel, a não ser o do contingente de guarda que mudava a cada duas semanas através de um caminho controlado pela Legião Árabe. O saliente de Latrun foi deixado nas mãos dos jordanianos, mudando a via de acesso a Jerusalém para os israelenses, assim como a via de acesso de Jerusalém a Belém mudou para os jordanianos. O Muro das Lamentações deixou de ser acessível aos israelenses, pois estava localizado na Cidade Velha de Jerusalém, completamente controlada pela Transjordânia.

O armistício entre a Síria e Israel foi o último, assinado em 29 de julho de 1949, porque ocorreu um golpe de estado militar na Síria que atrasou as negociações. Os sírios ainda ocupavam o Mischmar ha-Iarden (A Guarda do Jordão), um assentamento que haviam conquistado em junho de 1948, juntamente com outras posições a sudeste do lago Tiberíades e próximas do kibutz Dã, no norte da Galileia. Israel exigiu a desocupação desses locais e o retorno à fronteira do Mandato, estabelecida entre a França e a Grã-Bretanha em 1923. Os sírios não concordaram. Enquanto isso, Husni al-Za'im, o novo governante militar sírio, fez uma oferta de paz a Israel. Ele estava disposto a receber e integrar trezentos mil refugiados palestinos no território sírio em troca de ajuda internacional para financiar o processo. Para assinar o acordo de paz, exigia a manutenção da ocupação territorial das conquistas militares sírias – replicando o que fora a posição israelense em relação às suas conquistas militares contra o Egito e a Transjordânia –, o que significava a divisão do rio Jordão e do lago Tiberíades, meio a meio, entre Israel e Síria. Za'im inclusive sugeriu um encontro pessoal com Ben-Gurion. O primeiro-ministro de Israel rejeitou a oferta e fez uma contraproposta: para negociar a paz, a Síria deveria primeiro se retirar à fronteira internacional de 1923. Za'im foi destituído por um golpe militar e baleado em agosto de 1949, algumas semanas depois assinar o armistício com Israel. Bunche sugeriu que as terras em disputa fossem desmilitarizadas e se retornasse à fronteira internacional, o que foi aceito por ambas as partes. No entanto, Israel já havia preparado uma alternativa militar diante de um possível fracasso das negociações com a Síria. A operação planejada (Operação Pinheiro) tencionava atacar e conquistar as Colinas de Golã até Quneitra, posição a partir da qual Damasco ficaria sob ameaça militar israelense. Felizmente, isso não aconteceu, embora as terras desmilitarizadas fossem objeto de constantes atritos violentos entre a Síria e Israel. As águas das nascentes do Jordão tornaram-se gradualmente *casus belli* entre as partes. As sementes da Guerra dos Seis Dias, na qual Israel ocuparia o Golã e Quneitra, foram plantadas no acordo de armistício com a Síria em 1949 (mapa 3).

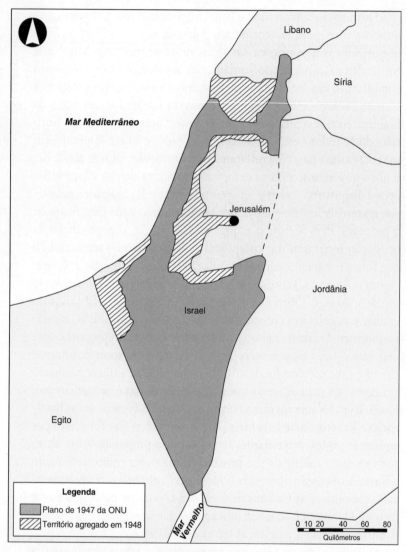

MAPA 3. Israel depois da guerra de 1947-1949

Foi criada a UNRWA - The United Nations Relief and Works Agency for Palestine Refugees in the Near East (Agência das Nações Unidas de Assistência aos Refugiados da Palestina no Oriente Próximo), que atualmente cuida de cinco milhões de refugiados palestinos. No início, em 1949, o número de refugiados foi estabelecido por volta de setecentos mil e hoje aumentou sete vezes. É necessário considerar a diferença entre refugiados e árabes palestinos deslocados, pois o termo "refugiados" é aplicado aos árabes palestinos que se estabelecem nos países árabes (tabela 4).

TABELA 4. Refugiados árabes palestinos da guerra de 1947-1949 por países árabes

Líbano	100.000
Transjordânia	70.000
Síria	60.000
Egito	7.000
Iraque	4.000
TOTAL	241.000

Fonte: Joan Cullá, *La Tierra Más Disputada: El Sionismo, Israel y el Conflicto de Palestina*, 2005, p. 189-190.

A eles, devemos acrescentar 430 mil pessoas deslocadas dentro dos limites da Palestina do Mandato Britânico – 240 mil na Cisjordânia, que foi anexada à Transjordânia para se transformar no reino Hachemita da Jordânia (em abril de 1950) e 190 mil na Faixa de Gaza, administrada pelo Egito sob o que foi chamado de "Governo de Toda a Palestina" (1949-1959) e Administração Egípcia (militar) (1959-1967) – nos que teriam sido territórios destinados a fazer parte do Estado árabe de acordo com a resolução 181 da ONU sobre a partilha da Palestina do Mandato Britânico.

Para Israel, com centenas de milhares de pessoas deslocadas pelo Holocausto, o extermínio ainda era uma realidade viva e presente. Para a parte árabe, o argumento de que os árabes palestinos não tinham que pagar o preço dos horrendos crimes do nazismo na Europa era real, porém não reverberava internacionalmente. Em 1947-1948, não poucos dos que haviam combatido pelo Eixo, tanto alemães como bósnios, apoiavam o lado árabe. Isso, em termos narrativos, criava pontes entre o horror do Holocausto e a retórica árabe de "lançar os judeus ao mar". Os ataques verbais do grande mufti de Jerusalém eram bem conhecidos e parte deles havia sido transmitida à Berlim governada por Hitler, na qual Haj Amin al-Husseini se refugiou durante a Segunda Guerra Mundial: "Matem os judeus onde quer que se encontrem. Isso agrada a Deus, à história e à religião."

Hassan al-Banna (1906-1949), fundador da Irmandade Muçulmana Egípcia (1928) e seu líder até ser assassinado, aparentemente por agentes do governo egípcio, havia declarado à imprensa internacional que se um Estado judeu fosse estabelecido, as sociedades árabes lançariam ao mar os judeus que vivessem entre elas, pois de todo modo não iriam aceitá-los. Essa citação do intelectual que foi um líder e fonte de interpretação e inspiração da Irmandade Muçulmana Egípcia e do movimento palestino Hamas tem um significado especial, pois associa os judeus do mundo árabe ao projeto sionista, em meio a uma guerra entre as duas partes.

Outras ameaças proferidas em alto nível político começaram a surgir na imprensa egípcia em outubro de 1947. Elas citavam Abdul Rahman Azzam, secretário-geral da Liga Árabe, que declarou em uma entrevista com o editor do *Akhbar el-Iom*: "essa guerra será uma guerra de extermínio, um massacre transcendental ao qual se referirão como ao dos mongóis ou das Cruzadas". Izzedin Shawa, o chefe da Missão Política Palestina em Londres, enviado pelo Alto Comitê Árabe da Palestina e próximo do mufti de Jerusalém, declarou, em janeiro de 1948, em Londres, que mais de quatro mil britânicos haviam se apresentado como voluntários para combater a favor dos árabes na Legião Palestina, usando a frase "lançar os judeus ao mar".

A guerra na Palestina de 1947-1949 gerou uma situação complexa para os judeus do mundo árabe. Antes do conflito, eles eram tolerados com dificuldades devido ao seu *status* de *dhimmis* nas sociedades islâmicas. Mais tarde, passaram a ser percebidos como uma quinta coluna ou como traidores do seu país de residência; por conseguinte, a vida nos países árabes tornara-se intolerável. O grito de guerra árabe, "degolar os judeus!", ressoou naqueles anos como em muitas ocasiões anteriores – tanto nas ruas de Jaffa quanto em Gusch Etzión e Jerusalém, bem como em Damasco, no Cairo e em Bagdá. Diplomatas árabes haviam advertido, como parte da campanha antipartilha na ONU, que se a divisão fosse aceita, eles adotariam medidas duras contra os judeus nos países árabes. No final de 1947, a Liga Árabe, após a votação da partilha na ONU, propôs aos seus membros decretar leis discriminatórias contra os judeus; tais leis foram aceitas no Egito, na Arábia Saudita e no Iraque (tabela 5).

TABELA 5. Populações judaicas nos países árabes

Marrocos francês	190.000
Iraque	130.000
Argélia	120.000
Irã	90.000
Egito	80.000
Tunísia	80.000
Turquia	75.000
Iêmen	40.000
Líbia	30.000
Marrocos Espanhol e Tânger	30.000
Síria	11.000
Líbano	7.000
Áden (incluídos refugiados do Iêmen)	8.000
Afeganistão (incluídos refugiados na Índia)	5.000
Outros países (Hadramaute, Sudão, Bahrein)	5.000
TOTAL	899.000

Fonte: Mallorie Browne, Jews in Grave Danger in all Moslem Lands, *The New York Times*, 16 maio 1948, Seção E, p. 4.

Após a votação da ONU sobre a Palestina, os desmandos antijudaicos começaram em todo o Oriente Médio. Em Áden, na Síria, no Egito e no Iraque eclodiram ondas de violência nas quais judeus foram feridos e inclusive assassinados. Houve graves danos econômicos e muitos casos de discriminação, que tornaram difícil ou impossível que a comunidade judaica continuasse a viver ali e geraram dificuldades em nível individual. A situação nos demais países árabes do Oriente Médio e do Norte da África foi semelhante. Os surtos de violência antijudaica, no âmbito das guerras de 1947-1949, combinaram-se com medidas estatais discriminatórias contra os judeus para marginalizá-los das sociedades e praticamente expulsar a maioria daquelas antigas comunidades judaicas. Em cada uma dessas comunidades, o processo não foi total e houve pequenas minorias que não abandonaram o país no qual haviam residido por tanto tempo. As elites, em cada um desses países, tinham mais opções à sua disposição e parte delas emigrou para a França, a Grã-Bretanha, os EUA, o Canadá e outros destinos. O vínculo das massas judaico--árabes com Israel, na maioria dos casos, era de natureza religiosa e tinha pouco a ver com o sionismo político moderno. Israel recebeu os imigrantes em condições muito penosas, preocupando-se com sua absorção numa época em que a migração para outros destinos não era simples e exigia recursos de que a maioria não dispunha. A chegada a Israel dessa enorme migração fortaleceu o país sob o aspecto demográfico e mudou dramática e muito rapidamente a relação percentual entre a população judaica e a população árabe local. Por outro lado, os imigrantes do Oriente Médio e do Norte da África, oriundos de culturas árabes tradicionais que historicamente sofreram com o desprezo muçulmano, a discriminação oficial e, às vezes, a violência da turba árabe, trouxeram à sociedade judaica israelense um forte elemento anti-árabe, que se desenvolveu ainda mais com a continuação do conflito, ainda que atualmente desempenhe um papel central na política de Israel.

Estima-se que em 1948 havia entre 740 e 856 mil judeus nos países árabes. Se forem adicionados os judeus nos países muçulmanos como o Afeganistão, o Paquistão, o Irã e a Turquia, por exemplo, o número total tende a se aproximar de um milhão. Em 1976, 97% dos judeus dos países árabes havia emigrado. Deles, 400 mil chegaram a Israel entre 1948 e 1951; e em 1972 a cifra aumentou para 586.678. No início de 1948, a população árabe no território que seria ocupado por Israel foi estimada em 696 mil pessoas e, em toda a Palestina, em cerca de 1.300.000 árabes. Por sua vez, a população judaica foi estimada em 650 mil pessoas antes de 15 de maio de 1948. Quando terminou a guerra de 1947-1949, 157 mil árabes permaneceram no território sob controle israelense. Isso significaria que aproximadamente 539 mil árabes seriam o número básico de refugiados palestinos no final de 1948. Por um lado, a UNRWA registou mais de 700 mil refugiados palestinos quando foi criada em dezembro de 1949. Por outro lado, em 2009, o registro foi de 3.737.534 refugiados na Faixa de Gaza, Cisjordânia, Jordânia, Síria e Líbano, adicionando-se mais 90 mil no Iraque. Yehoshua Porath considera exageradas as cifras de refugiados palestinos citadas pelo lado árabe e pela ONU – entre 600 mil e 750 mil na guerra de 1947-1949. Em sua perspicaz crítica à obra *From Time Immemorial: The Origins of the Arab-Jewish Conflict over Palestine* (Desde Tempos Imemoriais: As Origens do Conflito Árabe-Judaico Sobre a Palestina) de Joan Peters, Porath argumenta que a historiografia de Israel e do sionismo, bem como a da Palestina, nada ganha ao se repetir visões míticas do conflito e da trajetória de cada uma das partes. O ponto central da crítica de Porath a Peters é que a proposta sobre o intercâmbio populacional que ocorre entre Israel e os países árabes vizinhos é falsa. Ele salienta que mesmo que essas comunidades judaicas no Oriente Médio não fossem sionistas e a sua relação com Israel fosse mais de natureza religiosa, nelas existiam grupos sionistas e atuavam agentes da Palestina britânica enviados pela Agência Judaica e suas facções/partidos políticos, que realizaram um trabalho muito arriscado. A intenção era gerar *aliá* – imigração. As operações de Al Kanfei Nescharim (Nas Asas das Águias, 1949-1950) ou Marvad ha-Ksamím (Tapete Mágico) – imigração em massa de judeus do Iêmen para Israel e a operação Ezra ve-Nekhémia (Esdras e Neemias, 1951-1952) –, a imigração massiva de judeus do Iraque, além dos planos de absorção dessas verdadeiras ondas imigratórias, explicam a necessidade e a receptividade de Israel a essas migrações, enquanto nos países árabes o objetivo era um Estado árabe-palestino e não a recepção de refugiados após a derrota militar.

A tese sustentada por Ilan Pappé sobre a "limpeza étnica" da Palestina não é verificável em nível documental ou factual. A discussão sobre o Plano Dalet (Plano D ou Plano Quatro) começou em 1972, quando foi publicado o terceiro dos volumes do *Sefer Toldot ha-Haganá* (Livro da História da Haganá), em que aparece o Plano Dalet com todos os seus detalhes. Esse plano, nas suas duas versões (dezembro de 1947 e março de 1948) levou em conta a decisão da ONU sobre a partilha da Palestina e a eventual invasão de Israel pelos exércitos dos países árabes vizinhos após a retirada britânica. Seu objetivo era garantir a continuidade territorial entre os blocos de assentamentos judaicos na Palestina – mais tarde Israel – e especialmente com Jerusalém, sitiada desde o início da guerra e na qual viviam cerca de cem mil judeus. Por isso, apresentou um objetivo estratégico claro que consistia em preservar militarmente a existência física de Israel face à guerra interna e à invasão árabe em 1948. Da mesma forma, estabeleceu a metodologia e as medidas táticas para alcançá-lo. O Plano Dalet foi apresentado em 10 de março de 1948, poucos meses antes do estabelecimento do Estado de Israel.

O ponto mais discutido, sobre o qual se baseia o argumento acadêmico de Ilan Pappé e grande parte da propaganda palestina no que diz respeito à limpeza étnica dos territórios atribuídos ao Estado judeu e aqueles posteriormente por ele ocupados é o parágrafo quatro do artigo "b" da terceira parte que estabelece os objetivos do Plano Dalet.

4. Montar operações contra centros populacionais inimigos que se encontrem dentro ou perto do nosso sistema defensivo, para evitar que sejam utilizados como bases por uma força armada ativa. Tais operações podem ser divididas nas seguintes categorias:
- Destruição de aldeias (incendiar, demolir com explosivos e plantar minas nas ruínas), especialmente de centros populacionais difíceis de controlar de forma contínua.
- Montar operações de busca e controle de acordo com as seguintes diretrizes: cercar a aldeia e nela realizar uma busca. Em caso

de resistência, a força armada [inimiga] deve ser destruída e a população expulsa para além das fronteiras do Estado.

- As aldeias esvaziadas da maneira acima descrita devem ser incluídas no sistema de defesa fixo e fortificadas conforme seja necessário.
- Se não houver resistência, as tropas da guarnição entrarão na aldeia e se posicionarão nela ou em locais que permitam um controle tático completo. O comandante da unidade confiscará todas as armas, os equipamentos de comunicação sem fio e os veículos motorizados da aldeia. Além disso, deverá prender todos os indivíduos politicamente suspeitos. Após consultas com as autoridades políticas [judaicas], serão nomeados órgãos constituídos por pessoas da aldeia para gerir os seus assuntos internos. Em cada região será nomeada uma pessoa [judia] responsável pela organização dos assuntos políticos e administrativos de todas as aldeias [árabes] e centros populacionais ocupados nessa região.[6]

Ademais, ele especificava as medidas para garantir o controle das vias de comunicação, dos centros populacionais árabes nas grandes cidades; a atribuição de deveres e objetivos operacionais a diferentes tipos de unidades militares israelenses, como sitiar e ocupar cidades inimigas; a ocupação e o controle de posições inimigas na linha de frente; instruções de contra-ataque dentro e fora das fronteiras do Estado; e os deveres operacionais das forças armadas, bem como a sua divisão de acordo com suas capacidades de mobilidade.

A questão central é quem era (eram) responsável (responsáveis) pela saída de centenas de milhares de palestinos da terra em que viviam durante a guerra mencionada. Foram formuladas respostas ideológicas em ambos os extremos. Na narrativa israelense, uma combinação de situação de guerra com uma liderança árabe e palestina fragmentada que teria conclamado a população árabe

■■ 6 Walid Khalidi, Plan Dalet: Master Plan for the Conquest of Palestine. Publicado em novembro de 1961 em *Middle East Forum* e republicado em *Journal of Palestine Studies*, 1988, v. 18, n. 1, p. 4-19.

da Palestina a evacuar o terreno do conflito antes da invasão militar dos países árabes para retornar, após a vitória árabe, para suas casas e se beneficiar dos frutos. Do lado palestino, a versão central da *Naqba* argumenta que as autoridades sionistas utilizaram suas forças armadas (Lehi, Etzel e Haganá), e depois, o Estado de Israel o seu exército, para expulsar a população palestina de Israel durante a guerra de 1947-1949. Esse eixo argumentativo é apresentado com fundamentos acadêmicos, desde a publicação do artigo de Walid Khalidi, "Plan Dalet: Master Plan for the Conquest of Palestine" (Plano Dalet: Plano Diretor Para a Conquista da Palestina) em 1988, até os debates gerados pela publicação do livro de Ilan Pappé, *The Ethnic Cleansing of Palestine* (A Limpeza Étnica da Palestina), em 2006. Para a imagem do sionismo e de Israel, evitar a culpa de ter causado a *Naqba* foi e é um ponto essencial da sua legitimidade política. Para o lado palestino e aqueles que o apoiam abertamente, como Ilan Pappé, culpar a parte sionista e Israel era igualmente necessário para justificar o rumo assumido pelos movimentos palestinos. A discussão entre os historiadores "revisionistas" israelenses complicou-se com acusações mútuas, sobretudo entre Benny Morris e Ilan Pappé. A primeira crítica de Morris é que Pappé escreveu uma história "ideológica" determinada por suas crenças políticas contemporâneas básicas que refletiam o presente no passado.

A resposta de Pappé não foi menos contundente; ele alegou que o argumento que era válido para Pappé também era para Morris e os historiadores sionistas. Todos escreveriam uma "história ideológica", de acordo com Pappé.

Depois de uma longa lista de erros de fato e citações erradas, bem como de dados e pontos que Pappé desconhecia – ou não mencionou de propósito – Morris assinalou o impacto da teoria de Pappé e forneceu um exemplo extraído do trabalho de uma estudante da Universidade Ludwig-Maximilians, de Munique, que representa uma escrita tendenciosa sobre a limpeza étnica da Palestina. A aluna comparou – de acordo com Morris de forma absurda e superficial – as ações de Israel em relação aos palestinos com aquelas perpetradas pelos nazistas contra os judeus no Holocausto. Segundo Morris,

Pappé contaminava a historiografia do Oriente Médio e envenenava as mentes daqueles que nela chapinhavam superficialmente. Pappé foi criticado, sobretudo, por citar incorretamente Ben-Gurion no intuito de tentar fundamentar a origem ideológica do que ele descreve como "limpeza étnica". A versão mais precisa sobre as causas do problema dos refugiados palestinos encontra-se, provavelmente, no livro de Benny Morris, *The Birth of the Palestinian Refugee Problem Revisited* (O Nascimento do Problema dos Refugiados Palestinos Revisado), de 2011. Essa segunda edição revisada do livro, publicado originalmente em 1988, acrescenta muitos dados de arquivos abertos no período entre as duas edições. Morris concluiu que os árabes palestinos iniciaram a guerra de 1947-1949 após a decisão da partilha da ONU para abortar o estabelecimento de Israel, e que o problema palestino é resultado direto dessa guerra e não de qualquer intenção por parte de Israel. O deslocamento das populações árabes para fora do que viria a ser o Estado de Israel era inerente à ideologia sionista e à prática em pequena escala realizada desde as primeiras décadas da imigração sionista, por meio da compra de terras e do desalojamento dos moradores, embora tudo fosse feito legalmente. Esses fatos e o pensamento dos líderes sionistas sobre como conseguir uma transferência populacional, o mais pacificamente possível, prepararam o terreno para o desfecho de 1948. Por outro lado, não existia nenhum plano para a expulsão dos árabes palestinos do Estado judeu. Tampouco houve uma expulsão sistemática e nem foram feitos preparativos para tal. Nos primeiros quatro meses da guerra – de dezembro de 1947 a março de 1948 –, não foram registradas expulsões em massa ou destruição de aldeias.

Morris classificou em cada caso de saída ou fuga de uma aldeia ou cidade Palestina o principal motivo usando as seguintes categorias: A (do inglês *abandonment*), abandono por ordens árabes; C. (*city*), influência da queda de uma cidade ou aldeia vizinha; E. (*expulsion*), expulsão por parte de uma força judaica; F. (*fear*), medo; M. (*military assault*), ataque militar ao assentamento; W. (*whispering campaigns*), rumores ou guerra psicológica por parte da Haganá. A tabulação dos resultados da categorização de partidas-fugas-expulsões de aldeias e cidades árabes palestinas na guerra de 1947-1949, levando em conta que há povoados nos quais Morris propõe duas motivações conjuntas – na maioria não – e outros em que a causa da saída não é conhecida, de um total de 392 locais palestinos que foram abandonados, mostrou os resultados causais apresentados na tabela 6.

TABELA 6. Motivos da saída de refugiados palestinos, 1947-1949[7]

M:	Assalto militar ao assentamento	59%
C:	Influência da queda de uma cidade ou aldeia vizinha	16%
E:	Expulsão por parte de uma força judaica	14%
F:	Medo	13%
W:	Rumores ou guerra psicológica por parte da Haganá	4%
A:	Abandono por ordens árabes	2%
	(Motivo desconhecido)	14%
TOTAL		122%

De abril de 1948 a janeiro de 1949, segundo Morris, tanto a Haganá quanto as FDI agiram de forma inconsistente. Muitas unidades expulsaram os árabes palestinos, outras não. Outro argumento proposto por Morris é que quando recrudesceu a ameaça árabe – especialmente com a invasão dos exércitos árabes –, aumentou também a propensão israelense à expulsão, confrontada com o perigo da própria extinção. Israel aplicou sem compromissos uma política que impedia o retorno das pessoas deslocadas. Na maioria dos casos, eram capturadas e reposicionadas fora das fronteiras. As classes ricas palestinas, e depois muitas outras afastaram-se das zonas de combate ou mesmo da ameaça das forças militares sionistas. Se pensavam que retornariam em breve ou após o triunfo dos exércitos árabes, ficaram desapontadas com a realidade. O Alto Comitê Árabe primeiro se opôs à mudança da população e depois

[7] As porcentagens perfazem 122%, já que em 22% dos casos figuram dois motivos que não se pode dissociar nas listas apresentadas por Morris. Fonte elaborada por Mario Sznajder, com dados de Benny Morris, *The Birth of the Palestinian Refugee Problem Revisited*, 2004, p. x-xx.

apoiou as retiradas "táticas" da população não combatente. As fissuras internas da sociedade palestina contribuíram para a sua própria desintegração. A falta de uma liderança palestina unificada, o contínuo atrito violento com a população judaica, as dificuldades da guerra e a escassez de recursos criaram um clima no qual, se refugiar até que a tempestade passasse, tornou-se uma opção viável. Entre os árabes palestinos, a derrota no enfrentamento com as forças militares sionistas, por volta de março-abril de 1948, produziu uma crise moral e causou um fenômeno de "psicose de fuga", conforme definido pela inteligência militar da Haganá. A combinação dos fatores supramencionados teve um efeito crescente. À medida que as FDI começaram a ganhar terreno, a fuga transformou-se em um fenômeno de massa. Os massacres causaram forte impacto na população árabe palestina, especialmente o de Deir Yassin, em 9 de abril de 1948, em que as forças do Lehi e do Etzel atacaram uma aldeia vizinha de Jerusalém Ocidental e massacraram mais de cem dos seus habitantes. Contudo, a retaliação palestina não demorou a chegar. No dia 13 de abril, uma caravana judaica de veículos rumo ao Hospital Hadassa no Monte Scopus foi atacada por árabes. Os ônibus blindados foram encharcados com gasolina e incendiados; mais de setenta médicos, enfermeiros e membros da Universidade Hebraica de Jerusalém morreram. Esses episódios trágicos foram decisivos para encorajar a entrada da Transjordânia e da sua Legião Árabe na guerra contra Israel no mês seguinte. As diversas avaliações sobre o número de massacres (na parte palestina) variam de dez (com mais de cinquenta vítimas em cada massacre), segundo Arie Yitzhaki, a 33, segundo Salman Abu-Sitta; e 68 aldeias nas quais ocorreram assassinatos indiscriminados, segundo Saleh Abdel Jawad. Não é possível comparar a escala dos massacres de ambos os lados, uma vez que as milícias palestinas sozinhas não conseguiram tomar nenhum assentamento ou povoado judeus. Onde o conseguiram – com a ajuda da Legião Árabe, em Kfar Etzión – ocorreu um massacre. Os exércitos árabes não realizaram massacres – salvo a participação da Legião Árabe no massacre de Kfar Etzión, em que mais de 120 dos defensores judeus foram massacrados – porém conseguiram ocupar menos de uma dúzia de assentamentos ou povoados judaicos.

No final de março de 1948, e diante da perspectiva de invasão dos exércitos árabes, foi colocado em prática o Plano Dalet, que deixava nas mãos dos comandantes de batalhões e brigadas a decisão de como assegurar eixos de transporte seguros, comunicação e áreas vitais para a defesa de Israel. Os comandantes preferiram proteger as vias de comunicação e posições de grande importância por meio de ações militares contra as quais a população árabe palestina em geral fugia antes ou durante a batalha. Se houvesse resistência armada, era aplicada a expulsão. Essa tendência aumentou nas operações realizadas pelas FDI no verão e outono de 1948. Por outro lado, com o incremento do número de refugiados palestinos, aumentou paralelamente a pressão internacional sobre Israel, tendo início as exigências para permitir seu retorno. Uma das respostas israelenses, segundo Tom Segev, foi que o direito internacional não exigia que Israel cometesse suicídio.

Morris explica que houve vários tipos de êxodos palestinos e que não se pode comparar a saída dos árabes ricos de Jerusalém, Jaffa ou Haifa entre dezembro de 1947 e março de 1948, com fugas posteriores. Estima-se que cerca de cem mil árabes palestinos, de *status* mais privilegiado do que a maioria, saíram das áreas de confronto naqueles meses em direção a cidades seguras no mundo árabe ou na região, o que produziu um sério enfraquecimento social do lado palestino. A expulsão de Lod e Ramla em julho de 1948 foi diferente, assim como os acontecimentos de outubro-novembro de 1948 em Ilabun, Dawayima e Kafr Birim.

Em Gusch Etzión, a Legião Árabe, a fim de ajudar as milícias palestinas, quebrou a resistência dos defensores judeus em 13 de maio de 1948 e em Kfar Etzión massacraram os combatentes e a população civil, da qual somente quatro pessoas sobreviveram. Os outros três *kibutzim* se renderam à Legião Árabe, que fez 320 prisioneiros de guerra, transferindo-os para a Jordânia e os libertando um ano depois. Os *kibutzim* foram arrasados. O mesmo ocorreu com todos os assentamentos judeus tomados pelo exército egípcio, Iad

Mordekhai, Nitzanim e Kfar Darom; pelo exército sírio, Mischmar ha-Iarden, Massada e Shaar ha-Golan; e pela Legião Árabe, G[u]ezer, Atarot, Neve Yaakov, Kalya e Beit Aravá. A população judaica do bairro judeu da Cidade Velha de Jerusalém foi evacuada após se render à Legião Árabe em 28 de maio de 1948. Grande parte do bairro, em particular as sinagogas, foi destruída e o restante abandonada durante o governo jordaniano em Jerusalém. A destruição dos assentamentos judaicos, naquela época, fazia parte da concepção central do mundo árabe, segundo a qual era necessário impedir a existência de Israel e destruir o projeto sionista. É assim que poderia ser devolvido à Palestina o equilíbrio demográfico anterior à imigração sionista, sendo que os judeus tinham que representar menos de 7% da população da Palestina, como acontecera no final da Primeira Guerra Mundial. Na guerra de 1947-1949, apenas os palestinos tiveram mais baixas do que Israel, que perdeu quase seis mil pessoas e teve doze mil feridos, o que representou um grande trauma para a população. O caso do Palmakh é especial, pois perdeu 20% de seus membros na guerra ao combater como ponta de lança da Haganá e depois das FDI. Tudo isso incorporou-se à narrativa israelense do conflito com os árabes para reforçar a ideia da ameaça existencial que Israel enfrentava.

Abdalá era um oponente do Estado palestino. Ele entabulou negociações com a Agência Judaica e ofereceu à liderança sionista um cantão ou república judaica no âmbito de um reino jordaniano que abrangesse toda Palestina do Mandato Britânico. Na sua oferta, insistiu que isso evitaria a guerra e que os judeus teriam representação no parlamento jordaniano e seriam bem tratados em seu reino. Abdalá foi assassinado por um militante palestino em Jerusalém, na Esplanada das Mesquitas – al- Haram ash-Sharif –, em 20 de julho de 1951.

No Egito, a revolução dos jovens oficiais em 1952 pode ser considerada uma consequência quase direta da frustração dos oficiais republicanos que, apesar de terem participado da guerra na Palestina, foram amplamente humilhados e derrotados em grande parte devido aos altos níveis de corrupção que caracterizaram o Egito monárquico.

As elites cristãs do Líbano não eram desfavoráveis a que, no Oriente Médio, fosse estabelecido outro Estado não muçulmano. Por outro lado, enviaram uma força de mil homens, uma parte dos quais conseguiu tomar Malkía, mas em seguida foi obrigada a retroceder. O Líbano, com uma considerável população de refugiados palestinos e a sombra do nacionalismo sírio projetada sobre sua existência independente, perdeu paulatinamente sua estabilidade política ao não conseguir se distanciar desse conflito. A derrota de 1948 é vista como um dos fatores da instabilidade política e da autocracia na Síria. Além da fragmentação étnico-religiosa, havia uma fragilidade infraestrutural e o ferido nacionalismo sírio, não só contra Israel em 1948, mas também no Líbano. O Iraque recusou-se a negociar um armistício com Israel. Como era aliado direto da Jordânia, foi relativamente bem-sucedido na sua intervenção militar contra Israel em 1948 e embora tenha sido incluída na derrota árabe, a dinastia hachemita de Bagdá sobreviveu no poder até 1958.

Os palestinos tentaram levar o caso dos seus refugiados à Comissão de Conciliação para a Palestina, em Lausanne, em 1949, para ver se conseguiam algum tipo de compromisso com Israel, entretanto, não contavam com o apoio dos Estados árabes. Não obstante o problema que o retorno de refugiados árabes-palestinos significaria para o nascente Estado de Israel, em pelo menos duas ocasiões em 1949, Israel se ofereceu para cuidar de uma parte dos refugiados. Uma das ofertas israelenses, em maio de 1949, era assumir a Faixa de Gaza, então controlada pelo Egito, na época povoada por cerca de 300 mil árabes, cerca de 190 mil dos quais eram refugiados palestinos. Isso se deveu à pressão estadunidense sobre Israel, mas a oferta foi rejeitada pelo Egito. Três meses depois, o governo israelense ofereceu a possibilidade de retorno a cem mil refugiados árabes. A oferta foi considerada insuficiente pelos EUA e, portanto, rejeitada pelos governos árabes. O problema dos refugiados palestinos ficou politicamente enraizado. As ofertas israelenses de 1949, embora num contexto internacional de sérias pressões, enfraquecem a teoria da limpeza étnica.

Em 1947, de um total de 57 membros da ONU, 33 votaram a favor (76%) e treze (22,8%) votaram contra a resolução 181 sobre a partilha da Palestina. Entre os que votaram contra, Egito, Grécia, Turquia, Índia e Jordânia reconheceram Israel; dez Estados se abstiveram e um não votou. Áustria, Alemanha, Finlândia, Irlanda, Itália, Portugal e Espanha não eram membros da ONU em 1947, mas foram admitidos e todos reconheceram a existência legítima do Estado de Israel.

Em 2015, de um total de 193 membros da ONU, 32 não reconheceram o Estado de Israel (16,5%), dos quais dezoito eram membros da Liga Árabe (Argélia, Bahrein, Comores, Djibuti, Iraque, Kuwait, Líbano, Líbia, Marrocos, Omã, Catar, Arábia Saudita, Somália, Sudão, Síria, Tunísia, Emirados Árabes Unidos e Iêmen) e onze outros eram membros da Organização para a Cooperação Islâmica (Afeganistão, Bangladesh, Brunei, Chade, Guiné, Indonésia, Irã, Malásia, Mali, Níger, Paquistão); Israel tampouco foi reconhecido pelo Butão e pela Coreia do Norte. Outros membros da ONU, como Cuba, Venezuela e Bolívia romperam relações com Israel em diversas circunstâncias políticas, porém aceitaram a existência do Estado (82,9% de reconhecimento).

Em nível de regime, a democracia de Israel – excepcional na sua região de existência, o Oriente Médio, contudo intimamente relacionada com as democracias europeias e outras democracias parlamentares – não tem grandes problemas de legitimidade internacional. A exceção são os territórios que Israel adquiriu/libertou/ocupou após a Guerra dos Seis Dias (1967), que ainda operam sob um regime de ocupação militar, parcialmente coordenado com a Autoridade Palestina. Também a anexação das Colinas de Golã e a desocupação não pactuada em Gaza, bem como a anexação unilateral de Jerusalém Oriental por Israel gozam de reconhecimento e legitimidade internacionais.

No índice da Freedom House, Israel é classificado como uma democracia eleitoral e recebeu notas altas: 1 em direitos políticos (PR – *Political Rights*) e 2 em liberdades civis (CL – *Civil Liberties*). Isso em referência às fronteiras de Israel prévias à guerra de 1967.

Em 25 de janeiro de 1949 – superada a fase de beligerância, mas ainda sem qualquer armistício assinado – foram realizadas as primeiras eleições nacionais em Israel. A assembleia constituinte eleita decidiu, dois dias depois de se reunir pela primeira vez em 14 de fevereiro de 1949, transformar-se em uma assembleia parlamentar com o nome de Knesset, isto é, Parlamento de Israel. O universo eleitoral ultrapassou meio milhão de eleitores, dos quais 86,9% participaram. O número de membros da Assembleia Constituinte foi de 120. Em 8 de novembro de 1948, houve um censo populacional para estabelecer o número de pessoas com direito a voto. Foi criada a Lishká Merkazit le-Statística (em hebraico, Escritório Central de Estatística) e um censo obrigatório decretado durante o qual a população do país deveria permanecer em suas casas. Nesse dia, foi declarado estado de sítio das 17h00 às 24h00. Foi muito difícil superar as anomalias geradas pela guerra. Muitos dos registados estavam no exército e um número ainda maior era formado pelos árabes palestinos deslocados, tanto aqueles que estavam fora da área de controle israelense, como os que haviam abandonado seus locais de residência devido à guerra, isto é, refugiados internos. Anat Leibler e Daniel Breslau desenvolveram uma tabela analítica desse primeiro censo de Israel como ferramenta de construção nacional que estabeleceu parâmetros de inclusão e exclusão, que mais tarde foram decisivos na construção do Estado e até da nacionalidade. Não ser contado pelo censo implicava exclusão e perda de direitos, segundo esses autores. O número de pessoas com direito de voto foi fixado em 506.567, de uma população total de 1.173.900. Foi adotado o sistema eleitoral proporcional representativo da lista nacional por partidos e distrito eleitoral único, que havia sido usado para a Assembleia dos Eleitos. Uma cláusula de barreira baixa (1%) explicou a proliferação de partidos que se apresentaram para essa e para futuras eleições em Israel. Nessa eleição da assembleia, 21 partidos políticos se candidataram, embora apenas doze conseguiram cadeiras no Knesset ao superar a cláusula de barreira.

No início de 1949, com um fluxo migratório contínuo e total incerteza quanto ao destino da população árabe de Israel, o sistema representativo proporcional tinha, além da lógica da continuidade do sistema pré-estatal, a capacidade de fornecer uma representatividade que incluía um elevado número de setores populacionais. Isso foi reforçado com a ideia da assembleia constituinte. O Knesset elegeu Chaim Weizmann como o primeiro presidente do Estado de Israel. O presidente do país tinha que desempenhar funções cerimoniais e convocar o líder do partido majoritário no Knesset para formar a nova coligação governamental. O primeiro governo eleito em Israel foi formado por David Ben-Gurion como primeiro-ministro e ministro da Defesa em 8 de março de 1949 e funcionou por dezenove meses. Esse governo estava baseado numa ampla coligação que incluía o Mapai, o Mapam, a Frente Religiosa Unida (composta por quatro partidos religiosos e um grupo religioso independente), o Partido Progressista, o das Comunidades Sefarditas e Orientais, e a Lista Democrática de Nazaré.

A ideia de Ben-Gurion era que a elaboração de normas estatais e o seu cumprimento moldariam o Estado e construiriam a nação. Era bastante claro que o termo geral "povo judeu" abrangia tanto fatores divisórios quanto comuns. Daí a necessidade de gerar uma nova identidade israelense, baseada em tudo o que havia sido conseguido até 1948, que atuasse de forma coordenada. Primeiro, para superar as dificuldades geradas pela criação do Estado de Israel, sua primeira guerra e a imigração judaica em massa – bem como o relacionamento com a população árabe – e depois para consolidar a presença do Estado de Israel em face de um Oriente Médio hostil.

Chegaram a Israel os deportados pelos britânicos para os campos de detenção em Chipre e os judeus europeus sobreviventes do Holocausto, que viviam em campos de refugiados. Em seguida, os judeus do Oriente Médio e do Norte da África. Desde a abertura de Israel à imigração judaica, em 15 de maio de 1948 e até finais de 1950 – pouco mais de um ano e meio –, mais de meio milhão de imigrantes chegaram ao país. Se forem adicionados os imigrantes de 1951 – mais de 175 mil – a população judaica dobrou em pouco mais de três anos e meio (maio de 1948 a dezembro de 1951). De acordo com Dan Horowitz e Moshe Lissak em seu livro *Trouble in Utopia*, a mudança qualitativa foi fundamental por se tratar de uma imigração de refugiados. Em contrapartida, as imigrações anteriores a 1948 continham um elemento de abrigo e fortes doses ideológicas sionistas. O pioneirismo – agrícola, industrial, cultural, militar – ocupava um lugar central. A existência de sistemas de contribuições fiscais voluntárias – do já mencionado *kófer ha-ischuv*, cuja tradução do hebraico significa resgate da comunidade – e o serviço militar voluntário no Palmakh, na Haganá, no Etzel e no Lehi até maio de 1948 eram provas de voluntarismo ideológico. A chegada de imigrações com menor carga ideológica, ou seja, menos sionista, em busca de um porto seguro – talvez um Estado-refúgio – mudou a situação. Esses fluxos migratórios, que possuíam menos recursos materiais e motivações ideológicas, chegaram a Israel e foram recebidos por uma sociedade judaica que ainda era ideológica e constituída por voluntários. O equilíbrio demográfico mudou e foi gerada uma maioria de imigrantes-refugiados, sendo que uma de suas características centrais eram exigências – sociais, trabalhistas, de saúde, educação e habitação – frente a um Estado com parcos recursos. Esse fenômeno criou fissuras sociais que se somaram à heterogeneidade que caracterizava a população judaica de Israel. Os antigos residentes receberam, mas não integraram no mesmo nível seu, os *olim hadaschim* (em hebraico, novos imigrantes ou novos "ascendentes", já que em termos hebraicos tradicionais e adaptados ao hebraico moderno, a imigração judaica era vista como uma "ascensão" a Sião/ Jerusalém). Portanto, a fissura entre pobres e ricos acentuou-se. As divisões religioso-seculares adquiriram um caráter crescente. A brecha entre a parte majoritariamente judaica da sociedade de Israel e a parte árabe da mesma sociedade ampliou-se como resultado imediato das guerras de 1947-1949 e o estabelecimento da governança militar sobre a população árabe de Israel. Na parte judaica da sociedade israelense surgiu, juntamente com a imigração em massa, e cresceu rapidamente a fissura étnica que dividia os judeus de origem asquenazita daqueles de origem oriental – erroneamente chamados de sefarditas. As fissuras se entrecruzaram e se combinaram com a ameaça externa de guerra por parte dos Estados árabes, se bem que isso também funcionava como um elemento unificador da parte judaica da sociedade israelense. Uma das principais fissuras características da sociedade israelense até hoje é a secular-religiosa. Ela abrange toda a sociedade e também se manifesta nos setores muçulmanos e cristãos. A acomodação política entre o Agudat Israel e os partidos políticos sionistas produziu um compromisso com o qual ambas as partes poderiam conviver, embora gerasse muito desconforto para todos. Numa situação de guerra, as necessidades políticas tinham que preceder os princípios ideológicos de ambas as partes. Em maio de 1948, uma das crises militares centrais – o problema da defesa de Jerusalém, sitiada pelos palestinos e depois atacada pela Legião Árabe da Transjordânia – resultou na consolidação de um dos principais aspectos do *status quo* civil-religioso. As ordens de recrutamento universal para a sociedade judaica da Palestina e depois do Estado de Israel foram seriamente rejeitadas pela liderança ultraortodoxa de Jerusalém em dois aspectos. O tribunal religioso da comunidade judaica ultraortodoxa (*edá haredit*) ordenou aos estudantes das *ieshivót* (em hebraico, escolas rabínicas) que não se alistassem. Quando foi estabelecida a governança militar de Jerusalém em tempos de guerra – agosto de 1948 –, o mesmo tribunal religioso declarou a proibição do alistamento de mulheres, mesmo sob pena de morte. Como resultado dessas duas medidas e dos compromissos políticos paralelos, as mulheres religiosas que portavam um certificado emitido por um partido político religioso e os estudantes das *ieshivót* – com certificados de instituições de estudo reconhecidas – foram isentos do serviço militar universal e obrigatório em Israel. O ponto de referência dessas isenções foi a própria guerra, que exigiu coesão e unidade internas, conseguidas por meio da capacidade de compromisso com relação ao *status quo* civil-religioso. Em 24 de abril de 1949, durante o primeiro governo eleito, Ben-Gurion enviou outra carta ao rabino Yitzhak-Meir Levin, líder do Agudat Israel e ministro da Assistência Social, na qual reafirmou e detalhou os princípios do *status quo* religioso-secular fixado em 1947: o Estado se preocuparia em financiar as necessidades religiosas da população sem intervir nas instituições que se ocupavam disso. A liberdade de crença religiosa e de consciência seria estabelecida. O *status* legal das mulheres seria igual ao dos homens em questões econômicas, civis, sociais e culturais. O governo não introduziria leis estatais sobre casamentos e divórcios e prevaleceria a legislação existente, que deixava tais questões nas mãos dos tribunais religiosos. Seria respeitada a autonomia educacional das diversas correntes educacionais (a religiosa ortodoxa, a ultraortodoxa e a árabe). A resposta de Levin deixou pendente o ponto da igualdade entre homens e mulheres, para o qual os estudiosos rabínicos encontraram na *Torá* uma fórmula compatível com as escrituras sagradas. Isso permitiu que os partidos políticos religiosos se integrassem ao Knesset e apoiassem as coligações governamentais de Israel.

Segundo a visão bengurionista, a parte do povo judeu que estava na Palestina britânica poderia sair de sua condição de classe – sob soberania estrangeira – à condição de um povo que, quando o Estado de Israel fosse estabelecido, se tornaria uma nação. Para que isso fosse possível, era necessário que o foco da ação política deixasse de lado interesses setoriais e classistas – característicos das políticas judaicas na diáspora – e se integrassem em um processo de *mamlakhtiút* (em hebraico, nacionalização). As mudanças fundamentais tendiam a incentivar a construção nacional e estatal. Essa percepção enquadra os critérios de definição das instituições do Estado, a cidadania, a democracia e o direito, bem como a relação entre a comunidade política e o indivíduo. Da mesma forma, são esboçadas as condições para o estabelecimento e o desenvolvimento do Estado soberano, ainda sem Constituição. As tensões socioeconômicas entre as versões da esquerda e da direita e entre a política dos "compromissos negociados" da tradição cultural política judaica e a política de grandes decisões – por exemplo, o próprio estabelecimento do Estado, ao aceitar reparações da Alemanha Ocidental ou a Guerra do Sinai em 1956 –, levadas a cabo pela tomada de decisões de Ben-Gurion e de um círculo limitado de ministros e comandantes militares, constituíram partes essenciais da controvérsia sobre o estadismo.

O modelo social era de integração de diversos setores, tanto devido às suas origens imigratórias e às suas raízes em Israel – antigos residentes, antigos imigrantes, novos imigrantes – como às suas diferenças nos níveis de religiosidade – de ultraortodoxos a ultrasseculares, passando por ortodoxos, conservadores, reformistas, tradicionalistas e vários tipos de não crentes. O temor de Ben-Gurion e da liderança do Mapai consistia em que as tendências centrípetas da sociedade israelense fossem mais fortes que as centrífugas. Daí a necessidade de utilizar um modelo de "caldeirão étnico-cultural" que, com base nos estereótipos já desenvolvidos pelo sionismo em torno do pioneirismo, o ativismo militar e os valores seculares da nova sociedade judaica na Palestina, havia gerado uma sociedade israelense que, segundo Ben-Gurion, deveria ser uma luz para as nações do ponto de vista moral. As duas medidas centrais eram de natureza socializadora e igualitária. A primeira, levada a cabo em 1948 e ainda no período da guerra, foi decretada pelo próprio Ben-Gurion como a Portaria do Exército de Defesa de Israel do ano de 5.708 (no calendário hebraico, 26 de maio de 1948 no calendário gregoriano) e a Portaria do Dia da Criação do Exército de Defesa de Israel de 5.708 (no calendário hebraico, 31 de maio de 1948 no calendário gregoriano), que não só estabeleciam uma única força armada para o novo Estado, porém moldavam o conceito ideológico de "exército do povo" (de Israel) subordinado ao ministro da Defesa e ao governo do país. As FDI integraram os combatentes da Haganá, do Irgún, do Lehi e do Palmakh. A dissolução do comando do Palmakh ocorreu em 7 de novembro de 1948 por ordem de Ben-Gurion. Essas medidas, às quais é somado o incidente do Altalena, estabeleceram o monopólio estatal sobre o militar e foram um dos eixos do estadismo. O efeito nivelador sobre o exército, trazido pelos ex-oficiais do Palmakh, foi importante. O estadismo não podia tolerar a presença de exércitos privados ou de milícias partidárias, nem na direita (Irgún e Lehi) nem na esquerda (Palmakh). A separação entre o militar e o político era apresentada como essencial. Apesar disso, nas primeiras décadas de Israel, a maioria dos oficiais superiores do exército se identificava

com o Mapai, o partido no poder e, em grande medida, com o próprio Ben-Gurion. Ele desconfiava da tendência pró-soviética da liderança do Mapam. A esse respeito, Yoav Gelber alega que a essência do estadismo de Ben-Gurion era endossada pelo seu argumento de que era inconcebível "um exército, a maioria do qual está subordinada à autoridade exclusiva do povo, mas outra parte está subordinada, aberta ou secretamente, a alguma autoridade oculta".
A segunda medida foi estabelecida por meio da legislação educacional. A tentativa de eliminar particularismos educacionais predominantes até 1948, em que cada corrente ideológica e suas organizações políticas controlavam uma parte da educação, foi realizada em duas etapas. Em 1949, foi decretada a Lei de Estudos Obrigatórios do ano de 5.709 (no calendário hebraico) que determinava a escolaridade obrigatória para todas as crianças do país, de cinco a treze anos de idade (depois ampliada de modo a abranger a escolaridade obrigatória dos três aos dezoito anos). Isso foi implementado no âmbito das diversas correntes educacionais existentes durante o período do Mandato Britânico, dentre as quais a operária, a religiosa nacional, a geral, a ultraortodoxa e uma série de instituições privadas. Nos setores judaicos da sociedade, a construção institucional fora realizada em termos de divisões políticas e setoriais, e foi assim que o setor operário, o geral, o religioso nacional e o ultraortodoxo criaram tanto sindicatos, fundos diferenciados de saúde, movimentos juvenis pertencentes às diferentes correntes políticas, bem como instituições culturais – publicações de jornais e livros –, esportivas separadas – os clubes regionais do Hapoel (O Trabalhador); Betar (revisionistas, depois Herut), Elizur (sionistas religiosos) e Macabi (liberais, progressistas) –, cooperativas de produção e consumo, e inclusive bancos – o melhor exemplo é o Bank Hapoalim (Banco dos Trabalhadores), que se converteria no principal banco de Israel. Para Ben-Gurion era óbvio que o Estado não podia e nem queria desmantelar toda a tessitura institucional gerada pela população, e tampouco era possível interferir no funcionamento de entidades ideológicas e setoriais associadas, porém necessário abrir canais centrífugos. A área da educação pública era

primordial, pois não só formava as novas gerações de israelenses, mas constituía um fator de socialização e integração da heterogênea massa de imigrantes. A Lei Estatal de Educação do ano de 5.713 (no calendário hebraico, correspondente a 1953 no gregoriano) desempenhou um papel fundamental nesse sentido. Setores educacionais seculares foram integrados em um único grupo, chamado de corrente estatal; o sionismo religioso recebeu seu próprio setor denominado corrente estatal religiosa; e os ultraortodoxos continuaram a controlar a sua própria corrente, chamada de "independente". A intenção de unificar todo o sistema educacional foi frustrada pela pressão exercida pelos setores religiosos, embora os seculares estivessem unificados. Com isso, enfraqueceu-se notavelmente a influência das correntes políticas sobre a educação.

O estadismo de Ben-Gurion criou um senso de responsabilidade pública que legitimou a autoridade do Estado, segundo a análise de Peter Medding. Pela primeira vez em dois milênios, o povo judeu se constituiu em um Estado e por isso era necessário readaptar as culturas políticas. As festas religiosas foram imbuídas de conteúdo nacional e civil como a luta pela liberdade dos judeus e as estações agrícolas. No entanto, um dos problemas ideológicos suscitados pela nacionalização liderada por Ben-Gurion e seu partido, o Mapai, foi que ela deixava de lado os ideais socialistas em favor dos ideais nacionais. O objetivo de colocar todos os grupos da sociedade judaica na Palestina sob a soberania do Estado de Israel foi alcançado rapidamente devido à força institucional que o sionismo possuía e ao fato de que a transição do Mandato Britânico para a independência, embora ocorresse em condições de guerra, ter sido realizada com base em estruturas que já funcionavam com pessoal treinado e sem improvisações. A luta política foi transferida para o Knesset (Parlamento), no qual diversos setores foram integrados sob forma de partidos políticos. Esse processo tinha um aspecto negativo, ou seja, os partidos políticos e sobretudo o Mapai, fizeram uso intensivo das suas quotas de poder para oferecer empregos em entidades governamentais e semigovernamentais – como a Agência Judaica, o Fundo Nacional Judaico e outros – de forma clientelista, aos seus próprios partidários, dividindo assim o setor público. Somente depois de uma década, em 1959, foi aprovada a lei que exigia nomeações meritocráticas por concurso na maior parte do funcionalismo público.

O estadismo obteve seu melhor resultado na área judicial. Embora, devido ao *status quo* secular-religioso, os tribunais rabínicos não tenham deixado de monopolizar a área das relações matrimoniais e pessoais, o restante do sistema judicial foi instituído sobre uma base totalmente profissional, neutra e politicamente autônoma, usando os precedentes da vigente legislação britânica e otomana, além da lei judaica. A isso foi acrescentado um extenso *corpus* de legislação israelense. A Suprema Corte de Israel passou a funcionar não apenas como um tribunal de última instância, mas também como tribunal que decide sobre a constitucionalidade da legislação.

No que diz respeito às diásporas judaicas, Ben-Gurion não concedeu nenhum direito especial ao judaísmo da diáspora em Israel, além do direito à cidadania israelense para os judeus, mediante a imigração ao país – a Lei do Retorno do ano de 5.710 (no calendário hebraico, equivalente a 1950 no gregoriano). Essa lei foi reformada e ampliada em 1970 de modo a incluir filhos e netos de judeus. Contudo, desde o início, a lei não resolveu o problema de como definir quem é judeu, deixando isso a critério dos tribunais, até que a reforma de 1970 definiu como judeu a pessoa de mãe judia ou que se converteu ao judaísmo e não é membro de outra religião.

A Agência Judaica, dependente da Organização Sionista Mundial, transformou-se em um instrumento estatal que operou em conjunto com o governo no processo de imigração e integração, de forma intensa, desde meados de maio de 1948.

O sistema de representação proporcional levou à imposição da responsabilidade coletiva dos partidos que compunham as coligações do governo, e esse foi um passo em direção à visão estadista por conta de interesses setoriais ou particularistas. O preço político desse processo foi o enfraquecimento do Knesset, especialmente nas primeiras décadas de existência de Israel, devido à combinação de coligações controlada por um grande partido – o Mapai –, que conseguia "distribuir" o poder dentro da coalizão e, por outro lado, ao decisionismo político personificado em Ben-Gurion e seus ministros. Asher Arian explicou que embora o partido que possuísse a primeira maioria – o Mapai, liderado por Ben-Gurion até 1963 – conseguia criar coligações estáveis ao escolher cuidadosamente seus parceiros de governo, o Knesset enfraquecia e Israel funcionava cada vez mais como um sistema parlamentar majoritário, ao estilo Westminster, do que como um representativo proporcional. Portanto, no âmbito da visão e da prática estadistas que caracterizaram os governos de Ben-Gurion, o equilíbrio de poderes foi perdido em favor de um claro predomínio do governo sobre o Knesset e se preservava a neutralidade do sistema judicial.

De acordo com a análise de Alan Dowty, tudo isso significava que a centralização do sistema político por meio do estadismo benguroniano havia gerado, por um lado, um sistema de governo autônomo e forte que gozava de elevados níveis de legitimidade popular refletidos na alta participação eleitoral. Por outro lado, quase não existiam movimentos e protestos antissistêmicos. Grande parte do sistema de comunicações – rádio e imprensa escrita – era controlada, direta ou indiretamente, pelo governo e pelo Mapai, que fiscalizava a maior das organizações sindicais, a Histadrut. O monopólio radiofônico da estação Kol Israel (em hebraico, A Voz de Israel), que transmitia em hebraico e árabe – línguas oficiais do país –, mas também numa série de idiomas que refletiam a diversidade imigratória de Israel, bem como o cinejornal *Carmel* e a imprensa escrita, com seus jornais em hebraico, árabe e vários idiomas de imigrantes, aderiram à censura de segurança para garantir que a narrativa estadista seria aquela consumida pela sociedade israelense. Somado a tudo isso estava a *vaadát ha-orkhim* – Comitê de Editores (dos principais jornais). Foi fundada em 1942, mas só em fevereiro de 1948 estabelecido o primeiro acordo de censura voluntária formal, chamado "os 16 Não". Ele incluía a proibição de informar sobre movimentações militares, sobre o paradeiro de elite política (para evitar atentados), a localização de instalações e infraestruturas sensíveis, e informações que pudessem gerar pânico. Em 1950, foi assinado um acordo entre o Comitê de Editores e o censor militar. O censor se comprometeu a não censurar os jornais liderados pelos membros do comitê e eles se comprometeram a não recorrer de qualquer decisão do censor na Suprema Corte de Israel, na sua qualidade de Supremo Tribunal de Justiça. Era um arranjo conveniente para ambas as partes, uma vez que os editores membros do comitê eram informados pelo próprio Ben-Gurion, por um ministro ou por um alto chefe militar sobre a real situação que o país vivia, especialmente, porém não apenas, com relação a questões de segurança e, por outro lado, a sua própria autocensura os forçava a não publicar essa informação "para o bem da segurança nacional".

Nesse plano de fundo informativo, durante a primeira década de Israel, houve uma exceção, o semanário *Ha-Olam ha-Ze* (em hebraico, Este Mundo), editado por Uri Avnery e Shalom Cohen, adquirido por ambos em 1950. Esse semanário publicava uma mescla de fofocas, notícias e comentários políticos altamente críticos ao governo e a Ben-Gurion, que muitas vezes escapavam da censura. Seu *slogan* era: "Sem medo, sem favoritismo." Tudo temperado com alguns escândalos sexuais e fotos de mulheres seminuas. Avnery e Cohen mantiveram uma linha dura anti-*establishment*, enfrentando Ben-Gurion e seus jovens seguidores de então – Moshe Dayan, Shimon Peres e Teddy Kollek –, o poder concentrado no partido Mapai e a influência do Schin Bet (em hebraico, acrônimo de Sheirut Bitakhon, ou seja, Serviço de Segurança – contrainteligência interna), que comparavam com as estruturas repressivas de países autoritários e apelidavam de "mecanismo do obscurantismo", bem como a lei de difamação e censura. Avnery e Cohen atacavam a governança militar instituída sobre a população árabe, a apropriação de terras árabes, estavam alinhados com a necessidade da coexistência judaico-árabe e finalmente com o reconhecimento de um futuro Estado palestino. Em repetidas ocasiões, os membros do Comitê de Editores compartilharam fatos autocensurados com a equipe editorial do *Ha-Olam ha-Ze* que, muitas vezes, foram publicados no semanário. Os círculos governamentais e a imprensa autocensurada marginalizaram ao máximo essa publicação "escandalosa", tanto que a chamavam de "um certo semanário", sem sequer mencionar seu nome. Apesar de tudo, ele era muito lido, especialmente pelas elites, tanto pelas suas críticas como pela informação e análise que proporcionava e que quebravam a narrativa centralista proveniente do governo.

As instituições autônomas eram: a Histadrut (em questões de saúde, assistência social, aposentadorias e salários); o Rabinato Central (em relação a questões pessoais, desde a definição de quem é judeu até casamentos); a Agência Judaica (em relação à imigração, assentamento, desenvolvimento e relações com a diáspora judaica); e o Fundo Nacional Judaico (aquisição e administração de terras públicas). Elas coordenavam suas atividades para agir em paralelo com os ministérios governamentais, porém muitas vezes duplicavam suas ações e complicavam a administração. Mesmo sem uma Constituição escrita – embora tenha sido lentamente substituída por Leis Básicas que lidavam com questões constitucionais fundamentais – as regras do jogo político e os direitos e liberdades fundamentais para uma democracia deviam ser definidas. Esse problema continua a existir. Isso operava contra o estadismo, já que a forma de resolver os problemas era por meio de negociação regateada, de acordo com as tradições políticas judaicas do exílio. A técnica preferida para resolver confrontos era a cooptação de líderes dissidentes, aplicada com relação às minorias não judaicas (árabes, drusos, circassianos, beduínos). Se a *mamlakhtiút* conseguiu gerar elevados níveis de estabilidade política e de governabilidade, também causou fortes pressões sociais e políticas que explodiram nas décadas seguintes.

A população árabe de Israel, se bem que muito reduzida e desintegrada socialmente, representava um sério desafio, pois Israel havia se declarado um Estado judeu e democrático ao mesmo tempo. A população árabe em Israel no final de 1948 constituía 15% da população dos territórios controlados por Israel. Gozava de direitos civis e políticos e esteve representada no Knesset desde as primeiras eleições parlamentares, conquanto vivesse, em sua maioria, sob governança militar. Na primeira eleição, três cidadãos árabes foram eleitos para a assembleia do Knesset. Dois representantes da Lista

Democrática de Nazaré – partido árabe cooptado pelo Mapai – e um representante do Maki (acrônimo em hebraico de Miflagá Komunístit Israelít - Partido Comunista Israelense). Isso significava que grande parte dos árabes não tinha votado ou, se o fizera, não votara em candidatos árabes. A governança militar foi concebida com base em uma estrutura geográfica que incluía áreas populacionais árabes – dentro das quais havia populações judaicas, sobre as quais esse mecanismo não foi implementado –, enquanto para as populações urbanas árabes, as políticas de controle eram muito mais liberais. A governança militar sobre a população árabe nunca foi implementada em Haifa. Em outras áreas urbanas foi efetivada por um curto período, até 1949 e, em Acre, até 1951. A governança militar sobre a população árabe de Israel foi discutida publicamente e a grande pressão gerada levou a que fosse eliminada no final de 1966.

Ilan Pappé afirma que a governança militar e as políticas referentes à população árabe em Israel foram objeto de discussões nos círculos governamentais. Ele também ressalta que na própria Declaração de Independência de Israel foram estabelecidos os princípios de justiça, liberdade e paz para todos os habitantes de Israel, segundo a tradição dos profetas. Da mesma forma, os árabes em Israel foram conclamados a não participar da guerra ou de qualquer tipo de hostilidade contra Israel e a cumprir o seu papel no desenvolvimento do Estado, com base numa cidadania igual e completa. Pappé alega que nos círculos governamentais se desenvolveram duas alas em relação às políticas "árabes" do governo israelense. Uma de caráter mais liberal, de consultores e políticos especializados, e outra que se baseava em considerações de segurança.

Essa posição de Ilan Pappé antecede em mais de uma década a publicação de seu livro *A Limpeza Étnica da Palestina* e contradiz o argumento levantado no referido texto. Se, como documenta Pappé, houve tantas discussões e tantas dúvidas, além do fato de que as decisões foram implementadas "frouxamente", o que nos faz supor que o plano diretor de limpeza étnica foi executado ou existia na guerra de 1947-1949, quando o Estado de Israel – desde maio de 1948 – tinha graves problemas e menos capacidade para executar suas próprias políticas? Esse texto de Pappé enquadra a situação durante a primeira década de forma bastante precisa, com base em fatos concretos. O grupo liberal era liderado por: Moshe Sharett (ministro das Relações Exteriores); Bechor-Shalom Shitrit (ministro das Minorias por um breve período em 1949, pois o referido ministério foi eliminado naquele mesmo ano e Shitrit tornou-se ministro da Polícia); Yitzhak Ben-Zvi (segundo presidente de Israel, 1952-1963); Pin'has Lavon (secretário-geral da Histadrut em 1949-1950, depois ministro da Agricultura e ministro da Defesa durante o governo Sharett); Yitzhak Gruenbaum (ministro do Interior no governo provisório); e o coronel (mais tarde general) Elimelech Avner, nomeado governador militar das regiões árabes em Israel. Eles mantinham uma linha que exigia encurtar e limitar o domínio militar sobre a população árabe, para que ela se integrasse mais rapidamente na sociedade israelense. No entanto, Avner se queixava da ausência de políticas claras e da medida exagerada de autoridade que a legislação de emergência britânica (1945), que constituía a base jurídica do governo militar, concedia a cada um dos subgovernadores militares em sua área, pois lhes permitia tratar a população árabe de forma autoritária e inclusive despótica. A linha liberal tinha, como objetivo, por meio da limitação e eliminação do domínio militar sobre a população árabe, gerar um horizonte pacificador entre as populações judaicas e árabes de Israel, a fim de promover o projeto do Estado judeu democrático.

O grupo focado na segurança era principalmente formado por especialistas em assuntos árabes que serviam de assessores do governo. Foi liderado por: Yehoshua Palmon, oficial de inteligência da Haganá e mais tarde o principal assessor de Ben-Gurion para assuntos árabes; Michael Assaf, que editava o jornal em árabe da Histadrut e escrevia sobre assuntos árabes no *Davar*, o jornal do Mapai, partido que encabeçava o governo; Ezra Danin, que provinha da inteligência da Haganá; e Meir Argov, que presidia a comissão de segurança e relações exteriores do Knesset. Esse grupo reafirmava a teoria de que os árabes palestinos que permaneceram dentro dos limites de Israel eram uma quinta coluna e, portanto, um governo militar forte se fazia necessário. O grupo conseguiu ganhar força dentro do Mapai, chegando mesmo a influenciar Ben-Gurion. Sharett, Shitrit e outros argumentaram a favor da concessão de cidadania israelense a todos os árabes residentes em Israel no final da guerra de 1947-1949. Em particular, foi discutida a ideia de lhes conceder o direito de voto.

A lei da cidadania foi promulgada em abril de 1952 e estabeleceu que os habitantes árabes que haviam sido cidadãos da Palestina durante o Mandato Britânico e residiam em território israelense no final da guerra de 1947-1949 receberiam a cidadania israelense, assim como todos os árabes nascidos em território israelense, filhos de pai ou mãe que fosse cidadão israelense. A cidadania e o direito de voto não resolveram as limitações de movimento, os toques de recolher e as detenções administrativas que caracterizavam o governo militar.

Na primeira década, não foram registradas redes de espionagem interna ou terrorismo árabe. De mais a mais, quando Israel conduziu uma experiência piloto de recrutamento para o exército israelense no setor árabe, em julho de 1954, a maioria respondeu positivamente. Da lista de 4.520 nomes publicada na convocação apresentaram-se 4.000.

A liderança árabe local era, em geral, favorável a um processo de integração na sociedade israelense e de respeito pelas leis de Israel. As discussões internas entre as diversas linhas políticas – de comunistas a islamistas passando pelo panarabismo, o nacionalismo palestino e a adesão às formações políticas judaicas em Israel – eram fortes e contínuas. Nas eleições de 1949, votaram 79% dos árabes em Israel, ao passo que no setor judaico o índice foi de quase 87%.

Do lado árabe, aqueles que continuaram a viver dentro das fronteiras de Israel – denominados de nacionalidade palestina e cidadania israelense, "árabes de 1948", "árabes internos" ou "palestinos de 1948" – desenvolveram uma narrativa segundo a qual se converteram em cidadãos de segunda classe ou cidadãos discriminados. Do lado judeu, a população árabe de Israel era vista por grandes segmentos com desconfiança, acusada de lealdade ao inimigo palestino e árabe externo. A expropriação de terras árabes – mesmo para fins públicos legítimos como a construção de estradas, aquedutos, bases militares ou outros – fundamentava-se na lei sobre as propriedades dos ausentes do ano de 5.710 (no calendário hebraico, equivalente a 1950 no gregoriano) e a lei de aquisição de terras (ratificação de atividades e compensações) de 5.713 (no calendário hebraico, equivalente a 1953 no gregoriano), para modificar completamente o mapa e a distribuição demográfica internos de Israel de acordo com os objetivos do projeto sionista. A saída dos refugiados árabes deixou nas mãos de Israel uma grande quantidade de terras que, por meio da referida legislação e decisões políticas aprovadas por Ben-Gurion em dezembro de 1948, permitiram a execução de um amplo projeto de redistribuição populacional.

No equilíbrio utópico e desejado entre o judeu e o democrático no Estado de Israel, a primeira década foi sem dúvida muito favorável para o Estado judeu e pouco favorável para o Estado democrático. As prioridades estabelecidas pelos primeiros governos de Israel – segurança, imigração, desenvolvimento – receberam um forte aval judaico, resultado não só do cumprimento de objetivos ideológicos, mas de desenvolvimentos estruturais e circunstanciais.

Nem tudo foi improvisação e falta de assessoria por parte dos especialistas na primeira década do Estado, como sugere Benjamin Aktzin, o fundador da ciência política em Israel, e Yehezkel Dror, que estabeleceu o estudo da administração pública no país. Em questões de terra e habitação, bem como de assentamentos agrícolas e urbanos, foi delineada e levada a cabo uma estratégia clara. A dispersão da população talvez fosse um resquício do conceito predominante no *ischuv* durante o Mandato Britânico, segundo o qual a presença física judaica determinava a posse territorial e posteriormente a soberania, sobretudo nas regiões fronteiriças. Um fenômeno centro-periferia foi gerado, que perpetuou as diferenças de origem étnica, antiguidade no país, de níveis de desenvolvimento e de acesso a recursos econômicos e culturais. Isso ocorreu tanto no setor agrícola como no urbano e o conceito de "regiões em desenvolvimento" tornou-se sinônimo da periferia menos desenvolvida, habitada sobretudo por novos imigrantes. Na área agrícola, esse fenômeno era percebido claramente nas diferenças entre os novos *kibutzim*, estabelecidos em geral por grupos de jovens com uma clara visão ideológica sionista e inscritos no âmbito do Nahal (acrônimo em hebraico de Noar Halutzí Lokhêm – jovens pioneiros combatentes), oriundos de movimentos juvenis sionistas, das correntes políticas dos *kibutzim* e do exército; e os *moschavim*, assentamentos agrícolas, geralmente cooperativas, de novos imigrantes, patrocinados pelos diferentes partidos políticos. O conceito de *moschav* foi baseado em assentamentos numa base familiar com estruturas cooperativas. Desde 1948 foram estabelecidos *moschavim* de imigrantes (em hebraico, *moschavei olim*), geralmente nas terras dos árabes palestinos ausentes, mas também em casas abandonadas ou expropriadas. Como se tratava de assentamentos de planejamento central, foi feita uma tentativa de manter a coesão do grupo de imigrantes por meio da origem. Nos casos em que duas origens se misturavam, surgiram tensões entre elas. O treinamento agrícola dos habitantes dos *moschavei olim* foi realizado por antigos membros do *moschav* e do kibutz, às vezes voluntários, a maioria assalariada. Os habitantes dos *moschavei olim* foram empregados pelo Estado e pela Agência Judaica na construção de suas próprias casas, estradas de acesso, infraestrutura e outras tarefas de desenvolvimento, enquanto paralelamente desenvolviam suas atividades agrícolas. O Nahal foi criado em dezembro de 1948 com base numa carta (de agosto de 1948) na qual os movimentos juvenis sionistas que pediam um marco militar pioneiro próprio temiam que, diante do recrutamento militar obrigatório de todos os jovens – homens e mulheres – a partir dos dezessete anos, os núcleos pioneiros desses movimentos, que visavam preparar grupos de jovens para fundar novos *kibutzim*, fossem diluídos no âmbito do serviço militar. Foi assim que se estabeleceu essa unidade especial do exército (inicialmente no âmbito da Gadná, órgão de formação pré-militar) de mulheres e homens, que foram treinados militarmente, mas fizeram grande parte do serviço militar obrigatório em tarefas agrícolas e, finalmente, fundaram novos *kibutzim* fronteiriços. O Nahal tornou-se uma reserva de recrutamento para os *kibutzim*, embora a maioria dos soldados que serviu nesse ramo do exército não permaneceu ali após completar o serviço militar.

A primeira década de Israel (1949-1959) foi caracterizada por políticas de racionamento impostas pelo governo, cujo principal objetivo era alcançar o equilíbrio macroeconômico por meio do fortalecimento da moeda do novo Estado: a libra (ou lira) israelense. O mecanismo envolvia a redução da demanda e do consumo interno juntamente com um controle rigoroso da venda e da posse de moeda estrangeira, bem como o incentivo a investimentos no país. Foi uma política de emergência econômica adotada pelo primeiro governo diante de uma situação grave caracterizada por despesas de segurança, por um lado, e pela onda de imigração, por outro. Também foi criado um ministério de abastecimento e racionamento. O dr. Dov Joseph foi nomeado ministro devido à sua experiência como governador (militar) de Jerusalém durante a guerra de 1947-1949, período em que demonstrou capacidade para enfrentar a emergência alimentar e de recursos que a cidade sofreu pelo fato de ficar sitiada por muitos meses. Por ser membro do Mapai e próximo de Ben-Gurion, era responsabilidade de Dov Joseph impor a política chamada de *tzéna* (austeridade). Ela causou uma agitação social que, por associação, transformou Dov Joseph em objeto de ressentimento popular, até que seu ministério foi eliminado em 1951, embora a política de racionamento continuasse até 1959.

A política de rigorosa austeridade e manutenção do valor da libra israelense mudou em 1952. Dado que a moeda israelense foi desvalorizada, procurou-se equilibrar o orçamento, acelerou-se o subsídio aos investimentos-importação de capitais e aumentou a tributação sobre artigos de luxo. Os investimentos na agricultura e na construção, bem como as políticas de austeridade conseguiram prover uma capacidade básica de consumo para toda a população e um teto, mesmo que muito precário, para cada um. Em 1954, formou-se uma economia rumo a um crescimento constante e rápido.

O problema do boicote econômico árabe contra Israel recrudesceu. Suas origens foram as graves tensões entre judeus e árabes na Palestina. A partir de dezembro de 1945, o lado árabe deu início a um boicote econômico contra a parte judaica da Palestina. Esse processo se expandiu em 1949 após a derrota árabe, e em 1950 a Liga Árabe o formalizou pela declaração de um boicote não apenas contra Israel, mas contra as empresas que mantinham relações econômicas com Israel. Naquele ano, o Egito proibiu, em violação do direito internacional, o trânsito de navios que se dirigiam para Israel pelo Canal de Suez.

O modelo econômico funcionou e as tensões laborais aumentaram. Essas tensões eram de natureza social e econômica, embora também fossem políticas e refletissem o confronto entre o Mapai – que controlava o governo e a Histadrut – e os partidos da esquerda marxista – o Mapam e o Partido Comunista.

A greve dos marinheiros mercantes, em novembro-dezembro de 1951, durou 43 dias. Foi liderada por dois ex-combatentes do setor naval do Palmakh, o capitão Ike Ahronovitch (que havia comandado o navio de imigrantes ilegais "Exodus" em 1947) e o contramestre Nimrod Eshel. Condições salariais de trabalho, falta de segurança e navios antiquados que mal funcionavam geravam péssimas condições de vida para os marinheiros mercantes, em comparação com as dos seus colegas em qualquer frota estrangeira. Isso os levou a rebelar-se contra a hegemonia do Mapai no Conselho Operário de Haifa e a fundar um novo sindicato de marinheiros mercantes com fortes tendências solidárias de esquerda. Para Ben-Gurion, essa greve era muito perigosa pelo precedente que estabelecia. Houve incidentes violentos entre os marinheiros e uma espécie de milícia do Mapai comandada por Yosef Almóg[u]i, um dos líderes da Histadrut em Haifa. É importante ressaltar que os marinheiros mercantes estavam isentos do serviço militar e inclusive de servir como reservistas. Portanto, Ben-Gurion usou sua prerrogativa como ministro da Defesa para afirmar que, ao permanecerem em greve, os marinheiros já não estavam desempenhando sua função e, consequentemente, deveriam ser recrutados pelo exército. O recrutamento de marinheiros mercantes desencadeou controvérsias, já que os oficiais do exército não queriam que as FDI fossem utilizadas para furar greves, além do fato de que grande parte dos grevistas era de combatentes experientes da guerra de 1947-1949. Em 21 de dezembro, foi acordado com a Histadrut que os grevistas retornariam ao trabalho e que o governo libertaria os recrutados ao exército. As condições de trabalho dos marinheiros mercantes melhoraram e eles foram autorizados a eleger seus representantes sindicais. Contudo, Nimrod Eshel não foi reintegrado ao seu cargo e por treze anos migrou de um emprego para outro, até que decidiu trabalhar fora de Israel, onde conseguiu passar de contramestre a capitão. Israel pouco a pouco se afastava de suas origens socialistas.

No outro polo político, tanto os ultranacionalistas (ex-membros do Lehi) como os religiosos ultraortodoxos criaram organizações de resistência extraparlamentares, que se opunham às políticas estatais. O primeiro dos grupos de resistência, liderado pelo rabino Mordechai Eliyahu – que atuou como rabino-chefe sefardita de Israel entre 1983 e 1993 – e o rabino Shlomo Lorincz – que serviu durante muitos anos como membro do Knesset (1951-1984) representando os partidos Agudat Israel e Frente Religiosa da Torá (1974-1984) – foi chamado de Brit ha-Kanaím (em hebraico, União dos Fanáticos). Seu objetivo era impor pela força uma teocracia judaica baseada nas leis da *Torá*. A Brit ha-Kanaím começou a atuar em 1949 atacando as empresas que funcionavam no schabat (sábado, imposto oficialmente como um dia de descanso de acordo com a lei religiosa judaica), contra aqueles que comercializavam carne de porco e, sobretudo, contra a política do governo israelense de alistar mulheres nas fileiras do exército. Também atacou cafés, cinemas, ônibus da empresa Eg[u]ed, que circulavam no sábado. No total, quarenta membros desse movimento de resistência foram presos e maltratados pela polícia.

No final da guerra de 1947-1949, os membros do Lehi ocultaram parte de seus armamentos em cavernas localizadas nas florestas que rodeavam Jerusalém, no Vale da Cruz e em Tel Aviv. A partir de 1951, Yaakov Heruti e Shimon Bachar (ex-membros do Lehi) organizaram um grupo de resistência inspirado na expressão *malkhut Israel* (reino de Israel) – usada por Yair Stern, fundador do Lehi, e por Uri Zvi Greenberg, poeta, publicitário e membro intelectual do Etzel e do Knesset pelo partido Herut (Liberdade) da direita nacionalista, herdeiro político do Etzel. Esse movimento de resistência também era conhecido como Makhtéret Tzrifín (Resistência de Tzrifín, nome do campo militar em que foram realizadas as cortes marciais contra membros do grupo, em 1953). O Makhtéret Tzrifín reagiu contra julgamentos antissemitas – como o de Rudolf Slánský, judeu e ex-secretário-geral do Partido Comunista da Checoslováquia – e o dos médicos judeus em Moscou durante o governo de Stálin. Depois de plantarem uma bomba falsa na delegação da Checoslováquia em Tel Aviv, em novembro de 1952, membros do grupo colocaram uma poderosa bomba no jardim da delegação da URSS em Tel Aviv. Como resultado, a URSS rompeu relações diplomáticas com Israel. O Schin Bet prendeu os membros do Makhtéret Tzrifín e os submeteu a julgamentos militares, independentemente do fato de serem civis. O Malkhut Israel foi declarado um grupo terrorista. As penas foram dez anos de prisão para Heruti e doze para Bachar. Dois anos depois, o ministro da Defesa Lavon concedeu anistia a todos os condenados do Malkhut Israel. Esses grupos foram reprimidos pelo Estado com base na legislação antiterrorismo, herdada do Mandato Britânico e da lei militar.

A guerra de 1947-1949 ocorreu num contexto no qual a tragédia do Holocausto (Schoá) era onipresente. O papel de Israel, enquanto Estado-refúgio, foi acompanhado desde o início por seu antagonismo como Estado em conflito em relação à questão árabe. A recepção de sobreviventes nas duras condições bélicas de 1948-1949 foi um problema maior. Seu impacto, em nível pessoal, ainda se faz presente na terceira geração dos descendentes daqueles imigrantes. O tema é constantemente discutido e revivido. O Holocausto parece estar presente, projetando sua sombra sobre a sociedade israelense. Dalia Ofer alega que a sociedade israelense colocou o Holocausto como tema central em seu discurso público, mesmo antes do início de sua vida estatal e especialmente durante a primeira década da sua existência soberana.

Em 1951, David Ben-Gurion apresentou ao governo da Alemanha Federal um pedido coletivo de reparações de 1,5 bilhão de dólares. O valor foi calculado com base no custo de absorção de meio milhão de sobreviventes judeus do Holocausto que chegaram a Israel, a uma taxa de três mil dólares per capita. Isso despertou na esfera pública israelense um debate em que tanto o partido Herut (direita nacionalista) como o Mapam e o Partido Comunista Israelense se opuseram ao próprio fato de negociar com a Alemanha. Entretanto, Ben-Gurion obteve a maioria política sob o lema: "Que os assassinos do nosso povo não sejam também seus herdeiros!" Finalmente, foi acordada uma indenização de 845 milhões de dólares que a Alemanha Federal pagou ao Estado de Israel em dinheiro e em mercadorias (máquinas, trens, navios, equipamentos industriais) entre 1953 e 1965. Essa foi a base para o estabelecimento de relações diplomáticas entre os dois países (1966). A esse valor foram adicionadas as reivindicações individuais cujas somas eram muito maiores (*per capita*) e tiveram que ser concedidas pelo governo federal alemão aos judeus que haviam sido vítimas do Holocausto em todo o mundo e em Israel, sob a forma de compensações e pensões individuais. Tais reparações contribuíram para fortalecer economicamente um país cuja base material e infraestrutura eram débeis em 1948 e para integrar a massa de imigração judaica da Europa e dos países árabes. As reparações individuais aprofundaram a fissura econômica entre judeus asquenazitas e orientais. Como afirma Paul Johnson, o Holocausto e a criação do Estado de Israel estiveram organicamente relacionados, se bem que de acordo com os escritos de Yehuda Bauer não há relação causal entre ambos os fenômenos.

Uma série de *lieux de mémoire* foi estabelecida a partir do final da guerra, primeiro na Palestina Britânica e depois no Estado de Israel. Desde então, placas, memoriais e monumentos foram colocados para lembrar as vítimas do Holocausto em todo o país. A memorialização da Schoá contém iniciativas pessoais, de grupos e oficiais, ou seja, do plantio de florestas em memória das vítimas até a construção da Câmara do Holocausto no Monte Sião (criada no final da década de 1940 pelo Ministério dos Assuntos Religiosos de Israel e na qual são lembradas as comunidades judaicas exterminadas no

Holocausto). Assim como programas educacionais e de radiodifusão, bolsas de estudo para filhos de sobreviventes do Holocausto e nomes alusivos não apenas ao extermínio, mas a eventos heroicos que ocorreram naquela época, como o kibutz Yad Mordechai (Monumento a Mordechai), em memória de Mordechai Anielewicz, comandante da revolta do Gueto de Varsóvia, e o kibutz Lokhamei ha-G[u]etaót (Combatentes do Gueto). Ofer afirma que essa narrativa foi estruturada em termos de destruição (o Holocausto) e de renascimento (a criação do Estado). Um dos temas suscitados foi a passividade da maioria das vítimas do Holocausto face ao ativismo sionista na Palestina e nos guetos da Polônia e da Lituânia. Mais tarde, as interpretações do Holocausto foram aprofundadas, matizadas e explicadas. Contudo, a narrativa antinomiana deixou vestígios por muito tempo; a certeza de que para Israel o Holocausto jamais deve se repetir e que o seu eco na esfera pública contém um forte efeito preventivo o que, por sua vez, destaca a ameaça existencial em termos de extermínio. Em contraposição ao estudo de Ofer, Idith Zertal descreveu a década de 1950 como um período de "silêncio organizado" no que tange às percepções do Holocausto em Israel. Zertal apontou que a mudança na política em relação ao Holocausto começou com a captura e o julgamento de Adolf Eichmann.

O simbolismo do Holocausto como referencial identitário obrigatório para a formação do caráter israelense se solidificou com a construção do Yad Vashem em Jerusalém, a instituição oficial de Israel para a lembrança do Holocausto, dos mártires e do heroísmo. O parlamento israelense decretou, em 1953, a Lei Yad Vashem, estabelecendo a Autoridade de Recordação dos Mártires e Heróis do Holocausto que concedeu ao Yad Vashem grande parte da tarefa de coletar, pesquisar, lembrar e centralizar tudo relacionado à Schoá. Anos mais tarde (1959), o Knesset promulgou a "Lei do Dia da Recordação do Holocausto e do Heroísmo". O complexo que compõe o Yad Vashem inclui vários museus (entre eles, o do Holocausto); institutos de ensino e pesquisa (a Escola Central Para a Educação Sobre o Holocausto e o Instituto Internacional Para

Pesquisa do Holocausto); locais de memória (em homenagem às vítimas assassinadas, às crianças sacrificadas, às comunidades judaicas devastadas e aos "gentios justos do mundo" que arriscaram suas vidas para salvar os judeus); salas de cerimônia e conferências e biblioteca/hemeroteca. A importância do Yad Vashem se reflete no grande santuário dedicado à memória das vítimas do Holocausto. Por essa razão, arde ali uma chama eterna que, consequentemente, lembra as vítimas e mantém essa memória sempre presente e atual.

Outro símbolo na história da construção da identidade israelense em torno da Schoá tem sido, é claro, o Dia do Holocausto, oficialmente denominado Iom ha-Zikarón la-Schoá ve-la-Gvurá (Dia da Recordação do Holocausto e do Heroísmo). Decretado em 1959 pelo então primeiro-ministro de Israel, David Ben-Gurion, e o presidente do Estado, Yitzhak Ben-Zvi, é comemorado, segundo o calendário hebraico, treze dias após Péssakh e oito dias antes do Dia da Independência. Às 10h00 da manhã soam em todo o país as sirenes de ataque aéreo para impor por dois minutos a cessação de toda atividade e o silêncio. Toda a população interrompe suas tarefas e se levanta, silenciosamente. O tráfego urbano e interurbano fica paralisado e as pessoas saem dos veículos para homenagear a memória das vítimas. As bandeiras do país permanecem hasteadas a meio mastro. Uma semana depois, são realizadas cerimônias públicas semelhantes que lembram os que tombaram nas guerras de Israel, o que reforça mais uma vez o vínculo entre o Holocausto e o conflito árabe-israelense.

Em 1954 e 1955, teve lugar o julgamento de Kastner no Tribunal Distrital de Jerusalém. O julgamento começou com uma acusação do procurador-geral Haim Cohn contra Malkiel Gruenwald, um religioso nacionalista membro do partido Mizrahi, que acusou publicamente Rudolf Israel Kastner – então porta-voz do ministro da Indústria e Comércio, Dov Joseph e, portanto, funcionário público – de ter colaborado com os nazistas na deportação e extermínio de meio milhão de judeus húngaros durante o Holocausto. Kastner havia negociado com os nazistas alemães que ocupavam a Hungria e conseguira organizar um trem de resgate que evacuou

1.684 judeus da Hungria para a Suíça. Esse processo se converteu em um escândalo nacional ao abrir o debate sobre a atitude da liderança sionista na Palestina do Mandato Britânico em relação ao Holocausto. Por outro lado, Moshe Sharett substituíra David Ben--Gurion como primeiro-ministro de janeiro de 1954 a novembro de 1955, período em que ocorreu o julgamento. A decisão do juiz Benjamin Halevy foi que Israel Kastner deveria ser descrito como alguém que "vendeu sua alma ao diabo (os nazistas)", enquanto Malkiel Gruenwald foi considerado inocente na maior parte das acusações. A defesa de Gruenwald ficou a cargo de Shmuel Tamir, advogado e político, membro do partido nacionalista Herut, que desferiu um ataque feroz contra Kastner e o Mapai. Tamir fez duas acusações: 1. Kastner colaborou com os nazistas e dessensibilizou o estado de alerta dos judeus húngaros mediante os rumores das negociações. Ele estava plenamente consciente dos planos nazistas de exterminar o judaísmo da Hungria, mas escondeu isso da comunidade judaica húngara. Assim, sem entender o que lhes aguardava, os judeus da Hungria embarcaram nos trens que os levaram à morte. 2. Kastner agiu em conluio com o Mapai e de acordo com os valores e a mentalidade colaborativa que tinha o partido. Tamir alegou que o Mapai cooperou com os britânicos durante a guerra e até com os alemães, antes e durante a guerra. A decisão desse julgamento foi objeto de recurso pelo Ministério Público perante a Suprema Corte. Contudo, em março de 1957, Israel Kastner foi assassinado por um grupo de extrema-direita em Tel Aviv. Em janeiro de 1958, a Suprema Corte de Israel exonerou o dr. Israel Kastner *post-mortem* de qualquer suspeita ou acusação de colaboração com o nazismo. A crise desencadeada pelo julgamento no Tribunal Distrital de Jerusalém foi, em 1955, um dos fatores da demissão do governo de Moshe Sharett e o regresso de Ben-Gurion ao poder. Não obstante seu confinamento no kibutz Sde Boker e de sua súbita mudança de emprego, de primeiro-ministro a pastor de ovelhas, Ben-Gurion converteu sua cabana no kibutz num centro informal de poder que competia com o gabinete do primeiro-ministro em Jerusalém, ocupado por Moshe Sharett.

Sharett também teve que enfrentar outro escândalo provocado pelo fracasso, pela prisão e execução no Egito dos membros de uma rede de espionagem israelense composta por judeus egípcios, já que haviam falhado ao tentar realizar ataques terroristas contra alvos estadunidenses no Cairo e Alexandria para piorar as relações entre o Egito e os EUA. Esse episódio, chamado *ha-êssek ha-bisch* (o caso vergonhoso) ou o *affaire* Lavon (em nome de Pin'has Lavon, ministro da Defesa do governo Sharett), Operação Susannah ou simplesmente o *affaire*, eclodiu em julho de 1954. Treze membros dessa rede foram presos e julgados e os dois líderes executados em janeiro de 1955. A crise política provocada pelo *affaire*, que se resume na frase "Quem deu a ordem?", referindo-se à ordem para realizar os ataques incendiários em Alexandria e no Cairo, ocorreu paralelamente ao julgamento de Kastner e contribuiu para o enfraquecimento do Mapai. O coronel Binyamin Gibli, comandante da inteligência militar, afirmou que recebera a ordem do ministro da Defesa. Lavon, por sua vez, declarou que não havia dado tal ordem e que desconhecia tudo relacionado à Operação Susannah. O prestígio da inteligência militar israelense foi severamente abalado. Pin'has Lavon renunciou ao cargo de ministro da Defesa em fevereiro de 1955 e Ben-Gurion foi nomeado em seu lugar. Sharett continuou atuando como primeiro-ministro. Essa foi uma época de enormes tensões entre Sharett e Ben-Gurion. Embora o período em que Sharett atuou como primeiro-ministro de Israel, substituindo Ben-Gurion, tenha sido de crise, ele conseguiu ser uma alternativa a Ben-Gurion na prática política e apresentar outra interpretação da realidade. No entanto, Sharett perdeu a credibilidade quando foi revelado que, como primeiro-ministro, ele não tinha conhecimento da Operação Susannah. Gabriel Sheffer, autor da biografia política de Sharett, afirma que ele confrontou a linha militar-ativista de Ben-Gurion com uma alternativa diplomática e mais pacifista. Porém, o poder político voltou às mãos de Ben-Gurion, nomeado primeiro-ministro novamente em novembro de 1955, que impôs a linha militar-ativista, se bem que a corrente moderada que apoiou Sharett em seus quase dois anos como primeiro-ministro nunca desapareceu do coração do Partido Trabalhista.

Sheffer afirma que Sharett e seus colaboradores conseguiram moderar a atitude da dura *realpolitik* que caracterizava Ben-Gurion e seus partidários com argumentos humanistas e liberais. O confronto entre Sharett e Ben-Gurion esteve relacionado com a cisão do Mapai no início dos anos de 1960, com o eclipse político de Ben-Gurion em junho de 1963 e com a fundação, em 1965, do partido Rafi, acrônimo em hebraico de Reschimát Poalei Israel (Lista dos Trabalhadores de Israel), que existiu até 1968. A alternativa política moderada apresentada por Sharett deu continuidade à linha de negociação – isto é, política – que Haim Arlosoroff e Chaim Weizmann haviam utilizado no passado a respeito do conflito árabe-israelense. A orientação política de Sharett foi reativada décadas mais tarde para conseguir compromissos políticos com os países árabes e com os árabes palestinos. Sharett foi vítima do caso Kastner porque durante o Holocausto participara e liderara vários esforços para salvar judeus perseguidos pelo nazismo na Europa, incluindo as negociações conduzidas por Israel Kastner com os nazistas na Hungria. Sharett repetiu em diversas ocasiões que a linha de negociação ou de compromisso com os britânicos e outros foi usada como último recurso face à magnitude da tragédia da Schoá. O argumento de Sharett foi de que era impossível colocar-se no lugar das vítimas do Holocausto a partir de uma perspectiva externa e julgar as atitudes de indivíduos e comunidades judaicas inteiras que foram exterminados.

Moshe Lissak propôs o modelo da Nação em Armas, no qual os problemas de segurança seriam enfrentados por diversas combinações de elementos militares e civis, como o complexo militar industrial (produção de armas e suprimentos); o complexo militar-jornalístico (rádio militar, publicações militares, editora do Ministério da Defesa); o complexo militar-educacional-cultural (grupos artísticos militares, o papel dos soldados no ensino do hebraico aos imigrantes, a escola civil militar, a Gadná, que havia sido fundada no período da Haganá como estrutura para o treinamento pré-militar em 1940); e o complexo militar-pioneiro (Nahal, a fundação de novos *kibutzim* fronteiriços e o reforço dos existentes, em coordenação com os movimentos kibutzianos e os movimentos juvenis).

A base estratégica da doutrina de sobrevivência declarada por Ben-Gurion considerava três os principais problemas de Israel em relação à segurança. O primeiro era a clara vantagem demográfica dos países árabes inimigos sobre Israel. O segundo era que as sinuosas fronteiras resultantes da guerra de 1947-1949 privavam Israel de qualquer profundidade estratégica, ou seja, em sua parte mais estreita, no "gargalo" entre a fronteira da Jordânia e o Mediterrâneo, na região de Netania, em que Israel dispunha de 19 km de largura. O terceiro ponto era o custo do conflito prolongado que Israel tinha de enfrentar e que utilizava grande parte dos recursos de um Estado economicamente débil. Ben-Gurion conseguiu levar adiante uma política que sustentava que "a imigração rápida e extensa é um elemento da nossa segurança não igualado [nem sequer] pela guerra e pelos esforços de segurança". Para a doutrina da sobrevivência, o povoamento disperso e equilibrado em todo o país constituía outro ponto importante de segurança. No entanto, o deserto de Neg[u]ev, que cobria mais da metade do território de Israel, estava quase despovoado. A obtenção da máxima autonomia possível em todas as áreas, mas especialmente no tocante à água, a alimentos e armas, a garantia da ajuda externa e o transporte marítimo eram elementos essenciais para a segurança do país. A enunciação e a prática de uma política exterior da paz também era *sine qua non*. Para Ben-Gurion, o quinto e talvez o objetivo mais importante e original era transformar o exército em "uma oficina [geradora] de jovens pioneiros combatentes" e em "um elemento consolidador da nova imagem da nação", imbuindo a nova cultura e sociedade que estavam se desenvolvendo. Uma das ideias de Ben-Gurion era que os soldados – serviço militar obrigatório –, após o treinamento básico, receberiam capacitação para trabalhos agrícolas. Embora isso não tenha ocorrido, foi criado o Programa Nahal no âmbito do exército. Por outro lado, o serviço social e as tarefas de absorção de imigrantes, especialmente por meio do ensino da língua hebraica, do conhecimento do país, da assistência mútua, do respeito e amor pela natureza, eram percebidos como parte das tarefas educativas do exército para com as tropas e a sociedade em geral. O papel socializador do exército foi fundamental.

Zeev Drori afirma que no início da primeira década de existência de Israel o papel das FDI no empreendimento, planejamento e implementação de extensos programas de assentamentos agrícolas foi fundamental. Ben-Gurion, como ministro da Defesa, responsável pelas FDI, confiou-lhes a construção de estradas e aeroportos, bem como o cultivo de terras estatais e apoio à agricultura. As FDI prestaram serviços médicos, logísticos e educacionais e de informações aos moradores dos acampamentos temporários de imigrantes – *maabarót* – e fundaram 155 novos assentamentos agrícolas – *kibutzim* ou *moschavim* –, dos quais 58 estavam localizados em aldeias árabes despovoadas até o final de 1949. Além disso, juntamente com soldados que já haviam cumprido o serviço militar, estabeleceram 252 pontos de assentamento.

Do ponto de vista da segurança externa e interna – permeabilidade fronteiriça –, a primeira década até a Campanha do Sinai (outubro de 1956) foi um período de crise aguda. A passagem da fronteira dos países árabes vizinhos para Israel era chamada de *istanenút* (infiltração).

Três diferentes visões político-militares foram discutidas em torno do tema. A primeira, sobre a mão de ferro e a retaliação militar, foi defendida por Moshe Dayan, militar de carreira e um dos "jovens de Ben-Gurion". Predominou em certos períodos, embora tenha sido muito criticada fora e dentro de Israel. A segunda foi a visão diplomática de Moshe Sharett e finalmente a paz com os governos árabes. A terceira foi a de Ben-Gurion, que por fim prevaleceu. Ela era adepta da mão de ferro, porém levava em conta os fatores políticos, sobretudo os internacionais, que poderiam contribuir para a deslegitimação de Israel.

As infiltrações no território israelense começaram em 1948 e eram, em geral, tentativas dos refugiados árabes-palestinos de retornar aos seus lares. Após a assinatura do armistício em 1949, o fechamento das fronteiras terrestres de Israel revelou-se altamente permeável e inseguro. As fronteiras sinuosas de 1949 estendiam-se por quase 1.000 km sem nenhum tipo de cerca. As infiltrações dos países árabes vizinhos multiplicaram-se e tornaram-se violentas por volta de 1952. As discussões nas comissões de armistício não conseguiram acalmar a situação. Nos primeiros dias, Israel tentou implementar uma política defensiva por meio de patrulhas, postos de observação e emboscadas para infiltrados. Isso incluiu a criação, em 1949, de uma unidade responsável pelas fronteiras, mais tarde denominada Mischmár ha-Gvul (Guarda de Fronteiras), uma unidade militar que em 1953 passou a fazer parte da polícia. A ela se juntaram soldados das minorias drusas, circassianas e beduínas. Sua principal tarefa era a defesa dos assentamentos fronteiriços. Unidades de recrutados do exército fizeram represálias com pouco sucesso devido ao baixo nível de treinamento, a problemas de planejamento e logística. Entrementes, os infiltrados roubavam gado e ferramentas agrícolas, destruíam propriedades e depois passaram a cometer assassinatos; essas ações atingiram inclusive os subúrbios de Tel Aviv. O ataque em Maalé Aqrabim (Passo dos Escorpiões) no Neg[u]ev, em 17 de março de 1954, provocando onze mortos, foi executado por um grupo de *fedayin* (em árabe, aqueles que se redimem pelo sacrifício), constituído por guerrilheiros/terroristas árabes palestinos recrutados nos campos de refugiados que operavam contra Israel a partir da Faixa de Gaza e da Jordânia. Havia também grupos egípcios de *fedayin* que atuaram após a Segunda Guerra Mundial contra os britânicos na área do Canal de Suez. O fenômeno da infiltração se militarizou e se politizou rapidamente com o apoio dos governos árabes, o que transformou os armistícios de 1949 numa guerra latente. O grande número de vítimas israelenses e a situação de insegurança nas fronteiras e regiões internas instaram Ben-Gurion e Dayan a reestruturar uma política de retaliação. Em agosto de 1953, o major Ariel (Arik) Sharon (1928-2014) convocou um grupo de ex-combatentes para formar a Unidade 101. Essa unidade funcionou durante meio ano, a partir de agosto de 1953, e tinha cerca de cinquenta membros. Sua importância residiu na elaboração de uma nova doutrina para enfrentar as infiltrações: a das represálias terrestres. Desde 1951, o número de israelenses mortos em infiltrações aumentara acentuadamente porque, para os infiltrados, o uso de armas tornou-se parte da rotina e as ações ficaram mais violentas. Por volta de 1955, os *fedayin* se organizaram como unidades militares palestinas no âmbito do exército egípcio e na Jordânia.

A Tabela 7 mostra o significativo aumento das represálias em 1953. A partir desse ano, foram realizadas operações profundas de comando em território inimigo, com o objetivo de convencer os governos árabes vizinhos e os refugiados palestinos de que o custo das agressões contra Israel seria muito elevado. Outros elementos eram incluídos: 1. Vingança pelos ataques cometidos contra judeus em Israel; 2. Não haveria impunidade para aqueles que atacassem Israel ou dentro do seu território; 3. Os governos dos países vizinhos, a partir dos quais os ataques eram cometidos, eram vistos como responsáveis por esses atos de agressão, o que expunha sua população e suas forças de segurança à retaliação israelense; 4. A mensagem sobre a capacidade militar de Israel de se defender; 5. A tentativa de enfraquecer Israel produzia o efeito oposto, isto é, o fortalecimento das unidades militares (como a Unidade 101 e depois o Batalhão 890 de paraquedistas) (ver tabelas 7 e 8).

TABELA 7. Represálias das FDI 1950-1956

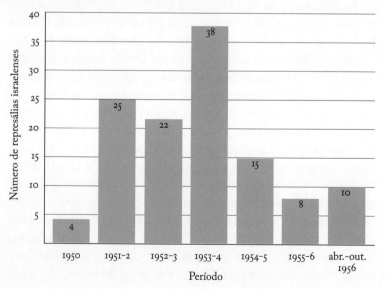

TABELA 8. País de origem dos *fedayin* e número de tombados em Israel

ANO	PAÍS DE ORIGEM DOS FEDAYIN	TOMBADOS EM ISRAEL
1951	Jordânia	111
	Egito	26
1952	Jordânia	114
	Egito	48
1953	Jordânia	124
	Egito	38
1954	Jordânia	117
	Egito	50
1955	Jordânia	37
	Egito	241
1951-1955	Síria	55
	Líbano	6

Fontes: Chaia Regev; Avigail Oren, *Peulot Tagmúl be-Reschit Schnot ha-Hamischim* (Represálias no Início dos Anos 1950), disponível em: <http://lib.cet.ac.il/pages/item.asp?item =10856>.

Algumas das represálias israelenses causaram sérios problemas internos e diplomáticos. As mais notórias foram a de Qibya (Jordânia), de 14 a 15 de outubro de 1953, e a Ação Gaza, de 28 de fevereiro a 1º de março de 1955, provocadas por infiltrações e assassinatos no centro de Israel. Em cada uma delas, dezenas de civis e militares morreram do lado árabe. Condenações internacionais contra Israel não tardaram.

Nasser alegou que a retaliação israelense em Gaza foi o precedente ao acordo de armas do Egito com a Checoslováquia, que constituiu uma das causas (para Israel) da Guerra do Sinai (outubro de 1956). A política de retaliações de Israel produziu efeitos contraditórios. Por um lado, aumentou a dissuasão em relação aos países árabes e, por outro lado, militarizou e formalizou a resistência palestina.

O acordo entre o Egito e a Checoslováquia proveu o exército egípcio, a partir de setembro de 1955, de armamento moderno, que incluía aviões a jato, tanques, artilharia e veículos blindados de transporte de tropas. Nasser esperava receber ajuda civil e militar dos EUA, mas por não progredir nas negociações e devido ao atraso da prometida ajuda estadunidense para a construção da represa de Assuã, houve uma mudança de direção política.

5.
AS GUERRAS DE ISRAEL
(1956-1974)

A deterioração das relações com o Ocidente e o aumento das tensões com Israel levaram à reaproximação do Egito com a URSS. Além do armamento soviético fornecido por intermédio da Checoslováquia, foram garantidos extensos créditos soviéticos de longo prazo para a construção da represa de Assuã.

A operação israelense contra o Egito foi chamada de Mivtzá Kadesch (Operação Kadesch), em nome da cidade de Cades Barnea, mencionada no Antigo Testamento, embora seja também conhecida como Campanha do Sinai ou Guerra do Sinai. Em Israel, aumentou a preocupação com o fortalecimento do Egito, as infiltrações frequentes dos *fedayin* e o elevado custo em vidas humanas, tanto civis como militares, nas represálias israelenses, e o crescimento político do panarabismo em todo o Oriente Médio, que criou uma frente anti-Israel unificada. A atitude da França em relação a Israel tornou-se favorável com o desenvolvimento da Guerra da Argélia, do panarabismo de Nasser e, finalmente, da nacionalização do Canal de Suez, já que uma parte significativa das suas ações era de propriedade francesa. Tudo isso incentivou a aproximação entre França e Israel. No final de 1955, começaram a ser assinados acordos segundo os quais a França venderia armas a Israel.

Após longas negociações patrocinadas pelo governo francês, seus representantes – o ministro das Relações Exteriores Christian Pineau, o ministro da Defesa Maurice Bourgès-Manoury e o comandante das Forças Armadas, general Maurice Challes – reuniram-se de 22 a 24 de outubro de 1956 com os representantes israelenses – David Ben-Gurion, o chefe do Estado-Maior, o general Moshe Dayan e o diretor-geral do Ministério da Defesa Shimon Peres – e os representantes britânicos – o ministro das Relações Exteriores Selwin Lloyd e seu assistente Patrick Dean – para assinar o Protocolo de Sèvres. No entanto, deve-se mencionar que não foi fácil organizar essa reunião, pois as relações entre o Reino Unido – aliado próximo da Jordânia e do Iraque – e Israel não eram boas. Durante a reunião, Ben-Gurion insistiu que, em caso de guerra, Israel precisaria da proteção aérea e naval da França. Por seu lado, o Reino Unido concordou em não apoiar a Jordânia caso ela atacasse Israel para ajudar o Egito. Para Ben-Gurion, o Protocolo de Sèvres foi uma grande conquista internacional. Depois de anos de embargo de armas e distanciamento das potências, Israel conseguiu assinar um acordo com duas das grandes potências ocidentais. O documento estabelecia que Israel atacaria o Egito no Sinai, na tarde de 29 de outubro de 1956. Enquanto isso, o Reino Unido e a França enviariam um ultimato ao Egito e a Israel, exigindo a cessação das ações militares e a retirada de todas as tropas a uma distância de 16 km a leste e oeste do Canal de Suez. O Egito também seria informado de que ambos os países ocupariam temporariamente a zona do Canal de Suez para garantir a livre navegação. Por seu lado, Israel deveria garantir a livre navegação no golfo de Aqaba. O documento foi assinado por Christian Pineau, Patrick Dean e David Ben-Gurion em 24 de outubro de 1956. No anexo, ficou determinado que a França enviaria a Israel, de 29 a 31 de outubro de 1956, um esquadrão reforçado de caças Mystère 4A, um esquadrão de caças-bombardeiros e dois navios de guerra da frota francesa estariam nos portos israelenses para proteger a costa do país.

 O ataque israelense ao Sinai começou com o ataque do batalhão 890 de paraquedistas na entrada leste do Passo de Mitla, a 70 km de distância do Canal de Suez e a 200 km da fronteira israelense. A brigada 202 de paraquedistas entrou no território egípcio como uma força motorizada reforçada por blindados para se juntar ao batalhão 890. Em 30 de outubro, foi publicado o ultimato franco-britânico, concedendo um prazo de doze horas. Foi aceito por

Israel e rejeitado pelo Egito, o que desencadeou a Operação Mosqueteiro, ou seja, a invasão franco-britânica da zona do Canal de Suez. Outra força israelense entrou no Sinai para chegar a Sharm el Sheikh, Tiran e Sanafir e abrir a navegação no golfo de Aqaba e no Mar Vermelho para navios israelenses. Ben-Gurion e Dayan apresentaram a Campanha do Sinai ao público local e internacional como uma grande retaliação israelense contra as contínuas infiltrações do Egito e face ao ameaçador fortalecimento das forças armadas egípcias com o novo armamento checo-soviético. Na discussão militar interna, Dayan e Ben-Gurion eram conservadores e, portanto, confiavam na infantaria israelense e em seus paraquedistas para decidir o confronto. Enquanto Asaf Simhoni – chefe do Comando Sul das FDI – e Haim Laskov – comandante dos blindados – confiavam na capacidade das brigadas de tanques israelenses para decidir a disputa. As ações militares no Sinai deram razão aos dois últimos.

O desenvolvimento da Operação Kadesch demonstrou que a visão militar moderna, apoiada em blindados, produzia resultados muito mais eficazes que a tradicional, baseada na infantaria. A imagem pública das FDI era a de uma máquina militar eficiente, capaz de enfrentar desafios complexos sem ter que depender exclusivamente do número limitado de suas unidades de elite, como a dos paraquedistas. Outros fatores foram os sucessos obtidos no combate aéreo com aviões modernos (Mystère 4A) e a captura do destróier egípcio Ibrahim el-Awal, que fora enviado para atacar Israel, mas posteriormente seria incorporado à marinha israelense sob o nome de Haifa.

Israel atacou e ocupou a Faixa de Gaza, a partir da qual havia uma grande quantidade de infiltrações contra seu território, e a maior parte da península do Sinai. A Operação Kadesch terminou ao amanhecer de 3 de novembro de 1956.

No primeiro dia da Campanha do Sinai, um grupo de 49 trabalhadores árabes, incluindo mulheres, jovens e crianças, que regressava às suas casas em Kfar Kassem, no centro de Israel, foi massacrado por soldados da Guarda de Fronteiras, por ter violado o estado de sítio. Ben-Gurion criou uma comissão de inquérito que, decorridos poucos dias, recomendou indenizar as famílias das vítimas e processar os militares responsáveis. Foram processados onze oficiais e soldados, dos quais oito condenados a penas de prisão de sete a dezessete anos, embora a maioria tenha conseguido reduzir as suas penas. A importância desses processos reside no fato de o juiz Benjamin Halevy ter estabelecido o direito inerente de todo oficial ou soldado de desobedecer a ordens ilegais, assim como haviam sido as ordens para abrir fogo contra aqueles que violassem o estado de sítio.

As negociações com a França e a Inglaterra e o Protocolo de Sèvres foram conduzidos e assinados em absoluto sigilo por Ben-Gurion, Dayan e Peres. Nos dias seguintes, Ben-Gurion revelou o teor da operação aos líderes dos partidos políticos da coligação governamental, em troca do seu silêncio público sobre o assunto. Até então, Ben-Gurion tinha sido fiel ao seu lema: era necessário governar Israel sem o Herut – liderado por Menachem Begin – e sem o partido comunista. Porém, nessa ocasião, mesmo ignorando seu velho *dictum*, convidou Begin ao seu escritório e o informou sobre a Operação Kadesch, à qual Begin deu todo o seu apoio. A Campanha do Sinai marcou o auge da popularidade e do poder de Ben-Gurion e do Mapai.

Dayan monopolizou politicamente a seu favor a vitória militar do Sinai. Por sua vez, Ben-Gurion, com grande pragmatismo, adotou Dayan como "dileto filho político".

Em contraposição, a URSS e os EUA opuseram-se abertamente tanto à Operação Kadesch quanto à Operação Mosqueteiro. A União Soviética ameaçou usar seu poder nuclear contra Israel. Os EUA pressionaram Israel a que se retirasse do Sinai. A retirada foi prometida por Ben-Gurion para março de 1957. O estreito de Tiran ficou aberto à navegação israelense e uma força da ONU foi enviada para a Faixa de Gaza e a fronteira egípcio-israelense, que garantiu tranquilidade nessas regiões por mais de dez anos. Assim, a península do Sinai foi desmilitarizada.

Os egípcios perderam milhares de soldados no Sinai e quase seis mil foram feitos prisioneiros por Israel. Em contrapartida, Israel perdeu 177 soldados. Em janeiro de 1957, Israel devolveu ao Egito os prisioneiros que haviam sido capturados no Sinai. O Egito, por sua vez, libertou quatro prisioneiros israelenses: um piloto abatido pelos egípcios e três soldados capturados em infiltrações antes da Campanha do Sinai.

A narrativa interna consolidou seriamente a coesão nacional e demonstrou elevados níveis de patriotismo, confiança e capacidade militar. Além disso, a aliança com a França foi fortalecida e ela continuou a prover armamento moderno para Israel. Foi inclusive assinado um acordo para fornecer a Israel um reator nuclear francês em outubro de 1957.

Na concepção de Ben-Gurion, as lições da guerra de 1947-1949 agregavam-se à importância da impotência sionista face ao Holocausto, que mostravam que a modernidade israelense, com suas facetas tecnológicas e científicas, havia sido fundamental para salvar Israel da invasão árabe. Em 1952, Ben-Gurion criou a Comissão Israelense de Energia Atômica, num Israel pobre e sobrecarregado de problemas econômicos, de segurança e de desenvolvimento, porém capaz, do ponto de vista tecnológico-científico.

Ernst David Bergmann (1903-1975), químico e cientista nuclear, que veio para a Palestina por causa do nazismo na Alemanha e fervoroso sionista relacionado com Chaim Weizmann, conhecia Ben-Gurion desde os anos de 1940 e, em 1948, o ministro da Defesa o nomeou chefe do departamento científico das FDI. Em 1952, Bergmann foi nomeado diretor da Comissão Israelense de Energia Atômica. Seu trabalho foi essencial para o desenvolvimento das capacidades militares não convencionais de Israel (químicas, biológicas e nucleares). Ele transmitiu a Ben-Gurion a sua convicção pessoal de que Israel precisava de um programa de desenvolvimento científico de defesa para que os judeus nunca fossem vítimas de outro Holocausto.

Os dois jovens partidários mais próximos de Ben-Gurion, Moshe Dayan no nível militar e Shimon Peres no nível administrativo, atuaram na implementação do projeto nuclear. Para Dayan, a necessidade militar subsumia um último recurso, não apresentado publicamente, para não incitar uma corrida nuclear com os países árabes, mas que existia "no porão" e poderia ser aproveitado em caso de extrema necessidade. Por outro lado, para Peres seria o projeto no qual ele investiria suas habilidades e esforços para subir mais um degrau importante em sua futura carreira – ou sua passagem do administrativo para o político.

O resultado foi o projeto nuclear realizado no âmbito de uma política de sigilo e ambiguidade, produto de uma série de improvisações por dois primeiros-ministros, David Ben-Gurion e Levi Eshkol. Ninguém levou a questão ao gabinete, e os partidos israelenses de esquerda e de direita abstiveram-se de falar sobre o "tema" devido ao seu compromisso com a "santidade da segurança".

Durante o breve período – de junho a novembro de 1957 – em que Maurice Bourgès-Manoury (ministro da Defesa durante as negociações e muito pró-Israel) serviu como primeiro-ministro da França, o acordo foi assinado e Israel recebeu um reator mais potente que o originalmente acordado. Esse reator foi instalado desde 1958 no que mais tarde foi chamado de Kamag, acrônimo em hebraico de Kiriá le-Mekhkár Gariní (Campus de Pesquisa Nuclear), a alguns quilômetros da cidade em desenvolvimento de Dimona. Falou-se da "empresa têxtil de Dimona" e depois da "empresa metalúrgica". Em 1960, os EUA publicaram que era um centro atômico, o que forçou Ben-Gurion a declarar perante o Knesset, quando questionado sobre o assunto, que Israel estava construindo um centro nuclear para fins pacíficos. Entre 1961 e 1969, os EUA exigiram e realizaram visitas de inspeção ao Kamag em Dimona. Até a data atual, Israel não faz parte do Tratado de Não Proliferação de Armas Nucleares (TNP).

Em julho de 1959, em Wadi Salib, um bairro de Haifa cuja grande parte da população árabe-palestina refugiara-se nos países vizinhos em consequência da guerra de 1947-1949, eclodiu um conflito étnico-social. Esse bairro era povoado por imigrantes judeus, principalmente do Norte da África, e apresentava altos índices de desemprego e pobreza. Dois policiais asquenazitas feriram Akiva Alkarif, bêbado e violento, quando ele resistiu à prisão na noite de 8 de julho de 1959. Alkarif, de origem marroquina, foi ferido por cinco balas, uma das quais atingiu seu quadril e coluna, deixando-o paralítico. Os curiosos, atraídos pela comoção, enfrentaram a polícia e foi difícil acalmá-los. O boato se espalhou em Wadi Salib de que o homem gravemente ferido havia morrido e, embora isso não fosse verdade, no dia seguinte uma multidão organizou uma manifestação em frente à delegacia local. Posteriormente, eclodiram manifestações acompanhadas de pedradas, ataques ao próspero bairro do Monte Carmel, incêndios de veículos, bloqueios de ruas e saques de estabelecimentos comerciais. O objetivo central dos ataques eram as sedes do Partido Mapai e da Histadrut, símbolos do governo e do sistema. Depois da prisão de dezenas de manifestantes, o protesto tomou um rumo étnico – protesto antiasquenazita – e uma organização de judeus norte-africanos proclamou uma greve geral. Essa discordância se espalhou a grandes grupos da população judaica de origem oriental. Uri Avnery e seu semanário *Ha-Olam ha-Ze* chamaram os incidentes de Wadi Salib de "a revolta dos [judeus] marroquinos". O governo criou uma comissão de inquérito presidida por um juiz, a Comissão Etzioni, que concluiu que não existia uma discriminação intencional contra imigrantes judeus do mundo árabe.

Também se falou de discriminação no que tange "ao problema das crianças do Iêmen". Se bem que o primeiro caso tenha sido registrado em 1935, esse fenômeno tornou-se massivo depois de 1948 com a imigração da maioria dos judeus iemenitas a Israel (aproximadamente cinquenta mil no âmbito da operação "Nas Asas das Águias"). Os imigrantes, instalados em campos temporários (geralmente em tendas ou cabanas frágeis), sofriam as inclemências de invernos e verões que afetaram a saúde das crianças. Por conseguinte, muitas delas foram transferidas para edifícios mais protegidos, sem as suas famílias e os doentes tratados em enfermarias de campo e em hospitais gerais. Em geral, durante os partos, as famílias eram informadas de que a criança nascera morta ou morrera logo após o nascimento. Em relação aos casos de crianças hospitalizadas, era comum a família ser avisada da sua morte. A precariedade dos registros e da documentação da época tornava difícil obter uma certidão de óbito. Em meados do ano de 1960, parte das famílias recebeu convocação para o serviço militar para as crianças que se acreditava estarem mortas, o que aumentou a suspeitas de sequestros. Surgiu inclusive uma versão de que isso fazia parte da discriminação sofrida pelos judeus oriundos do mundo árabe. Sucessivos governos criaram comissões de investigação sobre "as crianças do Iêmen" (Comissões Parlamentares em 1967 [Bahalul-Minkovski], em 1988 [Shalg[u]i] e a Comissão Oficial de Investigação de 1995). Todas concluíram que a maioria das crianças tinha morrido, embora houvesse vários casos não esclarecidos. As cifras de crianças desaparecidas ou mortas varia de várias centenas a mais de 1.500. A pobreza e certas características sociais dessa onda imigratória (homens mais velhos casados com meninas muito jovens e famílias com muitos filhos), juntamente com o paternalismo do *establishment* israelense são a base desse fenômeno que aparece como um exemplo de discriminação antioriental.

Decorrida uma década, Israel, governado durante todo o período pelo Mapai tendo Ben-Gurion como primeiro-ministro, se estabilizou. O retorno de De Gaulle ao poder (1958) e a mudança de regime na França, bem como a resolução do problema da Argélia, minaram lentamente a relação especial entre os dois países, pois a política francesa mudou de rumo. Em 1959, a empresa automotiva francesa Renault que, junto com a Kaiser-Frazer produzia automóveis Renault Dauphine em Israel desde 1957, cedeu ao boicote árabe e retirou a permissão para a produção de seus veículos em Israel.

O progresso das negociações com a Alemanha Ocidental foi prejudicado pela oposição interna do Mapam (esquerda) e do Herut (direita). O problema das relações entre Israel e Alemanha ressurgiu com o programa de mísseis e de armamentos não convencionais do Egito desde o final da década de 1950, desenvolvido com a colaboração e o trabalho direto de cientistas, engenheiros e técnicos alemães. Nasser apresentou no desfile do aniversário da revolução egípcia, em julho de 1962, mísseis de longo alcance, o Al Zafar e o Al Kahira; ambos, segundo o governante egípcio, tinham um raio de alcance até o sul de Beirute, portanto representavam uma ameaça para todo o território de Israel. A Operação Dâmocles, lançada pelo

Mossad[8] no segundo semestre de 1962, consistiu no envio de ameaças e cartas explosivas aos participantes alemães do programa egípcio de armamentos. Por outro lado, Ben-Gurion havia conseguido que Adenauer (1961) prometesse conceder um grande crédito a Israel quando terminassem as reparações alemãs e a venda de armas (tanques estadunidenses do exército da Alemanha Ocidental da América do Norte e artilharia antiaérea com radares) e não queria colocar isso em risco. Por esse motivo, apresentou ao governo um relatório da inteligência militar israelense que contradizia as conclusões de Isser Harel e do Mossad. De acordo com esse relatório, o programa egípcio de mísseis não era concreto e os mísseis que desfilaram eram mais adereços do que reais. Assim, Ben-Gurion ordenou que fossem suspensas as ações contra os alemães no Egito e na Europa, que já tinham causado problemas diplomáticos e legais na Suíça.

O alinhamento de Israel com o Ocidente levou a que o Reino Unido fornecesse dois submarinos e outros armamentos, enquanto os EUA, pela primeira vez desde a independência de Israel, venderam mil canhões sem recuo para as FDI.

A habilidade tático-política de Ben-Gurion permitiu ao líder contornar as dificuldades que surgiam. Às vezes, ele mudava o governo, em outras abandonava a liderança suprema e até mesmo a política para ficar no seu kibutz, Sde Boker, porém mais como uma ameaça latente e vigilância distante do que como um retiro real. Não obstante seu proclamado estadismo, Ben-Gurion foi um artífice da manobra política que garantiu a permanência no poder. Essa mescla de estadismo e improvisação transformou-se em um elemento central da cultura política israelense. Ninguém desafiou a liderança de Ben-Gurion até que, no apogeu do seu sucesso político – as eleições de novembro de 1959 – começou o confronto sobre o *affaire* Lavon. Essa crise foi caracterizada pelas mesmas limitações da democracia israelense, principalmente pela disparidade entre a narrativa pública e a realidade. Não se tratava somente da informação controlada e parcial transmitida à população do país, porém

---

■■ 8   O Mossad é o serviço de inteligência de Israel, responsável pela coleta de informações, espionagem, operações secretas e contraterrorismo. (N. da T.)

mesmo no governo e no parlamento foram desenvolvidas narrativas autoelaboradas, uma vez que o véu de segurança era usado politicamente para enfraquecer qualquer oposição.

A diferença entre a narrativa pública e a realidade também se evidenciava na quantidade e intensidade dos contatos entre Israel e o mundo árabe durante a primeira década e mesmo antes. Houve contatos quase constantes entre Israel e os seus vizinhos árabes, para além das negociações diretas com Abdalá da Jordânia. Um escritório israelense em Genebra foi encarregado de desenvolvê-los. As comissões de armistício funcionavam. O Egito estava pronto para receber Yigael Yadin em 1955. O problema com os países vizinhos não era a falta de contato ou de negociação direta, mas as posições tão distantes e polarizadas que foram causa e consequência da guerra de 1947-1949. Para a parte árabe, a humilhação da derrota e o problema palestino tornaram-se fundamentais e irrenunciáveis. O objetivo árabe de impedir o estabelecimento de um Estado judeu foi redirecionado, devido aos resultados da guerra de 1947-1949, a preparativos para uma segunda volta do conflito. Em Israel, a narrativa sionista de sobrevivência do Holocausto e da reconstrução judaica após a guerra de 1947-1949, juntamente com a virulenta propaganda árabe, transformou-se em uma ameaça existencial, ainda utilizada como estratégia política.

A fracassada Operação Susannah no Cairo e em Alexandria, no verão de 1954, foi objeto de uma investigação inconclusiva por parte da Comissão de Dois, composta por um juiz da Suprema Corte e por um general. A comissão concluiu seu trabalho em janeiro de 1955 sem conseguir elucidar de quem viera a ordem para colocar os artefatos explosivos incendiários em ambas as cidades egípcias. A renúncia de Lavon ao seu ministério e o retorno de Ben-Gurion ocorreram sem que o público israelense soubesse do *affaire*. Lavon regressou, em 1956, ao seu cargo de secretário-geral da Histadrut e recuperou grande parte de sua influência política no Mapai. Parecia que o "caso vergonhoso" tinha sido enterrado. No entanto, no início da década de 1960, um alto oficial da inteligência militar disse a Lavon que em 1955 haviam sido falsificados documentos contra a sua pessoa. Uri Avnery postou no *Ha-Olam ha-Ze* uma história fictícia que acontecia na Turquia, mas que replicava detalhadamente o caso Lavon. Ben-Gurion criou uma comissão judicial para determinar se haviam sido falsificados documentos na inteligência militar sobre o *affaire* Lavon, porém sem a intenção de responder à grande questão: quem dera a ordem? Lavon se opôs, foi à Comissão de Segurança e Relações Exteriores do Knesset e relatou todos os detalhes da Operação Susannah. Independentemente das restrições de censura que ainda estavam em vigor desde setembro de 1960, a imprensa israelense cobriu dia após dia o "caso vergonhoso". Lavon acusou o alto comando militar e o Ministério da Defesa por terem conspirado contra ele com base em mentiras e atacou a elite do Mapai que lhe dera as costas. Ben-Gurion, para quem o prestígio das FDI era fundamental, converteu-se em inimigo pessoal de Lavon. O Mapai, temendo perder seu líder histórico, demitiu Lavon. Decidiu-se realizar novas eleições parlamentares em agosto de 1961, decorridos apenas dezesseis meses da última. O Mapai recebeu cinco assentos a menos que na eleição anterior (42 em vez de 47), o que marcou o precedente que, mais tarde, levaria à formação de blocos políticos polarizados. As políticas de Ben-Gurion criaram dois blocos políticos: o de centro-direita, Gahal, acrônimo em hebraico de Gusch Herut Liberalim (Bloco Herut Liberais), que mais tarde se tornou o Likud (União), e o de centro-esquerda, o Maarakh (Alinhamento político), que mais tarde se tornou o Partido Trabalhista. Esses blocos foram ideologicamente enfraquecidos pela inclusão de forças políticas de diferentes tendências e, portanto, os partidos políticos que os lideraram (Mapai e Herut) continuaram a decrescer. Com isso, pouco a pouco, perdeu-se a capacidade de tomar decisões importantes. Desde o *affaire* Lavon, os governos israelenses adquiriram características predominantemente reativas em lugar das proativas que destacaram o caráter do projeto sionista, da fundação do Estado judeu e de sua primeira década sob a liderança de Ben-Gurion.

Ben-Gurion renunciou ao cargo de primeiro-ministro, ministro da Defesa e à sua cadeira no Knesset em junho de 1963, retirando-se ao seu kibutz, Sde Boker. Não obstante sua renúncia e distanciamento, ele continuou suas atividades políticas dentro do Mapai, que escolheu Levi Eshkol – ministro das Finanças durante os onze anos anteriores – como seu sucessor. Quando Eshkol enfrentou Ben-Gurion, a maioria do Mapai o apoiou. Mesmo assim, alguns meses depois, Ben-Gurion tentou, pela última vez, apresentar a sua candidatura para primeiro-ministro pelo Mapai, mas foi novamente derrotado por Eshkol. A ruptura entre Ben-Gurion e Eshkol transformou-se em animosidade pessoal. Portanto, no final de junho de 1965, Ben-Gurion e seus partidários retiraram-se do Mapai e fundaram o Rafi. O novo partido concorreu com pouco sucesso nas eleições de 1965, pois obteve apenas dez cadeiras no Knesset. Em contrapartida, o Mapai, liderado por Levi Eshkol, elegeu 45 parlamentares.

O sesquicentenário da Revolução de Maio na Argentina foi comemorado com a presença de delegações de todo o mundo. A israelense, liderada pelo ministro da Educação e Cultura, Abba Eban, viajou por um avião Bristol Britannia da El Al e desembarcou em Buenos Aires em 19 de maio de 1960. O referido avião partiu de volta para Israel em 20 de maio, levando a bordo o criminoso de guerra alemão, o tenente-coronel da ss Adolf Eichmann, que fora capturado algumas semanas antes por uma unidade do Mossad. Em 1957, refugiado na Argentina, o advogado Lothar Hermann, um judeu alemão cego, soube que sua filha Sylvia era cortejada por um jovem chamado Nick Eichmann, que durante suas visitas na casa dos Hermann se vangloriava das façanhas do pai na guerra e do seu antissemitismo. O advogado comunicou suas suspeitas da presença de Adolf Eichmann na Argentina ao dr. Fritz Bauer, procurador-geral de Hessen, Alemanha Ocidental, judeu e sobrevivente do Holocausto que, por sua vez, enviou as informações para Israel. No dia 9 de dezembro de 1959, Ben-Gurion ordenou Isser Harel, comandante do Mossad, a capturar Eichmann na Argentina e trazê-lo para Israel, a fim de ser julgado por seus crimes.

Adolf Eichmann havia ingressado no Partido Nazista e na ss em 1932, e em 1934 pediu para ser transferido para o SD – *Sicherheitsdienst* (Serviço de Segurança) e servir na seção judaica. Eichmann investigou o sionismo, tentou aprender hebraico e falava um pouco de ídiche. Chegou a visitar a Palestina britânica em 1937. Durante essa época, especializou-se em planejar e realizar a emigração forçada de judeus, primeiro da Alemanha, depois da Áustria e da Checoslováquia. Eichmann também foi encarregado da deportação dos judeus húngaros para os campos de extermínio. Foi capturado pelos estadunidenses no final da Segunda Guerra Mundial, mas conseguiu escapar. Posteriormente, com a ajuda de um bispo austríaco filonazista, obteve documentos em nome de Ricardo Klement e emigrou para a Argentina com um passaporte da Cruz Vermelha Internacional. Mais tarde, sua família se juntou a ele. Ele foi capturado pelos israelenses em 11 de abril de 1960 e identificado como Adolf Eichmann, criminoso de guerra nazista.

A Operação Final foi realizada sob a direção pessoal de Isser Harel na Argentina, que voltou no avião da El Al com Eichmann prisioneiro. Em 23 de maio de 1960, Ben-Gurion anunciou no Knesset que Eichmann fora capturado e levado a Israel para ser julgado.

O julgamento de Adolf Eichmann começou em 11 de abril de 1961. O promotor G[u]ideon Hausner convocou mais de cem testemunhas para depor e apresentou mais de 1.600 documentos. O julgamento ocorreu no edifício do Beit Haam (Casa do Povo) em Jerusalém, com acesso público autorizado. Durante todo o julgamento Eichmann ficou no interior de uma cabine de vidro blindado para impedir que qualquer sobrevivente do Holocausto atentasse contra a sua vida. Na abertura de sua acusação contra Eichmann, Hausner disse: "No lugar em que me encontro diante dos senhores, os juízes de Israel, para acusar Adolf Eichmann, não estou sozinho. Comigo, neste momento, há seis milhões de promotores."

Eichmann foi condenado à morte pelo tribunal israelense. O pedido de clemência a Yitzhak Ben-Zvi foi rejeitado pelo presidente de Israel, que citou o versículo bíblico que diz: "Assim como a tua espada tirou os filhos às mães, assim ficará sem filhos a tua mãe entre as mulheres." (1 Sam. 15:33). A sentença foi cumprida, o ex-tenente-coronel da ss executado em 1º de junho de 1962, seu corpo cremado e as cinzas lançadas ao mar.

O julgamento foi transmitido pela rádio e pela imprensa escrita em Israel e no exterior. Ben-Gurion, para justificar a captura de Eichmann, afirmou que ela fora realizada "para que a juventude israelense que cresceu e foi educada depois do Holocausto possa saber e lembrar. Até agora, apenas um eco distante dessa singular atrocidade histórica chegou aos seus ouvidos".

Nos círculos intelectuais e publicistas em Israel e no exterior suscitou-se uma forte polêmica a partir das críticas de Hannah Arendt ao julgamento de Eichmann, publicadas no *The New Yorker*, que a enviara como correspondente para cobrir o julgamento em Jerusalém. Tais críticas foram posteriormente desenvolvidas no livro *Eichmann in Jerusalem: A Report on the Banality of Evil* (Eichmann em Jerusalém: Um Relato Sobre a Banalidade do Mal). Hannah Arendt cunhou a expressão "a banalidade do mal" para descrever Eichmann e alegou que ele não era um psicopata, um fanático ou um louco impiedoso, porém um membro da sociedade de massa que cumpria ordens. Sua motivação, mais que sua ideologia, foi seu carreirismo, ou seja, ele foi vítima de sua própria estupidez. Da mesma forma, Arendt descreveu o julgamento de Eichmann como um *show* montado por Ben-Gurion com base na captura ilegal de Eichmann na Argentina, já que se sabia de antemão que ele seria culpado de tudo o que o acusassem em relação ao Holocausto. Como resultado de suas declarações, Gershom Scholem, o grande especialista em Cabalá e amigo pessoal de Hannah Arendt, rompeu definitivamente todo tipo de relacionamento com ela. Muitos intelectuais famosos argumentaram a favor e contra a posição de Arendt.

A captura de Eichmann produziu uma crise diplomática entre Israel e a Argentina. O governo argentino exigiu que o Conselho de Segurança da ONU, em 10 de junho de 1960, interviesse para o retorno de Eichmann, apesar da mensagem conciliatória e explicativa que Ben-Gurion havia enviado ao presidente Arturo Frondizi alguns dias antes. O Conselho de Segurança elaborou um compromisso para que Israel oferecesse reparar os danos à Argentina e garantisse que isso não se repetiria; assim, as relações amistosas entre os dois países poderiam se normalizar de novo. A discórdia foi definitivamente concluída no início de agosto de 1960. A crise resultante da captura de Eichmann afetou a comunidade judaica argentina, que foi vítima de uma onda violenta de judeofobia por parte de organizações nacionalistas e antissemitas, além da hostilidade pública em geral.

Em janeiro de 1964, o papa Paulo VI fez uma rápida visita aos Lugares Santos no Oriente Médio. Sua visita a Israel durou apenas onze horas. O nível de expectativas no país era muito elevado e, embora alguns setores minoritários se opusessem à visita sem o reconhecimento prévio da existência e legitimidade de Israel pelo Vaticano, o governo, a imprensa e a opinião pública em geral foram muito receptivos. Paulo VI decidiu ir da Jordânia a Israel através de Meg[u]ido e não de Jerusalém, como propôs o governo israelense. Ali, ele foi recebido pelo então presidente Zalman Shazar, acompanhado por Eshkol e pelas autoridades. Paulo VI visitou o Monte das Beatitudes, Nazaré e passou por Jerusalém sem mencionar o nome de Israel. A recepção popular foi muito entusiástica, tendo sido pavimentada uma via de acesso especial ao Monte Sião para essa visita. As autoridades israelenses não mediram esforços para garantir que a visita do papa ocorresse sem incidentes. A não menção e o não reconhecimento de Israel causaram inquietude e desconforto, parcialmente mitigados quando o papa, ao abençoar seus anfitriões israelenses, pronunciou, em hebraico, as palavras *Shalom, Shalom*!

Israel conseguiu gerar níveis notáveis de crescimento que se aproximaram a 10% ao ano em termos de produto interno bruto. O consumo e a produção cresceram, mas também as pressões inflacionárias e os déficits. Esses anos de desenvolvimento giraram em torno de grandes projetos. O aqueduto nacional de Israel foi inaugurado em 1964. As periferias foram desenvolvidas pelo estabelecimento de 27 cidades em desenvolvimento na Galileia, no Neg[u]ev e no centro do país, por exemplo, Carmiel (1964) e Arad (1962). Foi inaugurado o porto de Ashdod (1963), que incluiu uma usina termelétrica. A indústria prosperou e Israel produziu os veículos locais Susita, Carmel e Sabra, além de materiais de construção e de consumo diário, têxteis, alimentos, material militar e muito do que é necessário para o desenvolvimento do país. O primeiro arranha-céu, a torre Shalom, foi inaugurada em Tel Aviv (1965). A Carmelit (1959), o primeiro trem subterrâneo do país, da zona portuária de Haifa ao Monte Carmel, já estava em funcionamento. Em Jerusalém, foram construídos a nova sede do Knesset, inaugurada em agosto de 1966, e o Museu de Israel (1965).

O *méschek ha-ovdím* (empresas da Histradrut e os *kibutzim*) empregava um quarto da força de trabalho de Israel. Por outro lado, o emprego no funcionalismo público, nas indústrias, nos serviços nacionalizados e no âmbito da Agência Judaica, perfazia dois terços da força de trabalho do país. Isso revelou problemas étnicos e socioeconômicos, uma vez que o aumento do nível de renda e de vida beneficiou a população de maior antiguidade, acompanhada por aqueles que recebiam reparações da Alemanha Ocidental, como os sobreviventes do Holocausto. O crescimento econômico acelerado e o aumento do consumo de produtos importados e das viagens ao exterior superaqueceram a economia, gerando pressões inflacionárias, desvalorização da lira israelense e maior déficit na balança comercial. Eshkol, ex-ministro das Finanças e o então ministro Pin'has Sapir (1965) decidiram desacelerar a economia por meio de cortes de orçamento. No entanto, era problemático reduzir o maior dos orçamentos do governo: o do Ministério da Defesa. Em geral, os cortes orçamentais em Israel eram mais profundos nos ministérios sociais e afetavam sobretudo os setores mais pobres.

David Horowitz, presidente do Banco de Israel (Banco Central), alertou que a única maneira de frear o círculo vicioso seria desacelerar os investimentos e a economia em geral, ou seja, causar artificialmente uma recessão, chamada *mitún* em Israel. As eleições para o sexto Knesset foram realizadas em 2 de novembro de 1965, enquanto Levi Eshkol enfrentava a ameaça de renúncia de Pin'has Sapir, seu ministro das Finanças, que garantia que a recessão teria custos políticos muito elevados, aumentando o desemprego e abrandando o aumento do padrão de vida. No final, Sapir desistiu de sua renúncia e reduziu os orçamentos civis; interrompeu grandes projetos, aumentou impostos, reduziu a importação de matérias-primas e o crédito bancário. O desemprego aumentou de 3,5% para 11,5%, o crescimento econômico desacelerou e a economia começou a entrar em recessão. Em maio de 1966, começaram grandes manifestações de desempregados que levaram à violência pública. A imprensa e os cartunistas políticos expressaram o que era percebido como uma via para o fim econômico de Israel. Falava-se muito sobre a emigração israelense — particularmente para os EUA — e o humor político tornou famosa a frase: "o último a sair de Israel pelo aeroporto de Lod (agora aeroporto Ben-Gurion) que apague a luz". No intuito de reduzir o impacto do desemprego, foram iniciados projetos que permitiam que as pessoas trabalhassem em empregos públicos (florestamento, estradas) com salários muito baixos. Ministros renunciaram em protesto contra a recessão. Os paliativos não funcionavam e a situação deteriorou-se ainda mais por volta de 1967. Israel começou a sair da recessão no verão de 1967, contudo esse processo foi influenciado por outro fator: a Guerra dos Seis Dias (junho de 1967).

Em setembro de 1964, logo após a inauguração do aqueduto nacional em Israel, a Liga Árabe decidiu apoiar o desvio do Banias e do Hasbani, afluentes do rio Jordão, bem como a construção de uma barragem no Jarmuque, outro afluente, para impedir o acesso de Israel às águas desse rio. A consequente diminuição de mais da metade do fluxo de água na bacia do Jordão impediria Israel de operar o aqueduto nacional, pois o nível de água do lago Tiberíades cairia seriamente. A tensão entre Israel e a Síria aumentou quando Israel declarou que não toleraria o desvio das nascentes do Jordão. Por conseguinte, quando a maquinaria síria chegou até a encosta do monte Hermon para começar a escavar o canal que desviaria o Banias, o fogo israelense concretizou a advertência para que os sírios interrompessem seu trabalho. A resposta síria foram bombardeios de artilharia contra a população israelense no vale de Hula. Finalmente, Israel destruiu o maquinário pesado da Síria com ataques aéreos, em abril de 1967. A tensão desse conflito vinha aumentando desde 1965 devido às batalhas campais de artilharia e blindados. Embora a República Árabe Unida (Egito e Síria, 1958-1961) tivesse se dissolvido, o panarabismo de Nasser foi, a partir de janeiro de 1964, guiado pela decisão da Primeira Cúpula Árabe de adotar o plano de desvio das águas, redirecionando as águas do Jordão (setembro de 1964, reunião de cúpula da Liga Árabe em Alexandria) e estabelecendo a Organização para a Libertação da Palestina (OLP) e o Comando Árabe Unificado (militar) para enfrentar Israel (cúpula da Liga Árabe no Cairo, em janeiro de 1964). Assim, se concebia novamente como destruir Israel e redimir a causa palestina. Esses são os antecedentes da Guerra dos Seis Dias.

A melhoria das relações entre Israel e os EUA manifestou-se durante a administração Kennedy por meio do fornecimento de mísseis antiaéreos Hawk, de natureza defensiva, em troca do direito de inspecionar o Kamag israelense em Dimona. Israel posicionou parte dos Hawks ao redor do centro nuclear. Enquanto isso, Levi Eshkol trabalhava para melhorar as relações com os EUA. Em 1964, foi o primeiro chefe de governo israelense a ser recebido oficialmente na Casa Branca pelo presidente Lyndon Johnson, que concordou em conceder 52 milhões de dólares em ajuda civil a Israel.

A intervenção do Egito no Iêmen do Norte foi outro fator que antecedeu a guerra de 1967. A revolução iemenita de 1962 depôs o imame Muhammad Al-Badr e uma junta de oficiais revolucionários nasseristas tomou o poder e estabeleceu uma "república popular" com o apoio do Egito. Isso significava que outro país árabe – à semelhança do Egito, da Síria e do Iraque – inclinava-se para a órbita soviética. Em contrapartida, a Arábia Saudita, a Jordânia e o Reino Unido apoiaram as forças reais do Iêmen. O Reino Unido solicitou a ajuda de Israel, que aquiesceu ao pedido. Naquela época, a retórica de Nasser era muito anti-Israel e as forças armadas egípcias haviam crescido e sido modernizadas entre 1964 e 1966. Israel enviou quatorze voos de longo curso – de Israel para o Iêmen do Norte e retorno – usando um antigo Stratocruiser (chamado de "o melhor trimotor entre os quadrimotores" devido aos seus problemas técnicos). Essa operação foi inicialmente chamada de Rótev (Molho), e depois Dorbán (Esporão). O avião transportava armas, munições, medicamentos e equipamentos gerais para os monarquistas no Iêmen do Norte e os carregamentos foram lançados por paraquedas em áreas predeterminadas. A crise militar que levou à Guerra dos Seis Dias foi precedida pela retirada, por Nasser, do exército egípcio do Iêmen do Norte, em maio de 1967, sem ter conseguido subjugar as forças reais.

O Al-Fatah era a organização palestina combatente de maior proeminência. Suas origens intelectuais remontam a 1957, quando estudantes palestinos refugiados em países árabes, radicalizados pelos resultados da Campanha do Sinai, começaram a se organizar sob a liderança de Yasser Arafat. O problema palestino havia sido gerido, sem resultados, pelos países árabes que cercavam Israel. O objetivo central do Fatah era libertar a Palestina e reverter os resultados da guerra de 1947-1949, por meio de uma política palestina autônoma e da luta armada. Fatah é o acrônimo reverso (da direita para a esquerda, como são escritos os idiomas semíticos) de Harakat al-Tahrir al-Watani al-Filastini (Movimento de Libertação Nacional da Palestina) que, em árabe coloquial, significa "vitória retumbante", mas também está associado ao termo "conquista", já que Fatah foi o título que o sultão otomano Mehmet recebeu ao conquistar Constantinopla em 1453.

Entre 1958 e 1961, desenvolveu-se em Israel um movimento árabe denominado Al-Ard (em árabe, A Terra). Ele diferia do Partido Comunista Israelense e se opunha à existência de Israel como Estado judeu e o estamento político árabe em Israel, uma vez que com sua participação eleitoral legitimava a existência do Estado. A tentativa do Al-Ard de apresentar uma lista de candidatos às eleições parlamentares de 1965 foi rejeitada pela Comissão Eleitoral e o recurso à Suprema Corte de Israel foi indeferido. O Fatah e depois (a partir de 1964) a OLP, de várias maneiras, foram a alternativa identificadora palestina para os árabes de Israel.

Em 1º de janeiro de 1965, o Fatah lançou sua primeira operação de guerrilha-terrorista contra o aqueduto nacional de Israel. A partir dessa data, suas ações contra Israel a partir da Síria, através do Líbano e da Jordânia, multiplicaram-se e se converteram em um problema crescente. Em meados da década de 1960, a tranquilidade e a estabilidade alcançadas na Campanha do Sinai haviam desaparecido e a perspectiva de uma nova guerra entre Israel e o seu entorno árabe era real. Israel havia se fortalecido militarmente e as discussões entre o primeiro-ministro/ministro da Defesa Levi Eshkol e Yitzhak Rabin, chefe do Estado-Maior das FDI, levou ao desenvolvimento do plano defensivo Sadán (Bigorna), que se tornou operacional em meados de 1966. Esse plano previa um ataque conjunto de todos os seus vizinhos-inimigos e tratava de como passar de uma posição defensiva para uma posição ofensiva. No âmbito das discussões sobre o plano Sadán, o primeiro-ministro aumentou o orçamento do aprovisionamento logístico das FDI, apesar da recessão econômica. Israel havia recebido 72 aviões Mirage III – o caça mais avançado da França na época. A maior parte da população, que sentia o impacto da recessão econômica, viu diante de si um enorme entorno hostil equipado diariamente pela assistência soviética. A população dos países árabes foi vítima da narrativa extrema, projetada para o futuro por seus próprios líderes. Nasser não poupava agressões verbais contra Israel, se bem que os analistas concordassem que, dada a crise econômica que o Egito atravessava, a intervenção no Iêmen e outros fatores, a sua intenção era continuar a controlar o problema palestino no quadro do pan-nacionalismo árabe. Em 1966, o Egito restabeleceu os seus contatos ocultos com Israel, que se concretizaram numa reunião secreta em Paris entre o comandante do Mossad, Meir Amit, e o general Azm al-Din Mahmud Jalil, diretor do programa egípcio de armas não convencionais e homem de confiança de Nasser. Foram discutidas as perspectivas de chegar a um acordo, pois ambos os lados viam a Síria como o perigoso agitador da violência no Oriente Médio. As negociações terminaram devido ao temor egípcio de que chegassem ao conhecimento público.

 A liderança síria estava disposta a confrontar Israel apenas no contexto de uma frente árabe em que a maior responsabilidade seria assumida pelo Egito. A Síria havia descoberto dentro da sua própria elite um agente do Mossad, que atuava como espião israelense. Tratava-se de Kamel Amin Thaabet, um sírio-argentino "que retornara ao seu lar ancestral" e que, na verdade, era Eliyahu Ben-Shaul Cohen (Eli Cohen), que chegou a ser assessor do ministro da Defesa sírio. Foi descoberto em 1965, julgado por um tribunal militar e enforcado por espionagem em uma praça central na capital síria, depois de ter operado quatro anos naquele país. O rei Hussein da Jordânia, que liderava a propaganda anti-israelense, receava Israel e queria evitar uma guerra porque estava convencido de que, nesse caso, Israel ocuparia a Cisjordânia. Contudo, temia igualmente os seus vizinhos árabes e as organizações palestinas. Ahmad al-Shukeiri, o líder da OLP, via em Hussein da Jordânia um colonizador da própria Palestina, por ter se apropriado da Cisjordânia e de Jerusalém Oriental. A narrativa predominante então no mundo árabe tornou-se um fator de séria pressão popular sobre os governos que a iniciaram e a usaram de forma manipuladora.

Em novembro de 1966, palestinos infiltrados a partir da Jordânia colocaram uma mina que matou três soldados israelenses e feriu outros seis. A retaliação israelense foi contra a aldeia de Samoa, na parte sul de Hebron, na Cisjordânia. A importância de Samoa residia no fato de que, não obstante as dissensões interárabes, a represália israelense levou a reuniões de chefes de Estado-Maior árabes (em dezembro de 1966 e março de 1967), cujo objetivo era alcançar uma posição unificada vis-à-vis Israel. Os egípcios queriam limitar as infiltrações em Israel porque não estavam interessados em uma guerra próxima. Depois de uma série de incidentes na fronteira entre Israel e Síria, em 7 de abril de 1967 houve uma batalha aérea sobre o lago Tiberíades e sobre Damasco. A Síria perdeu seis caças Mig 21, enquanto Israel não registrou perdas. Egito e Síria assinaram um pacto de defesa mútua contra Israel.

Em 15 de maio de 1967, Israel celebrou o 19º aniversário da sua independência. Naquele ano, as datas da celebração no calendário hebraico e no gregoriano coincidiam e, portanto, o governo decidiu realizar um desfile militar em Jerusalém Ocidental. Nos países árabes, isso foi considerado uma provocação, sobretudo na Jordânia, que controlava Jerusalém Oriental. A ONU e a maioria dos países que mantinham relações com Israel expressaram o seu desacordo e seus representantes não compareceram. Levi Eshkol limitou o âmbito do desfile e não permitiu a inclusão de armamento pesado.

No início de maio, os soviéticos informaram tanto o Egito quanto a Síria que Israel estava preparando um ataque, concentrando tropas na fronteira norte. O Egito e a ONU comprovaram a falsidade da acusação. Para Nasser e o marechal Abdel Hakim Amer, a advertência soviética, somada às pressões interárabes e populares, era uma ocasião para eliminar a Unef - United Nations Emergency Force (Força de Emergência das Nações Unidas), posicionada em território egípcio desde 1956, para separá-lo de Israel. A presença da Unef no Sinai, juntamente com a proibição do envio de tropas na península do Sinai, era considerada uma humilhação para o Egito. O roque foi realizado pelo Egito, ao retirar-se da guerra infrutífera no Iêmen e enviar sete divisões ao Sinai, a partir de 14 de maio de 1967. As primeiras notícias do Sinai chegaram durante as comemorações e foram objeto de consulta entre Rabin e Eshkol no hotel King David em Jerusalém antes do desfile militar.

No final do Dia da Independência de Israel, em 1967, foi realizado o festival da canção israelense e, fora do programa, Shuli Nathan, uma jovem cantora até então desconhecida, cantou uma música composta por Naomi Shemer, renomada autora de canções populares. A canção intitulava-se "Ieruscháláim schel Zaháv" (Jerusalém de Ouro), e se tornou o símbolo da Guerra dos Seis Dias.

Havia começado a *amtaná* (espera) que precedeu a guerra. Foi assim que Israel chamou o período entre 15 de maio e 5 de junho (1967) o dia em que eclodiu a guerra de 1967. Foram três semanas de crescentes tensão e angústia em nível popular e entre as elites do país. Em 16 de maio, o Egito solicitou a retirada imediata da Unef da fronteira egípcio-israelense e da Faixa de Gaza, que foi confirmada no dia seguinte. Naquele mesmo dia, dois Mig 21 egípcios – embora outra versão afirme que eram dois Mig 25 experimentais – sobrevoaram o Neg[u]ev em um voo de reconhecimento fotográfico que focava o centro nuclear de Dimona, sem que a força aérea israelense conseguisse interceptá-los. Os autores de *Foxbats over Dimona* (Foxbat é a designação da Otan – Organização do

Tratado do Atlântico Norte – dada ao Mig 25 soviético e os voos foram confirmados pelo porta-voz do Ministério da Defesa russo) alegam que o papel da URSS na guerra de 1967 foi muito maior do que se supõe, pois essa potência planejava usar a crise para destruir a capacidade nuclear que Israel desenvolvera em Dimona. Segundo essa versão, o local seria um alvo central em uma guerra futura, tal como percebido pelas elites político-militares de Israel. A elite israelense temia dois cenários de início de uma guerra. O primeiro seria um ataque egípcio ao centro nuclear em Dimona. O segundo ocorreu em 22 de maio, quando Nasser anunciou o fechamento do estreito de Tiran (extremidade sul do golfo de Aqaba) para a navegação israelense. O *casus belli* estava claro.

Levi Eshkol, tendo recebido um pedido do presidente estadunidense Johnson para que Israel não atacasse, insistiu em continuar negociações em nível internacional por intermédio do chanceler Abba Eban. A elite militar exigiu, com crescente veemência, que Israel atacasse o mais rápido possível. Em contraposição, o Ministério das Relações Exteriores de Israel informou os EUA que a sua convocação de reservistas visava somente fins defensivos. Ademais, Israel pediu ajuda imediata aos EUA sob a forma de tanques e aviões, bem como o envio de um navio militar para Eilat, a fim de desmantelar o bloqueio egípcio de Tiran. Isso se transformou no projeto Regatta, que consistia em que os EUA liderassem uma flotilha com destino a Eilat através do estreito de Tiran. Diante da falta de cooperação internacional – apenas a Holanda e a Austrália se ofereceram para colaborar enviando navios – e do perigo de que esse ato produzisse um confronto com a URSS que apoiava o Egito, os EUA não atenderam a nenhum desses pedidos. O exército egípcio planejara iniciar a Operação Amanhecer – a invasão de Israel a partir da Faixa de Gaza – na madrugada de 27 de maio. Não o fez devido às pressões soviéticas geradas pela advertência estadunidense a Moscou. Israel havia informado os EUA sobre a Operação Amanhecer. O governo estadunidense, por sua vez, pressionou Moscou com o argumento de que os EUA dissuadiriam Israel de lançar um ataque preventivo e a obrigação da URSS era dissuadir o Egito de fazê-lo. Nasser entendeu que a inteligência militar israelense conhecia os planos egípcios e cancelou a operação.

A Jordânia assinou o pacto de defesa mútua com o Egito em 30 de maio e subordinou seu exército ao comando egípcio, o que permitiu a entrada de tropas iraquianas e de uma unidade de comando egípcia no seu território. Além disso, posicionou a maior parte da Legião Árabe na Cisjordânia, abrindo uma possível terceira frente para Israel. Em 4 de junho, o Egito assinou um terceiro acordo de cooperação militar, dessa vez com o Iraque.

Em 27 de maio, nove ministros – incluindo o primeiro-ministro Levi Eshkol – votaram a favor do início de uma guerra preventiva, porém outros nove se opuseram. Eshkol não conseguiu impor sua liderança. No dia seguinte, ele fez um discurso ao vivo no rádio, ainda que, ao ler a versão confusa do texto editada à mão, começasse a balbuciar. Esse fato somou-se às dúvidas anteriores sobre a sua capacidade de tomar decisões sérias. A exigência pública era de que Moshe Dayan fosse nomeado ministro da Defesa no lugar de Eshkol. No dia 29 de maio, Eshkol participou da reunião do Estado-Maior das FDI em Tel Aviv, na qual foi duramente atacado por Rabin e pelos generais Ezer Weizman e Avraham Yoffe, mas especialmente por Arik Sharon. Não foi um golpe militar, mas as pressões das forças armadas eram fortes demais. Moshe Dayan foi nomeado ministro da Defesa em 1º de junho de 1967. A ampliação do governo incluiu Menachem Begin, líder do Gahal.

O estabelecimento de um governo de unidade nacional e a nomeação de Dayan como gestor ministerial das forças armadas restauraram a confiança pública. A desmobilização de dezenas de milhares de reservistas – veteranos, adultos (naquela época, o serviço de reservistas se estendia até os 55 anos) – fazia parte da estratégia usada para reduzir a tensão e criar a impressão de que Israel não iniciaria a guerra.

Em 2 de junho, o gabinete de segurança ampliado do governo reuniu-se com o Estado-Maior no "poço" (denominação da sede do Estado-Maior das FDI em Tel Aviv, em uma estrutura subterrânea capaz de resistir a bombardeios pesados). A reunião foi muito dura e os generais exigiram, um após outro, que o governo lhes permitisse atacar o Egito. Na reunião do "poço", Dayan não falou. Ele estava incomodado com o que considerava uma intromissão dos demais ministros na sua área: defesa e segurança. Eshkol resumiu a reunião e obteve uma prorrogação de 48 horas para esgotar todos os esforços diplomáticos e assim conseguir o apoio do Ocidente durante e após a guerra. No dia 4 de junho, o governo israelense realizou sua reunião semanal costumeira e decidiu-se uma ação militar que libertaria Israel do círculo de asfixia militar que se desenvolvia ao seu redor; o governo concedeu permissão ao primeiro-ministro e ao ministro da Defesa a que autorizassem ao Estado-Maior a data da operação militar.

O ataque israelense ao Egito começou com a Operação Moked (Foco) em 5 de junho de 1967 às 07h14 da manhã. Ela foi empreendida pela força aérea israelense que, em oito horas de ataques às bases aéreas dos países árabes ao redor de Israel, colocaram fora de combate as forças aéreas do Egito, da Síria e da Jordânia. Além disso, desativou a base H3 no oeste do Iraque. No total, durante o primeiro dia da Guerra dos Seis Dias, 451 aviões das forças aéreas árabes foram destruídos – a maioria em terra e outros em combates aéreos –, o que significava que 70% das forças aéreas que Israel enfrentava foram nocauteadas. Israel perdeu dezenove aviões, a maioria abatida pelo fogo antiaéreo. A neutralização do perigo de um ataque aéreo árabe combinado contra Israel decidiu o curso da guerra. Após as primeiras ondas de ataques aéreos israelenses no Egito, Rabin ordenou que as forças blindadas cruzassem a fronteira egípcia no Neg[u]ev e atacassem posições inimigas na península do Sinai. Foi dado o *sadin adom* (lençol vermelho), código para começar o ataque terrestre ao Sinai.

O governo Eshkol esperava que o rei Hussein se abstivesse de atacar Israel. A Jordânia, por sua vez, tentou investir contra Israel com artilharia e armas leves nas regiões de Jerusalém e Ramala, e com artilharia pesada em Tel Aviv, na Baixa Galileia e na região de Netania. Eshkol, convencido de que os ataques jordanianos eram apenas uma formalidade para cumprir o compromisso com os seus aliados árabes, enviou, por intermédio do general norueguês Odd Bull (da ONU), uma mensagem na qual declarava que Israel não queria atacar a Jordânia e que se os jordanianos tomassem a iniciativa sofreriam as consequências. Hussein recebia, ao mesmo tempo, mensagens do Egito que relatavam que 75% da força aérea israelense fora destruída pelos egípcios e por isso os sírios e os iraquianos começariam a agredir Israel. Os jordanianos avançaram sobre o Palácio do Alto Comissariado que servia de sede para os observadores da ONU (Monte do Mau Conselho) ao sul de Jerusalém, na terra de ninguém. Israel fez mudanças rápidas no envio de tropas para enfrentar a nova situação.

Um contra-ataque da brigada de Jerusalém desalojou a Legião Árabe do Palácio do Alto Comissariado e cortou a comunicação entre o norte e o sul da Cisjordânia. A brigada Harel ocupou a região norte de Jerusalém, isolando-a de Ramala. A brigada de paraquedistas atacou as posições jordanianas em Jerusalém e a batalha recrudesceu nas trincheiras da Colina da Munição. As tropas israelenses chegaram ao Monte Scopus. No dia 7 de junho, após ocupar as posições jordanianas ao redor da Cidade Velha murada de Jerusalém, os paraquedistas e a brigada de Jerusalém ocuparam a área do Monte do Templo (al-Haram ash- Sharif) e o restante da Jerusalém Oriental. O cessar-fogo entre Israel e a Jordânia – o primeiro dessa guerra – foi estabelecido em 8 de junho. Israel havia ocupado toda a Cisjordânia e, por conseguinte, mais de trezentos mil habitantes se refugiaram na Transjordânia, o que aumentou o problema dos refugiados palestinos no Oriente Médio. A Jordânia perdeu mais de 1.500 soldados nessa guerra. Além disso, 533 jordanianos foram capturados por Israel e posteriormente trocados pelo cadáver de um soldado israelense desaparecido.

O confronto terrestre na Faixa de Gaza e no Sinai foi muito sangrento e fez inúmeras vítimas de ambos os lados. O Egito enviou ao Sinai e a Gaza mais de cem mil soldados e mil tanques posicionados em três linhas defensivas sucessivas, enquanto Israel atacava com 45 mil soldados e 650 tanques. As forças egípcias e a divisão palestina comandada pelo exército egípcio resistiram duramente à investida israelense. A superioridade israelense era manifesta e caracterizada por uma guerra de movimentação de ofensivas blindadas, apoiadas por paraquedistas, infantaria mecanizada, artilharia e força aérea. As FDI conseguiram romper as linhas de defesa egípcias e penetrar profundamente no Sinai. No primeiro dia da guerra, a estação de rádio Kol Israel repetiu durante todo o dia o anúncio feito às 08h10 da manhã pelo porta-voz do exército israelense, de que o exército egípcio havia começado a avançar do Sinai para Israel e as FDI foram enfrentá-lo. No meio da noite – madrugada de 6 de junho – numa coletiva de imprensa por rádio, o general israelense Mordechai Hod, comandante da força aérea, anunciou publicamente o sucesso da Operação Foco e a destruição das forças aéreas dos países árabes vizinhos.

Após 96 horas de combate, as tropas israelenses ocupavam a margem oriental do Canal de Suez (que havia sido fechado à navegação pelo Egito), uma força marítima ocupou Sharm el-Sheikh e abriu o estreito de Tiran – resolvendo assim o problema do *casus belli*; as tropas israelenses controlavam toda a península do Sinai. As baixas egípcias foram estimadas em cerca de 11.500 mortos e cinquenta mil feridos. Por seu lado, Israel contabilizou 275 mortos e quase oitocentos feridos. Alguns pilotos israelenses foram capturados pelos egípcios quando seus aviões foram abatidos, enquanto Israel capturou mais de cinco mil soldados egípcios, entre eles mais de quinhentos oficiais. A troca de prisioneiros com o Egito durou vários meses e incluiu os presos pelo "caso vergonhoso" (*affaire* Lavon), que ainda cumpriam penas de prisão naquele país no início de 1968.

A Síria, cujas atitudes beligerantes em relação a Israel na fronteira norte e à tentativa de desviar as nascentes do Jordão haviam desencadeado a série de crises que levaram à Guerra dos Seis Dias, participou desde o primeiro momento, com tentativas de ataques aéreos na Galileia e na área das refinarias de petróleo de Haifa, sem muito sucesso. A força aérea israelense atacou bases sírias e destruiu setenta aeronaves militares. Em 6 de junho, os sírios atacaram o kibutz Dã, porém foram repelidos pelas forças de defesa territorial com o apoio de tanques e aviões israelenses. Os povoados fronteiriços israelenses sofreram pesados ataques da artilharia síria. No dia 8 de junho, houve um cessar-fogo com a Síria que durou apenas algumas horas. Uma conversa entre o assessor de segurança nacional estadunidense McGeorge Bundy e o ministro das Relações Exteriores de Israel, Abba Eban, em que o primeiro estava surpreso de que a Síria, a provocadora da guerra, saísse dela quase ilesa, convenceu o governo israelense a ordenar ao chefe do comando norte das FDI que abrisse ofensiva contra a Síria.

Na manhã de 9 de junho, a força aérea israelense bombardeou durante horas as posições sírias nas Colinas de Golã. Cinco colunas combateram até tomarem as fortalezas rochosas do Golã. As pressões da URSS e a concretização dos objetivos militares israelenses possibilitaram um cessar-fogo naquele mesmo dia, quando a resistência militar síria entrou em colapso e mais de cem mil refugiados seguiram em direção a Damasco. Nesses combates, Israel perdeu 115 soldados e teve mais de trezentos feridos. A Síria perdeu cerca de 2.500 soldados, teve mais de cinco mil feridos e 572 soldados sírios foram feitos prisioneiros por Israel. Posteriormente, foram trocados por um piloto israelense abatido e capturado pelos sírios, pelos corpos de dois outros pilotos e o de um israelense que fora sequestrado para a Síria um ano antes. Em 10 de junho, após a conquista israelense do Golã, um cessar-fogo foi implementado e a guerra terminou.

A narrativa do segundo turno para destruir Israel estava por trás dos falsos relatórios do marechal Abdel Hakim Amer no primeiro dia da guerra, que incentivaram o rei Hussein a atacar Israel, e a Síria e o Iraque a ativarem as suas alianças com o Egito. Amer foi destituído de seu cargo como comandante-chefe das forças armadas egípcias em 9 de junho e cometeu suicídio três meses depois, quando foi chamado para testemunhar sobre a derrota do exército que havia comandado. Essa história dissipou-se nos cinco dias de guerra restantes para ser substituída por outra, segundo a qual tudo o que havia acontecido era resultado da intervenção ocidental – especialmente dos EUA – a favor de Israel. Essa teoria conspiratória foi encorajada pela propaganda soviética e encontrou muitos adeptos, que usavam como precedente a intervenção anticomunista dos EUA no Vietnã. A URSS conseguiu alianças mais estreitas com a Síria, o Egito e o Iraque, pelo que praticamente se converteu no padrão político desses países. A França, liderada por De Gaulle, havia anunciado de antemão que condenaria o agressor. Em 3 de junho de 1967, a França declarou um embargo de armas a todo o Oriente Médio, que afetava principalmente Israel. Como havia sido Israel que atacara o Egito, a França o considerou o agressor e a aliança que existia há uma década foi rompida. Ficaram pendentes dois grandes contratos para a provisão de armamentos da França para Israel. O primeiro dizia respeito aos aviões Mirage V, que nunca foi cumprido, e a França acabou devolvendo a Israel o valor pago como adiantamento. O segundo tinha a ver com os navios equipados com mísseis Sa'ar 3 – dos quais cinco foram chamados de "os navios de Cherbourg". Com o pretexto de terem sido vendidos a uma empresa norueguesa de prospecção de petróleo no mar, os navios partiram dos estaleiros tripulados por marinheiros israelenses que os levaram a Israel em 24 de dezembro de 1969 – isto é, eles foram contrabandeados apesar do embargo francês.

O Israel da "linha verde" – em outras palavras, a fronteira de Israel até 4 de junho de 1967, assim chamada porque no leiaute dos mapas de armistício entre Israel e a Transjordânia em Rodes foi utilizado um lápis verde para traçar a fronteira entre os dois países e porque a terra em Israel era cultivada até ali – cobria um território de 20.770 km^2, que era a fronteira dos armistícios assinados em 1949. A ocupação militar israelense durante os seis dias de guerra em 1967 adicionou o território da Faixa de Gaza de 365 km^2, a península do Sinai com 60.000 km^2, a Cisjordânia (ou Judeia e Samaria para nacionalistas religiosos em Israel) com quase 6.000 km^2 e as Colinas de Golã com 1.200 km^2. Em suma, em 10 de junho de 1967, Israel controlava militarmente um território de mais de 67.500 km^2 que, juntamente com o território incluído na "linha verde", era superior a 88.000 km^2 (ver mapa 4).

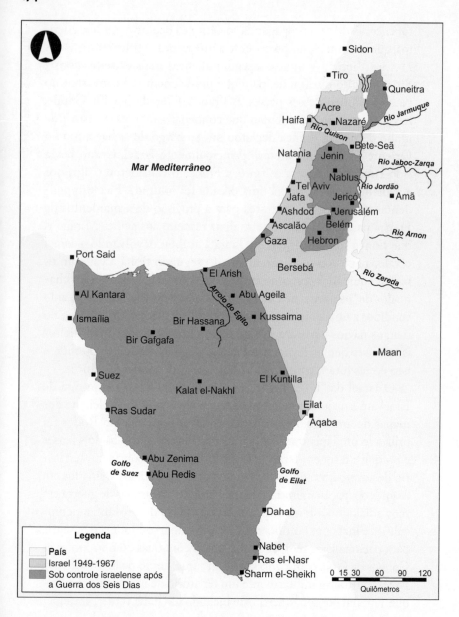

MAPA 4. Israel depois da Guerra dos Seis Dias (1967).

Parecia que a vitória israelense lhe havia proporcionado a possibilidade de negociar a devolução de territórios em troca do reconhecimento árabe da legitimidade de Israel e, portanto, da paz. A guerra significou um sério retrocesso na tentativa israelense de consolidar um etos estatal-nacional que incluísse a população árabe que vivia em Israel antes de 1967. A presença física, os contatos, reuniões familiares, laços culturais, sociais, econômicos e outros com as populações árabes da Cisjordânia, do Sinai, do Golã e da Faixa de Gaza – muitos das quais eram formadas por refugiados palestinos da guerra de 1947-1949 – solidificaram a identidade palestina e minaram o etos israelense. O equilíbrio demográfico árabe-judaico foi seriamente alterado como resultado da guerra de 1967. A população judaica de Israel, que constituía mais de 88% do total dos territórios dentro da "linha verde", passou a perfazer pouco mais de 64% da população total nos territórios controlados civil e militarmente por Israel após a guerra. Essa foi a base das teorias sobre a "bomba demográfica" que ameaçava Israel se ele continuasse a ocupar o Sinai, a Cisjordânia, a Faixa de Gaza e o Golã, devido a diferenças nas altas taxas de natalidade entre as populações árabe e judaica. No longo prazo, a alternativa israelense era salvaguardar o caráter judaico de Israel ou preservar o seu carácter democrático. Para preservar o caráter judaico de Israel, o tipo de democracia que prevalece nos limites da "linha "verde" não poderia se estender a esses territórios. No caso da anexação territorial e a expansão da democracia aos territórios anexados, Israel perderia o seu caráter judaico.

Uma das expressões duras e sem rodeios sobre o problema dos territórios que Israel ocupou e libertou em 1967 é a do filósofo Yeshayahu Leibowitz, que temia que as mudanças demográficas geradas pela guerra acabassem destruindo Israel por dentro, do ponto de vista moral e físico, diminuindo visivelmente a maioria judaica, mudando e corrompendo a estrutura social e laboral do país em que floresceria um Estado cananeu não democrático que, por ter sob o seu governo grandes populações árabes hostis, deveria centralizar as forças repressivas dos serviços de segurança.

Essa não era a única opinião nem o ponto de vista da maioria. A euforia da vitória e o controle sobre toda a cidade de Jerusalém – especialmente a Cidade Velha e o cemitério no monte das Oliveiras –, bem como os numerosos locais histórico-bíblicos da Judeia e Samaria (Cisjordânia), geraram muito entusiasmo popular que apoiou a ideia do Grande Israel ou da bíblica Terra de Israel. A carga religiosa emocional que implicava o controle israelense sobre a terra bíblica converteu-se em um fator central da cultura cívica israelense desde a Guerra dos Seis Dias e até o presente. A ocupação da Cisjordânia e das colinas de Golã significa que, do ponto de vista político, a Guerra dos Seis Dias continua a ter repercussões até hoje.

Em 19 de junho de 1967, o governo israelense tomou uma decisão secreta na qual ofereceu a paz ao Egito e à Síria. Ela foi comunicada a Abba Eban, que a entregou ao secretário de Estado Dean Rusk e seus assessores, para que a enviassem aos governos árabes. O presidente Johnson descreveu tal iniciativa como "construtiva". Foram propostos acordos de paz baseados nas fronteiras internacionais e nas necessidades de segurança de Israel, o que sem dúvida significava: a devolução da recém-ocupada península do Sinai e das Colinas de Golã ao Egito e à Síria em troca da desmilitarização completa dessas áreas; a garantia de livre trânsito marítimo no estreito de Tiran, no golfo de Aqaba e no canal de Suez; direitos de sobrevoo; e uma garantia de não interferência no fluxo de água das nascentes do rio Jordão. A proposta chegou secretamente aos países árabes por intermédio dos canais diplomáticos e as respostas, também secretas, foram negativas. Os países árabes derrotados recusavam-se a negociar com Israel e exigiam a retirada incondicional de todos os territórios ocupados por Israel desde 5 de junho de 1967. Essa posição foi formalizada pelos três NÃO na conferência da Cúpula da Liga Árabe em Cartum, no Sudão, enunciados em 1º de setembro de 1967: Não haverá paz com Israel. Não será reconhecida a existência do Estado de Israel. Não haverá negociação com Israel.

A chegada do exército israelense ao Monte do Templo e ao único resquício judaico visível dele, o Muro das Lamentações – em 8 de junho de 1967 – foi um momento catártico para os participantes diretos bem como para israelenses e judeus em geral. O rabino-chefe do exército, o general Shlomo Goren, um dos primeiros a chegar ao Muro das Lamentações após a tomada do Monte do Templo, entoou orações de agradecimento e tocou o *schofar* – o chifre de carneiro ritual judaico cujo som conclama ao arrependimento nas grandes festas. Alguns dias depois, os buldôzeres da engenharia militar israelense demoliram uma série de casas no bairro de Mughrabi, também conhecido como bairro marroquino – próximo do Muro das Lamentações, para converter o beco estreito de acesso ao Muro em uma ampla praça, à qual vieram mais de duzentos mil israelenses durante a festividade de Schavuót, em meados de junho de 1967. Desde então, a questão de Jerusalém não saiu da esfera pública israelense ou da agenda do conflito árabe-israelense, tornando-se outro ponto central de discórdia.

Em 28 de junho de 1967, a Universidade Hebraica de Jerusalém realizou a cerimônia de entrega do título de doutor *honoris causa* conferido naquele ano a Yitzhak Rabin, pela guerra no Monte Scopus. No dia 9 de julho, no mesmo anfiteatro do Monte Scopus, personalidades israelenses (o presidente Shazar, o primeiro-ministro Eshkol, Ben-Gurion, entre muitos outros) e judias assistiram a um concerto dirigido por Leonard Bernstein tendo Isaac Stern como solista. O cenário, a vista do pôr do sol sobre o deserto da Judeia, as lágrimas e o conteúdo acentuaram a emoção, a euforia e o sentimento triunfalista que compuseram a história no país e nas comunidades judaicas do mundo.

Após os resultados da guerra de 1967, foi estabelecida outra agenda que rapidamente cobrou significados sociais, políticos e econômicos: a do nacionalismo religioso-messiânico. Já na terceira década do século XX, o rabino-chefe asquenazita da Palestina, Avraham Yitzchak HaCohen Kook, começou a enunciar uma teoria messiânica na qual o sionismo secular, levado a cabo por pioneiros judeus laicos que nem sequer respeitavam a santidade do sábado aproximaria, por meio do povoamento e do cultivo da terra de Israel, a redenção do povo e a vinda do messias. Essa teoria penetrou na ideologia do movimento Mizrahi e Bnei Akiva (em hebraico, filhos de Akiva, referindo-se ao rabino Akiva ben Yosef, o líder espiritual da revolta antirromana na Judeia, na qual reconheceu o líder militar, Shimon Bar Kochvá, como messias), composto por judeus ortodoxos e ao mesmo tempo sionistas organizados no Partido Religioso Nacional e no seu movimento juvenil. Kook fundou em 1923 um colégio rabínico superior (*ieschivá*), o Merkaz ha-Rav (Centro do Rabino) em Jerusalém, que desde então foi o fulcro da ideologia nacionalista-religiosa messiânica da Palestina e depois de Israel. Avraham Kook ensinou seus discípulos que o retorno a Sião e o trabalho pioneiro de redenção da terra de Israel, apesar de constituírem feitos materiais, possuíam grande valor teológico, pois eram como badaladas que anunciavam a chegada do messias. Ou seja, para ele, os pioneiros laicos, mesmo sem que o soubessem, eram instrumentos de um trabalho sagrado. Tudo isso foi expresso no 19º aniversário da Independência de Israel pelo rabino Zvi Yehuda Kook, filho e sucessor de Avraham Kook, poucas semanas antes da guerra de 1967. A mensagem foi interpretada por seus seguidores como parte do desígnio messiânico. A terra bíblica libertada – de acordo com Kook e seus adeptos – era a Terra Prometida que pertencia ao povo de Israel por concessão divina. Portanto, a devolução dos territórios ocupados por Israel em 1967 aos Estados árabes em troca de acordos de paz era uma impossibilidade teológica, porque não apenas interromperia o processo redentor e a vinda do messias, mas constituiria uma contravenção da promessa bíblica e da vontade divina. A combinação entre esse tipo de ideologia e os resultados da Guerra dos Seis Dias gerou o Gusch Emuním (Bloco dos Crentes), formalmente estabelecido em 1974. Ha-Tnuá le-Éretz Israel ha-Shlemá (O Movimento em Favor da Terra de Israel Toda) foi estabelecido em setembro de 1967 por mais de cinquenta intelectuais, a maioria dos quais oriunda do pioneirismo histórico trabalhista, que depois se posicionaram à direita do cenário político israelense para finalmente se fundir com o Likud. Foi criado o movimento Neemanei Har ha-Báit (Fiéis do Monte do Templo), cujo objetivo, desde 1967, tem sido construir o Terceiro Templo em Jerusalém.

Israel anunciou a anexação de Jerusalém Oriental no final de junho de 1967. Teve início a discussão sobre o futuro dos territórios e poucos meses depois o então ministro do Trabalho e ex-comandante do Palmakh, Yigal Alon, apresentou seu plano. O Plano Alon propunha anexar a Israel o vale do Jordão e as encostas dos montes de Samaria e Judeia – territórios escassamente povoados – fora de um corredor estreito que levaria da Jordânia a Jericó. O interior da Cisjordânia – a região das colinas e vales, além de cidades como Hebron, Ramala, Nablus e Jenin – seria reintegrado ao reino hachemita em troca da paz.

No lado oposto do cenário político israelense surgiu um grupo de professores, estudantes e ativistas de esquerda que foi denominado Movimento Pela Paz e Segurança, liderado pelo historiador Yehoshua Arieli. Eles alegavam a necessidade de entregar os territórios ocupados e reconhecer os direitos palestinos em 1967 em troca de paz. A sua teoria básica era que Israel não poderia aceder a um nível de segurança razoável sem primeiro obter a paz, e para consegui-la era necessário desocupar os territórios adquiridos na guerra de 1967.

Em 22 de novembro de 1967, a ONU adotou a resolução 242, que apelava às partes em conflito no Oriente Médio a que estabelecessem uma paz justa e duradoura. A resolução exigia que, para essa finalidade, Israel deveria se retirar dos territórios ocupados na guerra de junho de 1967 e que fossem reconhecidos e aceitos todos os Estados existentes no Oriente Médio. Como enviado especial do secretário-geral da ONU para levar adiante as negociações no Oriente Médio foi nomeado o diplomata sueco Gunnar Jarring, que tentou promover seu próprio plano de paz até 1973.

O *seder*[9] de Péssakh de 1968 foi realizado no hotel Park em Hebron por um grupo de nacionalistas religiosos. No dia seguinte, Moshe Levinger, líder do grupo, enviou um telegrama de felicitações pela celebração ao ministro da Defesa Dayan, em nome dos

■■ 9 Literalmente, "ordem". Refere-se ao jantar cerimonial de Péssakh em que se comemora – numa certa sequência pré-ordenada, daí a designação – a história do Êxodo (pela leitura da *Hagadá* e a degustação de alimentos simbólicos) e a libertação de Israel do Egito. (N. da T.)

mitnakhalím (colonos), aqueles que retornaram à cidade do patriarca Abraão para nela residir. Essa é a primeira vez que foi usado o termo *mitnakhalím*, que se tornou a denominação coloquial de todos os judeus-israelenses que vieram residir em qualquer dos territórios para além da "linha verde". O Movimento Pela Paz e Segurança via nisso não só um ato de provocação contra os palestinos, mas um precedente perigoso, pois esses *mitnakhalím* não tinham nenhuma intenção de se retirar de Hebron e não o fizeram.

A Guerra dos Seis Dias pôs fim à recessão econômica que afetou Israel em 1966 e 1967. Isso se deveu ao aumento dos gastos públicos causado pela própria guerra e pelas suas consequências, bem como pelo fluxo de doações de comunidades judaicas em todo o mundo para ajudar Israel durante a guerra.

O Fatah exacerbou suas atividades contra Israel. Em 1967, foi criada a Frente Popular para a Libertação da Palestina (FPLP), liderada por George Habash e Wadie Haddad, uma organização de esquerda que mais tarde se juntou à OLP.

Não obstante a derrota sofrida pelo Egito e pelos seus aliados, Nasser não parou de lutar contra Israel e, pouco depois da guerra, unidades egípcias de comando começaram a cruzar o canal de Suez e a atacar as posições israelenses. Israel montou uma infraestrutura defensiva que se consolidou no final de 1968. O general Haim Bar-Lev, sucessor de Yitzhak Rabin, foi identificado com a linha dupla defensiva de posições fortificadas construídas nas margens do canal de Suez e a dez quilômetros dela no interior do Sinai (Linha Bar-Lev). Outra resposta israelense foram os bombardeios de artilharia contra cidades egípcias vizinhas ao canal, especialmente Suez, Kantara e Ismaília. A escalada da violência na frente egípcia, os ataques palestinos, os confrontos militares nas fronteiras da Jordânia e da Síria converteram-se rapidamente em uma guerra de desgaste entre Israel e seus vizinhos árabes, especialmente o Egito. Em 21 de outubro de 1967, o destroier israelense Eilat foi atacado por quatro mísseis soviéticos Styx lançados a partir de navios militares egípcios não muito longe de Port Said. Nesse ataque, 47 marinheiros israelenses foram mortos e quase cem feridos. A retaliação israelense – Operação Tocha – consistiu no intenso bombardeio de artilharia contra refinarias de petróleo egípcias da cidade de Suez. As instalações foram incendiadas e destruídas, causando vítimas e danos econômicos. A parte árabe mostrou o naufrágio do destroier israelense como uma grande vitória que denotava a vontade de prosseguir o combate com Israel. A narrativa israelense destacava o fato de que os ataques eram retribuídos com grande força. No Egito, a guerra foi denominada a guerra dos mil dias. O nome "guerra de desgaste" deriva da expressão usada pelo próprio Gamal Abdel Nasser (em árabe, Harb al-Istinzāf), que tinha uma implicação positiva na narrativa egípcia, embora o mesmo termo em Israel (em hebraico, Milkhémet ha-Ataschá) tivesse implicações negativas devido ao elevado número de vítimas.

Outra guerra de desgaste desenvolveu-se na frente jordaniana. A dinâmica foi impulsionada pelas organizações membros da OLP, especialmente o Fatah e a FPLP, que atacavam, a partir da Jordânia, as populações israelenses do outro lado da fronteira. Israel respondia com fogo de artilharia contra a Jordânia.

A vida em Israel seguiu seu curso normal e as despesas infraestruturais de Israel na Cisjordânia, em Gaza, no Golã e no Sinai – além da exploração petrolífera em Abu Rodeis, no Sinai, que em 1970 quase cobriu o consumo interno de Israel (cem mil barris por dia) – geraram crescimento econômico. Grandes investimentos privados como as empresas Ha-Hevrá le-Israel (Israel Corporation), de Shaul Eisenberg, Himikálim le-Israel (Israel Chemicals Limited –ICL), Scitex (tomografia computadorizada) e outras foram criadas com base em políticas de isenção fiscal e crédito estatal barato, especialmente nas regiões em desenvolvimento.

Em 1968, houve um aumento considerável de ataques contra Israel por parte de organizações palestinas a partir da Jordânia e represálias israelenses contra esse país, especialmente a de Karamé em 21 de março. A intervenção da Legião Árabe levou a uma batalha campal numa frente de 50 km de extensão – na fronteira com o rio Jordão – por 15 km de profundidade. Israel perdeu 31 soldados, vários tanques e veículos que caíram nas mãos da Jordânia e foram usados para alimentar uma narrativa vitoriosa. A Jordânia teve 61 baixas; as organizações palestinas, 128.

Em julho de 1968, pela primeira e única vez, um avião comercial da companhia aérea israelense El Al, que voava de Roma para Israel, foi sequestrado por um comando da Frente Popular para a Libertação da Palestina e desviado para a Argélia. Foi liberado após quarenta dias em troca de 24 palestinos presos em Israel por atos de terror, mas que "não tinham as mãos manchadas de sangue". A FPLP obteve uma vitória política ao forçar Israel a negociar e libertar prisioneiros palestinos. Além disso, começou a figurar com destaque na esfera pública internacional. Desde então, a perturbação no tráfego aéreo de Israel tornou-se um objetivo das organizações palestinas, o que forçou Israel a estabelecer um sistema de segurança aérea tanto nos aeroportos israelenses como em todas as escalas das suas companhias aéreas em voos para Israel e nos próprios aviões. Isso gerou uma especialização israelense em segurança aérea, com excelente recorde, ainda vigente. A onda de ataques e sequestros de aviões continuou em fevereiro de 1969 com um ataque a outro avião da El Al, que foi repelido por um dos agentes de segurança israelenses a bordo, Mordechai Rahamim, o que revelou parte do aparato de segurança aérea desenvolvido desde 1968.

Entre 1967 e 1970, as organizações armadas da OLP, encabeçadas pelo Fatah e pela FPLP, lançaram 3.170 ataques a partir do território jordaniano contra Israel, sem coordenar nenhum deles com a Legião Árabe ou o governo da Jordânia. O reino hachemita estava perdendo controle do seu próprio território e isso, somado ao precário equilíbrio demográfico entre habitantes palestinos (80%) e beduínos (20%), ameaçou destruir o Estado jordaniano. As organizações armadas palestinas chegaram a contar com cerca de 20 mil combatentes na Jordânia. Em contraste, a Legião Árabe tinha uma força bem treinada de 35 mil soldados. O rei Hussein informou com antecedência a Nasser – e recebeu seu acordo tácito – de que iria reprimir as organizações armadas palestinas na Jordânia. Nomeou um governo militar e a Legião Árabe atacou as organizações palestinas. Durante esse evento, denominado Setembro Negro (1970), houve um massacre de combatentes palestinos e a expulsão das organizações armadas da Jordânia ao Líbano. No entanto, a Jordânia foi ameaçada por colunas blindadas sírias que cruzaram a fronteira. O confronto entre blindados sírios e jordanianos resultou na vitória dos últimos. Voos militares israelenses sobre a área indicaram à inteligência síria que Israel interviria a favor da Jordânia; os sírios recuaram. Segundo fontes jordanianas, 2.500 combatentes palestinos morreram no Setembro Negro (16 a 18 de setembro de 1970). Segundo fontes palestinas, o número de mortos foi de 3.400. Numa conferência no Cairo, presidida por Nasser, foi pactuado um cessar-fogo na Jordânia, o que significou uma derrota para Hussein e um triunfo para Yasser Arafat e os palestinos. Em 28 de setembro de 1970, Gamal Abdel Nasser morreu de um ataque cardíaco. Os confrontos na Jordânia eclodiram novamente. Em julho de 1971, a Legião Árabe terminou de reduzir toda a resistência armada palestina no seu território e a repressão jordaniana foi tão forte que dezenas de combatentes palestinos cruzaram o Jordão e se renderam às forças israelenses para salvar suas vidas. A maior parte dos combatentes palestinos mudou-se da Jordânia para o Líbano. Os palestinos criaram uma organização terrorista chamada de Setembro Negro, cujas atividades começaram com o assassinato do primeiro-ministro jordaniano, Wasfi Tal, no Cairo, no final de novembro de 1971. Embora tivessem sido derrotados militarmente, os palestinos demonstraram capacidades organizacionais e de combate que surpreenderam a todos, inclusive Israel.

O último ato da guerra de desgaste entre Israel e Egito teve lugar entre março de 1969 e agosto de 1970. Começou com duelos de artilharia ao longo do Canal de Suez. Diante da superioridade da artilharia egípcia, muito bem treinada e equipada pelos soviéticos, Israel teve que usar cada vez mais a sua força aérea, o que levou a um ressurgimento da Guerra Fria no Oriente Médio devido à intervenção massiva da URSS, não apenas com suprimentos e treinamento, mas com combatentes e pilotos. Os soviéticos começaram a instalar mísseis antiaéreos sofisticados no Egito. Israel enviou mais comandos para atacar e os soviéticos transferiram esquadrões de seus mais avançados aviões de combate. No final de julho de 1970, os pilotos israelenses fizeram uma emboscada aérea contra pilotos soviéticos no Egito e derrubaram cinco Mig 21 sem perder nenhum avião ou piloto. Isso só foi levado ao conhecimento público meses depois. A partir de finais de julho de 1970, os esforços dos EUA lograram com que Egito e Israel concordassem com um cessar-fogo em 8 de agosto de 1970. O limite da capacidade aérea militar israelense foi traçado pela localização dos mísseis antiaéreos no Egito, e embora a vitória aérea sobre os pilotos soviéticos tenha sido uma conquista, foi na verdade uma emboscada. As perdas humanas foram insuportáveis e injustificáveis face aos esforços – planos de paz de Jarring e Rogers – para acabar com o conflito árabe-israelense.

Yitzhak Rabin foi enviado como embaixador de Israel em Washington D.C., o que era uma boa abertura para um futuro político no Partido Trabalhista. Levi Eshkol, a quem deve ser creditado grande parte dos méritos relativos à preparação para a guerra, continuou a consolidar as relações entre Israel e os EUA, que agora haviam se convertido em aliado e principal fornecedor de armamento. A visita de Eshkol aos EUA em janeiro de 1968 fortaleceu a amizade pessoal entre ele e o presidente Johnson. Ao governo de união nacional de 1967 haviam se integrado o chefe da oposição Menachem Begin e Yosef Sapir, ambos membros do Gahal. O governo de união nacional transformou a política israelense em um parlamentarismo mais inclusivo do que na época de Ben-Gurion.

Depois da morte de Eshkol, em 26 de fevereiro de 1969, Yigal Alon o sucedeu interinamente até que, em 17 de março de 1969, Golda Meir (1898-1978) – Golda Mabovich-Meyerson – assumiu o cargo de primeira-ministra, preservando o governo de união nacional. Golda Meir era membro da geração pós-Eshkol e tinha chegado à Palestina em 1921.

A maior vitória diplomático-política da carreira de Golda Meir ocorreu durante sua visita à Casa Branca, em Washington, em setembro de 1969. Nessa ocasião, diante de fortes pressões dos EUA para não permitir que Israel desenvolvesse capacidade nuclear militar bem como a implantação de mísseis capazes de transportar ogivas nucleares, Golda Meir conseguiu um compromisso com o presidente dos EUA, Richard Nixon. O presidente Nixon comentou que sua principal preocupação era de que o governo de Israel não introduzisse de forma visível armas nucleares ou realizasse testes nucleares. Nesse sentido, Golda Meir prometeu manter total discrição sobre as atividades nucleares com o uso de métodos de ambiguidade e sigilo. Isso estava de acordo com a promessa que Levi Eshkol havia feito à administração do presidente Johnson em 1965, segundo a qual Israel reafirmava que não seria o primeiro a introduzir armas nucleares na zona árabe-israelense. Golda Meir prometeu a Richard Nixon que Israel não enviaria mísseis Jericó – versão israelense do míssil balístico francês MD620, com alcance de 1.300 quilômetros – e que depois das eleições daquele ano seria revisada a questão do Treaty on the Non-Proliferation of Nuclear Weapons (Tratado de Não Proliferação de Armas Nucleares – TNP), que Israel não havia assinado. Esse acordo reduziu a pressão dos EUA sobre a questão nuclear de Israel e abriu caminho para uma relação estreita entre ambos os países, mesmo que os EUA mantivessem a sua posição sobre a não proliferação. Além de simpatias pessoais e de confiança entre Nixon e Meir, os EUA tentaram pressionar Israel no que tange a essa questão, inclusive ameaçando interromper a venda de armas modernas, como o Phantom F-4. As pressões não produziram resultados, mas graças ao diálogo Meir-Nixon houve o acordo.

Em agosto de 1969, Michael Dennis Rohan, cidadão australiano e fundamentalista cristão, influenciado pela Igreja Mundial de Deus, ateou fogo no púlpito da Mesquita de Al-Aqsa, no Monte do Templo (al-Haram ash-Sharif), em Jerusalém, e provocou um incêndio que destruiu uma parte considerável do santuário islâmico. Os bombeiros israelenses que vieram conter as chamas foram atacados por fiéis muçulmanos que viam em tudo isso uma conspiração judaico--israelense para destruir um santuário tão importante. Eles alegaram que os israelenses espalharam benzina em vez de água. Rohan foi preso, examinado e internado em um hospital psiquiátrico para ser posteriormente deportado para a Austrália. Esse incidente, que chocou o Oriente Médio, destacou a sensibilidade islâmica em relação aos seus santuários em Jerusalém e o perigo que representava qualquer desequilíbrio no *status quo* religioso, mantido precariamente até então e desde então.

Em 28 de outubro de 1969, foram realizadas eleições para o sétimo Knesset e o Maarakh (a coalizão do Partido Trabalhista com o Mapam) conseguiu eleger 56 parlamentares contra 26 do Gahal, o principal bloco de oposição. Isso permitiu que Golda Meir formasse uma nova coligação – mesmo uma união nacional – com uma maioria confortável sem realizar mudanças pessoais significativas nos ministérios.

A estabilidade política e o desenvolvimento econômico alimentados pelos crescentes gastos relacionados com a segurança, os investimentos nos territórios ocupados, na absorção de imigrantes e em projetos de infraestrutura como o oleoduto Eilat-Asquelon para transportar petróleo iraniano do mar Vermelho para o Mediterrâneo, geraram pressões inflacionárias em Israel. A entrada das massas palestinas de Gaza e da Cisjordânia no mercado de trabalho israelense foi outro sinal dos tempos e as obras de infraestrutura na Cisjordânia, em Gaza, no Sinai e no Golã trouxeram parcialmente modernização e prosperidade israelense para esses territórios. Esse processo tinha mais a ver com o modo de funcionamento da economia, da sociedade e da administração israelenses do que com um plano estratégico para melhorar as estruturas ou o padrão de vida nesses territórios. Não obstante a conservação das instituições anteriores a 1967, áreas como saúde pública, educação – especialmente o ensino superior e, em seguida, a abertura de faculdades e universidades – e desenvolvimento de infraestrutura – fornecimento de água e eletricidade, estradas e pontes – foram modernizadas e em muitos planos impostos padrões israelenses, já então relativamente elevados. Não houve filantropia nem uma estratégia clara de longo prazo, mas Israel impôs parcialmente os seus critérios aos territórios.

O desenvolvimento econômico produziu um aumento das pressões sociais em Israel. O incremento dos gastos públicos havia beneficiado empreiteiros, indústrias e mediadores comerciais que retribuíram ao governo. Por outro lado, o nível de pobreza não diminuiu na mesma velocidade em que aumentava o nível de enriquecimento. Um subproduto dessas tendências surgiu no início de 1971 no bairro de Musrara, em Jerusalém. Esse bairro, adjacente à "terra de ninguém" entre Israel e Jordânia, até 1967, era conhecido pela sua problemática situação sociogeográfica. Tinha sido povoado por imigrantes judeus do Norte de África nos anos 1950, quando ninguém queria viver perto de uma fronteira tensa da qual soldados da Legião Árabe ocasionalmente atiravam nos transeuntes. Era uma área empobrecida na qual dominavam a inassiduidade escolar, a criminalidade e o consumo de drogas. A população jovem local sentia-se marginalizada, discriminada e perseguida pela polícia. A prosperidade do turismo, da habitação e da infraestrutura de Jerusalém após a guerra de 1967 não chegou a Musrara nem aos seus habitantes, o que para os jovens significava mais uma prova de discriminação. No início de 1971, Reuven Abergel, Saadia Marciano, Charlie Biton e outros jovens residentes de Musrara começaram a se reunir para planejar o protesto social que realizariam como um movimento chamado ha-Panterím ha-Schkhorím (Os Panteras Negras). Não está claro se o nome provinha diretamente do homônimo estadunidense ou se Angela Davis o sugeriu a Saadia Marciano durante sua visita a Israel naquele ano. A polícia e as autoridades suspeitavam que os líderes — alguns dos quais já possuíam antecedentes criminais — poderiam gerar protestos violentos. O precedente de Wadi Salib havia mostrado o potencial explosivo desses tópicos. Os pedidos de permissão para as manifestações foram rejeitados pela polícia. Elas foram reprimidas violentamente e houve prisões preventivas daqueles que tinham antecedentes criminais. O protesto se difundiu entre os setores pobres e marginais do país. Em março, abril e maio de 1971, os Panteras Negras realizaram manifestações de crescente violência em Jerusalém. Golda Meir concordou em recebê-los depois de uma greve de fome dos líderes do movimento no Muro das Lamentações. Na reunião, prevaleceu a antipatia entre as partes. Golda Meir tentou conseguir um acordo com as instituições que representavam os imigrantes do Magrebe em Israel, mas os Panteras Negras não aceitaram. Por conseguinte, a polícia, setores políticos e o prefeito de Jerusalém, Teddy Kollek, lançaram um plano de difamação, uma dura repressão policial, castigos físicos na prisão, alistamento no exército e cooptação. O protesto incluía tópicos relacionados à educação, à pobreza, à habitação, a oportunidades de emprego, a subsídios estatais e tudo o pertinente a políticas sociais. Os adeptos do movimento comprometeram-se a se afastar de qualquer tipo de atividade criminosa e cumpriram sua promessa. No entanto, a polícia conseguiu infiltrar nesse movimento um colaborador pago que chegou à liderança do grupo e a informou sobre as redes e planos de ação dos Panteras Negras em Jerusalém e por todo o país, além de informantes menos importantes. As manifestações dos Panteras Negras incluíam pedradas e coquetéis Molotov lançados sobre a polícia, que fazia uso massivo de gás lacrimogêneo e de força, causando feridos e prisões. Em maio de 1972, os Panteras Negras confiscaram as garrafas de leite fornecidas todas as manhãs em muitas casas nos bairros ricos de Jerusalém – Rehavia, Talbie – e as distribuíam em casas localizadas em bairros pobres – Katamonim – com uma mensagem que dizia: "As crianças pobres não encontram o leite de que precisam todas as manhãs na porta de suas casas. Pelo contrário, há cães e gatos que o recebem nos bairros dos ricos." A diferença com Wadi Salib em 1959 consistia em que, no início da década de 1970, os Panteras Negras de Israel expressaram um protesto étnico e de classe articulado. Foi abordada a combinação de duas fissuras: a étnica e a socioeconômica. Nas críticas dos Panteras Negras, estava incluído todo o processo de imigração para Israel dirigido pela Agência Judaica e pela Organização Sionista Mundial, a que os ministérios e as autoridades de Israel deram continuidade. Os Panteras Negras preocuparam-se em se distanciar formalmente das organizações de esquerda e se declararam patriotas israelenses vítimas de discriminação. A tentativa de formar um partido político para as eleições parlamentares de 1973 fracassou. No entanto, vários membros desse movimento acabaram entrando na política parlamentar. Nas eleições de 1977, dois dos líderes que se dissociaram do movimento conseguiram se eleger para o Knesset. Charlie Biton e o Rakakh, acrônimo em hebraico de Reshimá Komunístit Hadaschá (Novo Partido Comunista) constituíram o Hadasch (acrônimo em hebraico de Hazit le-Shalom u-le-Schivión, Frente Pela Paz e Igualdade). Outra facção, liderada por Saadia Marciano, estava associada ao Scheli (acrônimo em hebraico para Shalom le-Israel, Paz Para Israel), um pequeno partido de esquerda que conseguiu obter representação parlamentar. O protesto dos Panteras Negras alimentou as fileiras do Likud, identificado como o principal inimigo do *establishment* trabalhista.

Em maio de 1972, um grupo do Setembro Negro sequestrou um avião da Sabena a caminho de Israel e o forçou a pousar no aeroporto Internacional de Tel Aviv. Os terroristas – dois homens e duas mulheres – exigiram a libertação de centenas de prisioneiros palestinos em Israel. Se suas exigências não fossem atendidas, ameaçaram explodir o avião com os passageiros e a tripulação. O governo israelense iniciou uma negociação e o comando do Estado-Maior realizou a Operação Isótopo. Os comandos israelenses vestiram macacões brancos, fazendo-se passar por mecânicos, e assim se apoderaram do avião. Os dois homens do grupo Setembro Negro foram mortos e as duas mulheres capturadas e condenadas a longas penas de prisão. Elas foram libertadas depois da Primeira Guerra do Líbano, numa troca de prisioneiros entre Israel e a OLP.

A mais chocante operação do Setembro Negro recebeu o nome de "Ikrit e Biram", duas aldeias árabes na Alta Galileia cujos habitantes haviam sido realocados pelas autoridades israelenses e ainda exigiam, dentro de Israel, a devolução de suas terras e casas. Essa operação foi levada a cabo contra a delegação atlética israelense nas Olimpíadas de Munique, na Vila Olímpica, em 5 de setembro de 1972. Durante o sequestro dos reféns, dois atletas israelenses confrontaram os terroristas palestinos e foram assassinados. O governo alemão ocidental negociou com os terroristas *in situ*. Quando os alemães tentaram realizar uma operação policial de resgate, os outros nove atletas israelenses sequestrados foram assassinados. Cinco dos oito membros do comando do Setembro Negro morreram durante a tentativa de resgate, mas três foram capturados pelos alemães e enviados para a prisão, embora tenham sido libertados menos de dois meses depois, quando outro comando do Setembro Negro sequestrou um avião da Lufthansa que foi devolvido em troca desses prisioneiros. A causa palestina ganhou notoriedade internacional pela cobertura que a imprensa deu a esses acontecimentos. No estádio olímpico de Munique houve um ato memorial com um discurso polêmico de Avery Brundage, presidente do Comitê Olímpico Internacional, que decidiu continuar com as competições após o ato. Dois dias depois do massacre, aviões israelenses bombardearam acampamentos da OLP na Síria e no Líbano, causando mais de duzentas mortes. Um comitê especial presidido pelo ministro de Defesa Dayan, do qual participaram o primeiro-ministro e especialistas em contraterrorismo, delineou a Operação Záam ha-El (Ira de Deus) que, durante os vinte anos seguintes perseguiu, rastreou e assassinou os membros do Setembro Negro e da OLP ligados aos atos terroristas nas Olimpíadas de Munique. Isso deu início a uma escalada de violência entre Israel e os palestinos, que se prolongou quase até os Acordos de Oslo de pacificação entre ambas as partes (1993).

Em janeiro de 1973, o Setembro Negro preparou-se para derrubar – com mísseis antiaéreos soviéticos portáteis Strella – o avião israelense que levava Golda Meir e outras importantes personalidades israelenses para uma visita ao papa Paulo VI, em Roma. A inteligência israelense inteirou-se antecipadamente dessa tentativa e conseguiu, com a cooperação da inteligência italiana e da Digos - Divisioni investigazioni generali e operazioni speciali (a unidade antiterrorista), frustrar esse ataque no último minuto.

Em abril de 1973, o tenente-coronel Ehud Barak (1942-...) liderou em Beirute a Operação Aviv Neurim (Primavera de Juventude). No seu âmbito, os israelenses atacaram as residências de dois membros do alto escalão do Fatah-Setembro Negro e do porta-voz do Fatah no Líbano. Assim, começou um processo que envolveu dissuasão, vingança e desestruturação do aparato terrorista.

O Setembro Negro continuou a assassinar representantes israelenses em Madri, Washington, Londres e Roma. No contexto da Operação Ira de Deus, os israelenses localizaram e assassinaram membros do Setembro Negro em toda a Europa. Em julho de 1973, agentes israelenses localizaram em Lillehammer, na Noruega, uma pessoa que acreditavam que fosse Ali Hasan Salameh, apelidado de Príncipe Vermelho, comandante da Força 17 (guarda pessoal de Yasser Arafat) e o chefe de operações do Setembro Negro que havia planejado os ataques de Munique, da Sabena e outros. A identificação estava errada e os israelenses assassinaram Ahmed Bouchiki, um garçom marroquino. A polícia norueguesa capturou seis dos agentes israelenses e cinco receberam penas de prisão, embora viessem a ser libertados dois anos depois. Ali Hasan Salameh foi perseguido por agentes israelenses até ser localizado em Beirute, em 1979, e ali assassinado. Os assassinatos foram acompanhados por uma campanha de dissuasão psicológica cuja mensagem era que para os operadores palestinos só havia segurança em locais nos quais Israel não poderia agir – parte do mundo árabe e o bloco soviético na Europa –, no entanto, naqueles lugares tampouco havia objetivos israelenses. Nas histórias populares, o nível crescente de violência enfatizou o ódio contra o inimigo e sua demonização, de ambos os lados.

O sexênio do *status quo*, entre a guerra de 1967 e a de 1973, foi de prosperidade econômica e otimismo sociopolítico em Israel. No entanto, os níveis de violência terrorista e militar foram muito elevados. Cartas e pacotes postais contendo explosivos começaram a chegar em 1972 a Israel, provenientes de diferentes partes da Europa. A fronteira do Líbano, após a chegada de organizações combatentes-terroristas palestinas para aquele país depois de setembro de 1970 e sobretudo em 1972, tornou-se a zona de ataques de todos os tipos contra Israel. Houve represálias aéreas e terrestres por parte de Israel, particularmente no sul do Líbano, chamada de Fatahland (Terra do Fatah).

Na primeira reunião do governo israelense após a Guerra dos Seis Dias, em 11 de junho de 1967, decidiu-se unificar as duas partes de Jerusalém – a israelense e a jordaniana. No final de junho de 1967, as fronteiras municipais de Jerusalém foram estendidas para administrar a Jerusalém jordaniana. O desenvolvimento habitacional e de infraestrutura de Jerusalém oriental mudou a realidade do lugar pela construção de bairros judeus – Ramát Eschkól, Givá Tzarfatít, Givat ha-Mivtár, G[u]iló, Armon ha-Natzív – bem como a reabertura do *campus* da Universidade Hebraica e do Hospital Hadassa no Monte Scopus. Ademais, foi desenvolvida uma ampla rede viária, além da instalação naquela área da sede da Polícia de Israel e de vários ministérios governamentais (ver tabela 9).

TABELA 9. População de Jerusalém, segundo grupos populacionais 1967-2006

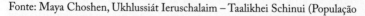

Fonte: Maya Choshen, Ukhlussiát Ieruschalaim – Taalikhei Schinui (População

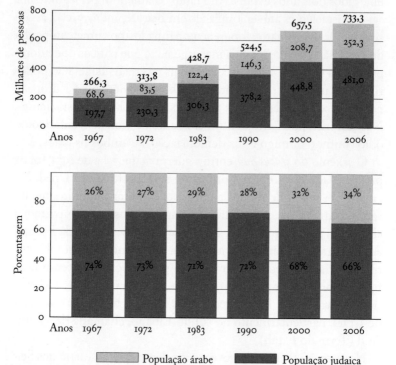

de Jerusalém – Processos de Mudança), em Ora Ahimeir; Yaacov Bar Siman-Tov (eds.), *40 Schaná Biruschalaim* (Quarenta Anos em Jerusalem), Jerusalém: Machon Yerushalaim LeKheker Israel, 2008, p. 20.

Nestes gráficos, observamos dois fenômenos: 1. O forte aumento populacional de Jerusalém; 2. O maior crescimento populacional árabe (em porcentagem) em relação à população judaica, apesar de o governo e a política municipal do Estado de Israel encorajarem o setor judaico a garantir a predominância israelense em Jerusalém. A projeção estatística indica que em 2020 a população total de Jerusalém será de um milhão de habitantes, dos quais 61% de judeus e 39% de árabes.

Os grupos terroristas judaicos foram organizados, de forma compartimentalizada, no interior dos setores nacionalistas religiosos e messiânicos, que eram a vanguarda do movimento de assentamentos judaicos na Cisjordânia. Desde 1980, houve uma série de ataques terroristas contra instituições e personalidades árabes na Cisjordânia. O ponto culminante dos planos de alguns membros da resistência judaica era explodir os lugares sagrados islâmicos no al-Haram ash-Sharif, com o propósito de ali reconstruir o Templo de Jerusalém. Dos 29 terroristas judeus presos por tentarem explodir cinco ônibus árabes, quinze foram condenados pelos tribunais israelenses. Os três líderes da resistência judaica receberam sentenças de prisão perpétua e os demais foram condenados a até sete anos de prisão. Todos contaram com grande apoio público por meio de manifestações e publicações. Os prisioneiros foram libertados pouco a pouco depois de breves períodos de prisão e, finalmente, em 1990, o presidente Chaim Herzog anistiou os condenados à prisão perpétua, que naquela altura já tinham cumprido seis anos de prisão.

Vários grupos terroristas e indivíduos judeus agiram contra a população árabe a partir da década de 1980, como: o TNT – acrônimo de Terror Neg[u]ed Terror (Terror Contra Terror); o grupo de Lifta (nome de um bairro em Jerusalém); e o grupo de Bat Áyin (na Cisjordânia). Mais de vinte indivíduos (judeus) cometeram atos de terror contra os palestinos.

O kibutz Kfar Etzión foi repovoado e sua reconstrução começou em setembro de 1967. Localizado ao sul de Jerusalém, o governo não hesitou em aprovar esse processo, pois se tratava de um assentamento fundado em 1943 e anterior ao Estado de Israel. A restauração desse kibutz precedeu a reconstrução de outros três – Massuót Yitzhak,

Ein Tzúrim e Revadim –, que também existiam antes da independência de Israel e foram abandonados em 1948. Mais tarde, outros quatorze assentamentos foram estabelecidos nessa área que seria conhecida pelo nome de Gusch Etzión (Bloco Etzión). Esses assentamentos estavam fora dos territórios assinalados no Plano Alon.

O que fazer com os territórios da Cisjordânia, do Golã, da Faixa de Gaza e do Sinai? As respostas foram diversas, porém, nos governos trabalhistas desse período, foi notório o confronto entre Moshe Dayan e Yigal Alon. Por um lado, o Plano Alon propunha uma anexação territorial. Por outro, Dayan separava o demográfico do geográfico em favor de um compromisso funcional. Israel controlaria todos os territórios e os palestinos receberiam o controle sobre toda a sua população, porém sem criar um Estado palestino. De acordo com o plano Alon, entre 1967 e 1979 foram fundados os assentamentos de Argamán, G[u]ilgál, Massuá e Kaliá no vale do Jordão. Entre 1971 e 1974, estabeleceram-se assentamentos nas encostas das colinas de Samaria: G[u]itít, Beqaót, Hamra, Mitzpé Schalem e Itav. Até o início dos anos de 1980, foi concluída a Via Alon, que assinalava o limite oriental do território a ser anexado e controlava, desde as alturas, o vale central do Jordão.

A fundação de assentamentos israelenses nos territórios ocupados por Israel depois da guerra de 1967 foi resultado de dois tipos de motivações. O primeiro, representado pelo Plano Alon, era garantir fronteiras estrategicamente defensáveis para Israel pelo povoamento das zonas fronteiriças. A segunda era a motivação messiânica de povoamento e redenção da Terra de Israel dentro dos seus limites bíblicos. Essas motivações levaram a que fossem estabelecidos assentamentos na Cisjordânia, no Golã, em Gaza e no Sinai, em que se pode encontrar elementos de pioneirismo, ideologia nacionalista e religioso-messiânica, bem como benefícios econômicos. A governança militar israelense desses territórios e a administração civil paralela da Cisjordânia e de Gaza (desde 1981) usaram terras confiscadas de governos anteriores – jordaniano e egípcio – ou de proprietários ausentes para instalar assentamentos israelenses. Com os subsídios e o grande investimento em infraestrutura de estradas, água e drenagem, eletricidade, comunicações e outros até 2010, foi calculado um investimento estatal israelense de aproximadamente dezessete bilhões de dólares. As construções abrangem doze milhões de m² na Cisjordânia. Outros dados mostram que as despesas orçamentárias por habitante israelense nos assentamentos da Cisjordânia e de Gaza têm sido historicamente o dobro ou o triplo do que foi orçado por habitante de Israel nas fronteiras anteriores à guerra de 1967. Os grandes investimentos e um elevado nível de subsídios governamentais eram incentivos e benefícios econômicos para os habitantes dos assentamentos.

A emigração dos judeus soviéticos, que até então baseava-se em chamados de parentes no exterior – também a partir de Israel –, estava paralisada desde 1967. Porém, a partir de 1953 passou a funcionar o Nativ (Caminho), conhecido como Lischkát ha-Késcher (Gabinete de Ligação) das embaixadas israelenses na URSS e na Europa Oriental para realizar tarefas de propaganda e educação sionista que encorajavam a migração para Israel. A Guerra dos Seis Dias gerou certos níveis de entusiasmo sionista entre os judeus da URSS. Em 1969, um grupo de dezoito chefes de família judias da Geórgia, que ainda não tinha obtido autorização para emigrar a Israel, conseguiu enviar uma carta ao governo de Israel e por seu intermédio para a ONU, em que exigia livre emigração como parte de seus direitos humanos. Os indivíduos cujos pedidos de emigração eram rejeitados ficaram conhecidos como *refuseniks*[10]. A esse respeito, o Nativ lançou nos países ocidentais e em Israel uma campanha antissoviética sob o título da frase bíblica que Moisés dirige ao faraó do Egito: *Schlákh et Amí* (Deixa Meu Povo Ir), que se difundiu por todo o mundo como *Let My People Go*. Um dos grupos de *refuseniks* sionistas fez uma tentativa de sequestrar um avião civil soviético para tirar os seus membros da URSS e emigrar para Israel. A KGB, contudo, prendeu os dezesseis integrantes do grupo em 15 de junho de 1970 em Leningrado, no momento mesmo do seu

■■ 10 Termo derivado do inglês "refuse", recusa, referindo-se a indivíduos aos quais era negado o pedido de visto de saída da antiga União Soviética com a finalidade de emigrar, típica, mas não exclusivamente de judeus soviéticos. (N. da T.)

embarque. No início de 1971, foi realizado o julgamento perante um tribunal militar em Leningrado, que condenou os *refuseniks* a penas de quatro a quatorze anos de prisão. As condenações alimentaram a campanha global do *Let My People Go*. A URSS negociou trocas de prisioneiros com o Ocidente, nas quais os *refuseniks* de Leningrado foram libertados e foi permitida a emigração de cerca de trezentos mil judeus, entre eles a maioria da comunidade judaica da Geórgia. O nível de capital humano que entrou em Israel, somado às motivações ideológicas, contribuiu sobremaneira para o desenvolvimento do país. Dos 291 mil judeus soviéticos que receberam vistos de emigração, entre 1979 e 1988, 165 mil imigraram para Israel.

A imigração judaica soviética gerou muita animosidade e críticas por parte dos judeus orientais, que consideravam que a ajuda aos novos imigrantes lhes concedia privilégios, principalmente ao grupo asquenazita. A rapidez com que conseguiam trabalho e alavancavam seu posicionamento social representaram para muitos judeus orientais pobres um novo exemplo de discriminação étnica. Mediante uma mescla de motivações ideológicas judaicas e sionistas com uma forte marca cultural própria, muitos imigrantes da URSS nos anos de 1970 olhavam com desdém uma grande parte da população de Israel e especialmente os judeus de origem oriental. O antigo modelo do caldeirão migratório não funcionava nem foi implementado um modelo multicultural consensual alternativo.

Anwar Sadat assumiu o poder no Egito, substituindo Nasser, com uma clara agenda nacionalista egípcia: reverter os resultados da guerra de 1967 e recuperar o controle do Canal de Suez e do Sinai. Hafez al-Assad, o presidente sírio (de 1971 até sua morte em 2000), tinha uma agenda paralela em relação ao nacionalismo sírio, em que a recuperação do Golã era fundamental, bem como a influência síria no Líbano.

Sadat declarou, em 1º de maio de 1972, em Alexandria, que estava disposto a pagar com um milhão de homens o preço de uma vitória sobre a arrogância de Israel.

Em 1971, o ministro da Defesa, Moshe Dayan, declarou que preferia Sharm el-Sheikh (o extremo sul da Península do Sinai, voltado para o estreito de Tiran, isto é, todo o Sinai) sem paz a uma paz sem Sharm el-Sheikh. Ambas as frases enfatizavam a polarização das posições. Sadat dedicou os primeiros três anos do seu governo à obtenção de armamento moderno da URSS para renovar as forças armadas egípcias e investir grande capital humano – os segmentos mais instruídos da sociedade – no setor militar. Em Israel, a euforia da vitória de 1967, bem como o entusiasmo nacionalista messiânico e a prosperidade do país produziram um sentimento de superioridade com relação ao inimigo árabe e o desprezo por ele. A arrogância israelense e a crença de Dayan de que o tempo estava a favor do país foram elementos centrais da concepção ou conceituação (errônea) do período de seis anos, de 1967 a 1973. Segundo tal concepção, o Egito só iniciaria uma guerra com Israel se acreditasse que lograria êxito; que a Síria não atacaria Israel sozinha, mas em conjunto com o Egito; e que o Egito só atacaria Israel quando resolvesse o problema da superioridade aérea qualitativa israelense. As condições para um ataque árabe se materializaram no outono de 1973. A inteligência israelense insistiu, até 5 de outubro de 1973, que o Egito não começaria uma guerra contra Israel. No âmbito interno, as eleições israelenses de outubro de 1973 constituíam um impedimento ao lançamento de ataques preventivos na frente do Canal de Suez ou na frente síria. A detecção de concentração de forças sírias perto do Golã já tinha levado ao reforço da frente norte com uma brigada blindada.

A assistência e o treinamento militar soviéticos haviam provido as forças árabes com duas soluções tecnológicas para anular a superioridade aérea e blindada israelense. Desde 1970 os soviéticos instalaram no Egito baterias de mísseis antiaéreos, fixos e móveis, do tipo SA 2, SA 3 e SA 6, e forneceram às forças árabes mísseis antiaéreos portáteis para infantaria do tipo Strella 9K32. Além disso, o Egito e a Síria incorporaram às suas tropas veículos com artilharia antiaérea para defender os blindados. Na área naval, os soviéticos tinham fornecido ao Egito e à Síria navios equipados com mísseis navais P-15 Termit – denominados pela Otan Styx – com alcance de 40 km, enquanto a marinha israelense contava com lançadores de mísseis

Gabriel, de alcance de 20 km, embora de melhor capacidade eletrônica. Em terra, os soviéticos lhes deram grandes quantidades de mísseis antitanque Sagger e RPG-7, que reduziram significativamente a capacidade ofensiva blindada israelense.

A principal explicação para o fracasso israelense em evitar o ataque conjunto da Síria e do Egito deveu-se às discussões internas da inteligência militar israelense e falhas na análise dos dados acumulados, à indecisão e à falta de uma mensagem clara para o sistema político, e às dúvidas e aos atrasos da elite governante.

Mesmo assim, não faltaram indicações de inteligência sobre o ataque massivo que se aproximava. Em 25 de setembro de 1973, o rei Hussein, da Jordânia, fez uma visita secreta a Israel e encontrou-se com Golda Meir. Nessa reunião, ele destacou três fatos importantes: 1. Na reunião no Cairo entre Hussein, Sadat e Assad, os presidentes do Egito e da Síria disseram ao rei da Jordânia que não poderiam continuar vivendo em uma situação de "nem paz e nem guerra" com Israel e pediram a sua adesão aos planos de ataque, que ele rejeitou, pois a Jordânia já havia sofrido danos suficientes em 1967 e mais tarde por parte de Israel. 2. O exército sírio já estava em posições de pré-ataque contra Israel. 3. O ataque sírio estava combinado com um ataque egípcio. Para os oficiais superiores de inteligência, as advertências do rei da Jordânia não eram concretas e eles preferiram a hipótese de que o Egito e a Síria não iriam à guerra.

Ashraf Marwan, que forneceu a Israel informações precisas sobre os planos egípcios e cujo apelido no Mossad era "o Anjo", genro de Nasser e assessor presidencial dele e de Sadat, atuava como espião. Marwan estava em contato com seus operadores israelenses e relatou a intenção egípcia de atacar, bem como a data precisa. Apesar da suspeita de que ele fosse um espião duplo, a serviço do Mossad e da inteligência egípcia, seu último aviso, em 5 de outubro de 1973, serviu para mobilizar parte dos reservistas israelenses e evitar uma derrota total.

Um dos fatores que contribuiu para os planos egípcios de ludíbrio – além do plano Tahrir 41 (em árabe, Libertação 41) que encobria os grandes preparativos logísticos – foi o fato de que, no final de 1971, de 1972 e na primavera de 1973, após exercícios militares de ofensivas contra Israel, o Egito não atacou. Na época, os preparativos sírios ainda eram insuficientes. Os ataques não ocorreram e uma das razões foram os preparativos israelenses. Esse fator influenciou, em 1973, a decisão de Dayan, convencido de que não haveria guerra, de não mobilizar toda a força de reservistas das FDI. A armadilha egípcia estava bem definida. Se ocorresse em Israel uma mobilização geral de reservistas, o Egito tinha a opção de agir como nos anos anteriores e deixar seus preparativos em nível de exercício. Isso geraria graves problemas internos no governo israelense por ter mobilizado as reservas. A mobilização geral israelense foi realizada demasiadamente tarde no dia em que a guerra de 1973 começou, e isso foi prejudicial para o esforço militar israelense.

Em outubro de 1973, o Aman – acrônimo em hebraico de Agáf ha-Modiín (Seção de Inteligência Militar) – tinha meios especiais para coletar informações no Egito que deveriam ser ativados como último recurso, pois levaria pouco tempo até que fossem descobertos, já que, aparentemente, se tratava de recursos de escuta das comunicações da elite militar e política egípcias. Esses recursos especiais só foram acionados por ordem do general Eli Zeira na manhã de 6 de outubro de 1973, poucas horas antes do início da guerra, quando já era tarde demais para que a informação obtida fosse útil.

Zvi Zamir, comandante do Mossad, com base no relatório de Ashraf Marwan, alertou que a guerra começaria em 6 de outubro. Essa advertência foi transmitida sem elaboração do Aman para Golda Meir e ao comandante-chefe do exército, David Elazar, que havia recebido outra informação sobre os preparativos sírios. Porém, a da manhã do dia 5 de outubro colocou as FDI num estado de alerta máximo, contra o parecer de Dayan e dos líderes do Aman, de que não haveria guerra. Elazar recebera, na decodificação de mensagens egípcias dos dias anteriores à guerra, as ordens de evacuação do pessoal soviético do Egito e da Síria, embora o Aman não tenha repassado a informação à liderança político-militar. Houve inclusive avisos da CIA sobre os preparativos na frente síria.

O público em Israel não tinha conhecimento de tudo isso. A atmosfera de confiança era elevada, o otimismo social não diminuía, nem o desprezo em relação ao inimigo árabe. O resultado foi a surpresa total que causou o início da Guerra do Iom Kipur em 6 de outubro de 1973, bem como a angústia e a desmoralização que os trágicos resultados da guerra geraram na população e nas elites políticas e militares de Israel.

Às 14h00 o alarme antiaéreo soou em todo Israel. O país inteiro estava paralisado pelo jejum do Iom Kipur, incluídos o tráfego, o rádio e a TV, pelo feriado religioso. Poucos minutos depois, Kol Israel retomou as transmissões de rádio e TV. Chamados de mobilização pública codificada foram transmitidos para as tropas reservistas das FDI. Em pouco tempo, o tráfego foi retomado e logo depois começou a funcionar o transporte público, essencial para o recrutamento. A população foi enviada para abrigos antiaéreos devido aos ataques do Egito e da Síria em diversas regiões do país. As mensagens oficiais dos primeiros dias de guerra, tanto de Golda Meir como do general Elazar e do ministro Dayan, eram irreais e ainda refletiam a concepção pré-guerra e a narrativa da "clara superioridade israelense". As informações que chegavam pelas estações de rádio estrangeiras contavam uma história muito diferente e muito pessimista para Israel.

Por sua vez, às 14h00 do dia 6 de outubro de 1973 os egípcios, na zona do Canal de Suez, e os sírios, no Golã, atacaram. Os egípcios cruzaram o canal e construíram treze pontes. Cinco divisões de infantaria e quatrocentos tanques egípcios cruzaram o Sinai durante o primeiro dia de guerra. Os fortes da Linha Bar-Lev não conseguiram contê-los, pelo contrário, caíram um após o outro. A zona do Canal de Suez era defendida por uma divisão israelense. A defesa permaneceu a cargo da força aérea. Entretanto, em ambas as frentes, essa força aérea perdeu 103 aeronaves (26,3% do seu total) durante os primeiros dezenove dias de combates. Metade delas foi abatida nos primeiros quatro dias. Esse tipo de desgaste, somado à quantidade de tanques destruídos nesses dias, fez com que Moshe Dayan e outros pensassem que tudo estava perdido.

Na frente síria, cinco divisões atacaram: três da infantaria mecanizada e duas blindadas, que enfrentaram duas brigadas blindadas israelenses. O ataque no norte do Golã foi contido, mas no Sul, os sírios conseguiram recuperar grande parte do Golã. Na frente sul do Golã, foi a força aérea israelense que impediu que os sírios chegassem às margens do lago Tiberíades.

O recrutamento foi concluído em 8 de outubro com um total de trezentos mil reservistas. Em muitos casos, verificou-se que o equipamento, as armas, os veículos, as munições e os suprimentos logísticos não estavam preparados.

O exército regular, em estado de alerta, deveria ser forte o suficiente para conter os ataques do Egito e da Síria no Canal de Suez e na fronteira do Golã. Apenas o Forte Budapeste, no norte do canal e voltado para o Mediterrâneo, resistiu durante toda a guerra. Os egípcios tomaram os outros quinze fortes; em seis deles, as tropas israelenses se renderam e foram capturadas como prisioneiras. No Golã, 150 tanques israelenses enfrentaram uma ofensiva de 1.400 tanques sírios.

Os planos de guerra egípcio e sírio eram limitados. Os egípcios planejavam cruzar o Canal de Suez, ocupar a Linha Bar-Lev e uma faixa de dez a quinze quilômetros a leste do canal e conseguiram. Diante desse sucesso, tentaram seguir avançando. Por outro lado, os sírios pretendiam recuperar todo o Golã e chegar ao rio Jordão.

No dia 8 de outubro, as forças israelenses, com os reservistas já incorporados, frearam a ofensiva síria no Golã. Em 10 de outubro, os blindados israelenses recuperaram tudo o que fora levado pelos sírios e se prepararam para atacar na direção de Damasco.

Um dos resultados imediatos da guerra foi o rápido desgaste dos equipamentos militares – aeronaves, veículos blindados, artilharia e outros –, bem como munição e combustível. Isso levou a que, a partir do dia 9 de outubro, a URSS começasse a operar trens aéreos para reabastecer a Síria e o Egito; os EUA fizeram o mesmo em relação a Israel a partir de 14 de outubro. Houve 736 voos estadunidenses de abastecimento (que incluíam tanques, artilharia e munições), 26 mil toneladas de equipamento militar e suprimentos logísticos de todo tipo, quarenta aviões Phantom F-4 e 53 Skyhawk A-4. Era uma demonstração significativa das intenções dos EUA de conter a URSS no Oriente Médio. A incapacidade de continuar a guerra com autonomia aprofundou a dependência do Egito e da Síria em relação à URSS e a de Israel em relação aos EUA. Por conseguinte, a autonomia que esses países possuíam foi reduzida e as iniciativas políticas deixadas nas mãos de Henry Kissinger e Alexei Kossygin.

Em 12 de outubro, Israel interrompeu a sua ofensiva no Golã depois de chegar a 40 km de Damasco. A forte resistência síria, apoiada pelas forças iraquianas, não lhes permitiu avançar mais. A partir de 12 de outubro, Israel concentrou as suas forças e esforços militares no Sinai. Na frente síria, os combates continuaram, contudo, sem grandes avanços ou retrocessos.

Em 8 de outubro, Israel tentou uma dupla ofensiva contra os egípcios no Sinai, que fracassou, causando muitas vítimas. O general Elazar continuou a expressar seu otimismo, resumido na frase: "iremos quebrar-lhes os ossos", o que era irreal. Os egípcios continuaram a reforçar suas forças blindadas e de artilharia e em 14 de outubro lançaram uma ofensiva para penetrar ainda mais no Sinai, que não foi bem-sucedida. A contraofensiva israelense, executada pelo avanço da divisão de Sharon, atravessou o Canal de Suez na noite de 15 para 16 de outubro. A oeste do Canal de Suez, os blindados israelenses não conseguiram cercar o 2º exército egípcio na área centro-norte do canal, embora tenham conseguido cercar o 3º exército egípcio na área do lago Amargo e da cidade de Suez. O primeiro batalhão blindado de Sharon atacou as posições de defesas antimísseis e antiaéreas a oeste do Canal de Suez. Isso permitiu que a aviação israelense atacasse alvos no Egito com maior liberdade de voo. Um dia depois, a divisão Bren cruzou o Canal de Suez, uma segunda ponte foi construída e a divisão Mag[u]en atravessou o canal. Os soviéticos ameaçaram enviar suas tropas para ajudar o Egito. Os EUA garantiram à URSS que a Otan estava em alerta e não permitiria o envio de tropas soviéticas. O mundo se aproximava perigosamente de uma guerra nuclear. Kissinger e Gromiko concordaram em impor um cessar-fogo, conseguido por uma decisão do Conselho de Segurança da ONU em 22 de outubro. No dia 23 de outubro, as FDI terminaram o cerco do 3º exército egípcio e na manhã de 25 de outubro egípcios, sírios e israelenses implementaram o cessar-fogo. No Egito, as tropas israelenses estavam a 101 km do Cairo, no caminho de Suez à capital egípcia.

Israel conseguiu obter grandes vitórias tanto na frente síria como na egípcia, não obstante o início adverso da guerra, porém o mito da invencibilidade israelense foi rompido. No Golã, os tanques sírios que chegaram até a "linha verde" destruíram a narrativa da profundidade estratégica que aquele território proporcionava a Israel. Israel foi forçado a evacuar assentamentos no sul do Golã. Nesse tipo de guerra, os assentamentos civis próximos de zonas de combate não constituíam uma vantagem, pois não conseguiam impedir o avanço das forças blindadas e se converteram em um problema. Não foram poucos os soldados e os pilotos israelenses feitos prisioneiros no Egito e na Síria. A concepção desenvolvida com base na guerra de 1967 foi destruída na guerra de 1973 e substituída por confusão e decepção. A frente interna israelense e a sociedade civil permaneceram envoltas em uma onda pessimista alimentada pelo grande número de vítimas.

Do lado árabe, a guerra de 1973 era apresentada como uma grande vitória egípcia e síria. Deixava-se de lado o resultado do fim da guerra para acentuar as conquistas iniciais: a travessia vitoriosa do Canal de Suez e a ocupação de parte do Sinai pelo Egito em conjunto com a penetração síria no Golã até o Jordão.

Nessa guerra, Israel perdeu 2.656 soldados e mais de nove mil foram feridos. Do ponto de vista das baixas, esses números eram apenas superados pelo confronto de 1947-1949, ocorrido em um período muito mais longo do que em 1973 (dezenove dias no total).

A guerra foi considerada uma grande falha (*mekhdál*) no funcionamento do país. Israel não estava preparado para se defender contra as ofensivas egípcias e sírias. Isso era imperdoável no final de 1973.

Em meados de novembro de 1973, o governo de Golda Meir decidiu formar uma comissão oficial de inquérito presidida por Shimon

Agranat, presidente da Suprema Corte de Israel, para investigar a Guerra de Iom Kipur.

O sentimento popular em relação a um governo que parecia ter traído o país se refletiu nos resultados das eleições para o 8º Knesset, realizadas em 31 de dezembro de 1973. O Maarakh (coligação trabalhista) perdeu 10% da sua força parlamentar e caiu de 56 para 51 assentos. O Likud – criado no verão de 1973 por Arik Sharon (que se aposentou naquele ano das FDI e aderiu à direita política israelense) – obteve 39 assentos em vez dos 26 que tinha no Knesset anterior. O Likud aumentou sua representação parlamentar em 50%. Golda Meir, apesar da guerra e de sua doença, concordou em liderar o Maarakh e formou o novo governo, que replicava o anterior e, portanto, Dayan continuou como ministro da Defesa. Os líderes do governo foram investigados pela Comissão Agranat. O capitão (reservista) Motti Ashkenazi terminou seu serviço de reserva iniciado em setembro de 1973, tendo comandado o Forte Budapeste – o único que não se rendeu aos egípcios – fez um protesto *solo* em frente ao gabinete da primeira-ministra em fevereiro de 1974 e uma greve de fome, exigindo a renúncia de Dayan, a quem responsabilizava pelo *mekhdál* de Iom Kipur. Os reservistas que retornavam da frente começaram a aderir ao protesto de Ashkenazi contra Dayan e o governo de Golda Meir. Milhares de civis participaram. O protesto aumentava. Em 1º de abril de 1974, foram publicadas as primeiras conclusões da Comissão Agranat, que produziram um forte escândalo público. A comissão investigadora culpou e ordenou a demissão de quatro oficiais superiores da inteligência militar, liderados pelo seu comandante, o general Eli Zeira, por avaliar erroneamente e transmitir estimativas irrealistas de inteligência ao governo. Culpou e demitiu o comandante-em-chefe do Estado-Maior, o general David Elazar, por ter superavaliado a capacidade do exército regular de frear os ataques sírios e egípcios, por não ter tido e utilizado fontes de inteligência independentes, bem como por não ter preparado um plano defensivo detalhado. A publicação do relatório preliminar da Comissão Agranat causou um enorme protesto popular por não atribuir nenhuma responsabilidade política e descarregar todas as acusações sobre os militares. Golda Meir renunciou ao cargo de primeira-ministra em 11 de abril de 1974. Em 3 de junho, formou-se o novo governo trabalhista liderado por Yitzhak Rabin. Da mesma forma, Moshe Dayan renunciou ao cargo de ministro da Defesa.

A segunda parte do relatório Agranat foi apresentada ao governo em julho de 1974 e a terceira em janeiro de 1975. O texto final contém mais de 1.500 páginas, mas naquela época foram publicadas apenas 42 páginas de introdução com as principais conclusões. O texto completo (1.500 páginas), menos 48 páginas, foi publicado até 1995. O relatório contém análises sérias e recomendações sobre a reorganização da inteligência e do exército. A principal recomendação foi o estabelecimento de mecanismos de coleta e análise de inteligência paralelos para evitar que futuros comandantes militares e governos dependessem de uma única análise de inteligência, como aconteceu em outubro de 1973.

As perdas foram muito elevadas em termos humanos e materiais, acentuando-se inclusive a dependência da ajuda estadunidense. Desde 1974, os EUA forneceram ajuda militar a Israel – parte dela como subsídios indiretos à indústria militar estadunidense, pois Israel tinha que usar o dinheiro da ajuda para comprar armamento nos EUA, parte como créditos com boas condições e outra parte, menor, como auxílio pecuniário – da ordem de três bilhões de dólares por ano. Isso era essencial para restabelecer e modernizar a capacidade militar de Israel após a guerra de 1973.

Os Estados árabes, liderados pela Líbia e pela Arábia Saudita, tinham sérios problemas com as companhias petrolíferas ocidentais, e a Guerra de Iom Kipur-Ramadã (outubro de 1973) propiciou uma boa razão para levar a cabo um embargo petrolífero aos países ocidentais que apoiavam Israel e aumentar os preços do petróleo, de US$ 3 a US$ 12 o barril. O gatilho foi o "comboio" aéreo da ajuda militar dos EUA a Israel. O boicote continuou até março de 1974 e impactou principalmente os países da Europa Ocidental. Outros países produtores de petróleo não árabes, como o Irã, o México e a Venezuela se beneficiaram da quadruplicação dos preços. Isso produziu grandes excedentes de dinheiro que foram depositados pelos países petrolíferos em bancos ocidentais. Ao mesmo tempo, as grandes instituições bancárias baratearam o crédito e os maiores beneficiários foram sobretudo os países da América Latina, pois suas dívidas externas haviam aumentado consideravelmente.

As reuniões diretas entre o general Aharon Yariv e o general Mohamed Abdel Ghani el-Gamasy começaram no quilômetro 101 da estrada Suez-Cairo. Essa foi a primeira vez que representantes de Israel e do Egito negociaram diretamente. Em 12 de novembro de 1973, firmou-se um acordo para estabilizar o cessar-fogo. O Egito libertou 233 prisioneiros israelenses, incluindo nove pilotos, e Israel libertou 8.300 prisioneiros egípcios. Para o Egito, a conquista principal foi o acordo relativo ao método de abastecimento do 3º exército egípcio, cercado pelas FDI na área de Suez. No acordo de separação de forças entre Israel e Egito, assinado em 18 de janeiro de 1974 pelo general Elazar e pelo general Gamazy no quilômetro 101, pactuou-se que Israel se retiraria dos territórios que ocupava a oeste do Canal de Suez e uma nova linha de cessar-fogo seria estabelecida 20 km a leste do canal. Assim, o canal ficou sob controle do Egito, que o reabriu em 1975, após assinar um novo acordo de separação de forças entre os dois países. Desde 1975, o Canal de Suez está aberto também à navegação israelense. Politicamente, Sadat começou a atingir os seus objetivos e Israel respondeu de forma positiva.

A estabilização do cessar-fogo com a Síria foi mais difícil e exigiu a intervenção direta do secretário de Estado estadunidense Kissinger, pois do lado sírio não existia a vontade de negociação demonstrada por Sadat.

Em 1º de dezembro de 1973, faleceu David Ben-Gurion (1886-1973), o fundador do Estado de Israel. Foi mais um golpe moral para a sociedade israelense que já estava atolada em um estado de pessimismo coletivo depois da guerra de 1973. Ben-Gurion foi velado no Knesset e depois sepultado em seu kibutz, Sde Boker, no deserto do Neg[u]ev, sem salvas nem discursos, respeitando a sua vontade. Antes de morrer, ele insistiu na necessária união das duas partes de Jerusalém, mas via o Sinai e os territórios ocupados na guerra de 1967 como negociáveis para alcançar a paz com os árabes. No momento em que foi sepultado, alarmes antiaéreos soaram em todo Israel e o país parou para homenagear seu fundador.

Em 21 de dezembro de 1973 foi inaugurada em Genebra, com o patrocínio da ONU, uma conferência de paz entre Israel, Jordânia, Síria e Egito. Israel se opôs à participação da OLP. No dia 31 de maio de 1974, foi assinado em Genebra o acordo de separação de forças entre Israel e a Síria. Israel devolveu à Síria 392 prisioneiros desse país, dez do Iraque e seis do Marrocos, em troca de 62 soldados israelenses. Israel acabou cedendo à Síria tudo o que ocupava no enclave estabelecido em direção a Damasco durante a guerra de outubro de 1973, o cume do monte Hermon e a cidade destruída de Quneitra e seu entorno. Mais tarde, a ONU criou a Undof - United Nations Disengagement Observer Force (Força das Nações Unidas de Observação da Separação), uma força composta por mais de mil homens que atualmente está em funcionamento.

6.
A BUSCA PELA PAZ
(1974-1981)

As negociações entre o Egito e Israel são as precursoras do processo de paz que foi estabelecido entre Israel, Egito, Jordânia e OLP, bem como das tentativas de negociação com a Síria e o Líbano.

Em 1974, foi criado o Gusch Emuním (Bloco dos Crentes). O ideólogo e líder espiritual desse movimento era o rabino Zvi Yehuda Kook. Os seus discursos combinavam elementos religiosos ligados à redenção da Terra Prometida por mandado bíblico e a pioneira tradição sionista de assentamentos agrícolas e urbanos com os quais a base territorial do Estado de Israel fora estabelecida. Seus membros realizaram grandes manifestações contra a assinatura do Acordo de Separação de Forças com a Síria, uma vez que isso implicava a devolução do cume do monte Hermon e de Quneitra. As atividades do Bloco dos Crentes foram planejadas de forma reativa (protestos) e proativa (núcleos de assentamentos). O primeiro objetivo em Samaria foi a área de Nablus. A rivalidade acirrada entre Rabin e Peres desenvolveu-se a partir de 1974, quando Rabin derrotou Peres nas eleições internas do Partido Trabalhista em abril de 1974.

A política do governo Rabin (1974-1977) foi implementar o Plano Alon. Em contrapartida, Shimon Peres, ministro da Defesa no mesmo governo e partidário da visão funcionalista de Dayan, além de inimigo político de Rabin e representante dos falcões da segurança no governo, queria criar mais assentamentos em todos os territórios e conceder autonomia funcional aos núcleos populacionais árabes.

O Gusch Emuním tentou várias vezes em 1975 criar um assentamento chamado Elon Moré perto de Nablus, que foi evacuado pelas FDI. Em dezembro de 1975, quando fez uma nova tentativa de assentar-se em Sebástia, recebeu o apoio de Shimon Peres, que obteve permissão para que esses colonos residissem no acampamento militar de Kadum, que mais tarde se tornou o assentamento urbano de Kedumim. Nesse mesmo ano, outros membros do Gusch Emuním fundaram o assentamento de Ofrá em um acampamento militar jordaniano abandonado, ao norte de Jerusalém, com o apoio de Shimon Peres e a oposição de Yitzhak Rabin.

O conflito entre Peres e Rabin provocou grandes danos ao Partido Trabalhista israelense e foi uma das causas que favoreceu a vitória de Menachem Begin, líder do Likud, nas eleições de 1977. Rabin, em sua autobiografia, descreve Peres como "um sedicioso incansável".

O Bloco dos Crentes operava no seio da sociedade israelense--judaica. A pressão que gerou ao enviar grupos de jovens, motivado pela ideologia nacionalista-messiânica religiosa, para que ocupassem colinas despovoadas nos territórios adquiridos na guerra de 1967, teve um grande impacto sobre israelenses e palestinos. As ocupações *de facto* estabeleceram pontos de assentamento muito difíceis de serem removidos. Os assentamentos mudaram a realidade territorial, causando atritos entre os colonos israelenses e a população palestina. A segurança da população judia-israelense na Cisjordânia, na Faixa de Gaza e no Golã foi um sério problema. Os palestinos rejeitavam a presença israelense nesses territórios, por vezes de forma violenta. A segurança dos israelenses e de seus assentamentos estava a cargo da polícia israelense, que assumiu tarefas civis na área, mas também do exército, que representava a autoridade de ocupação. Cada ponto de assentamento tinha que ser vigiado e todos os caminhos protegidos. Isso levou a uma situação em que as FDI, durante muitos anos, mobilizaram parte de suas forças regulares e de reservistas nesses territórios para prover segurança aos assentamentos e aos seus habitantes. O incremento do número de assentamentos ao longo dos anos forçou um aumento nas funções de guarda do exército. O impacto foi negativo para o nível de treinamento das unidades, que precisavam estar preparadas para a próxima guerra e não exercer funções policiais de guarda e controle da população palestina. O impacto moral também foi negativo para as tropas israelenses. O envolvimento do exército num problema de natureza ideológico-política que dividia a população do país centralizou a discussão dentro das FDI. O fato de ter que "evacuar" colonos ou "protegê-los" sempre foi controverso, inclusive atualmente. Desenvolveram-se em Israel movimentos políticos extraparlamentares, que conclamavam os soldados, sobretudo os reservistas, a não servir nos territórios que Israel ocupou em 1967, que, embora minoritários, exerciam influência.

Esses territórios ocupados no âmbito de uma guerra foram administrados por uma governança militar, conforme estabelecido pela lei internacional. Essa era regida de acordo com a estrutura legal das FDI, portanto, a população desses territórios vive, desde 1967, sob a lei militar. Os habitantes dos assentamentos nesses territórios são cidadãos israelenses, isto é, vivem sob a estrutura da lei civil israelense. Trata-se de uma óbvia anomalia, uma vez que uma parte dos habitantes dos territórios é julgada de acordo com o *status* territorial-individual (palestinos) em termos de ocupação militar, enquanto a outra parte é julgada de acordo com seu *status* individual como cidadãos israelenses. O Direito internacional estabelece que a linha que divide a jurisdição judicial da militar é a "linha verde". Israel, ao anexar Jerusalém Oriental e o Golã, aplicava ali sua jurisdição judicial. A população árabe-palestina local, governada sob a lei militar, recebeu o direito de apelar ao Bagatz, acrônimo em hebraico de Beit ha-Mischpát ha-Gavôa le-Tzédek (Tribunal Superior de Justiça) que faz parte da Suprema Corte de Israel. Isso foi decidido em 1967 pelo então promotor militar superior, Meir Shamgar, e o procurador geral Moshe Ben-Zeev. A razão para outorgar esse direito aos habitantes dos territórios sob governança militar era que uma entidade neutra e imparcial – a Suprema Corte de Israel – faria um controle judicial sobre a governança militar. Desde 1967, essa Corte julgou centenas de casos e tomou decisões relacionadas à fundação e manutenção dos assentamentos civis israelenses, a mudanças nas leis locais, à construção de estradas, deportações, demolições de casas de famílias de terroristas e detenções administrativas. Na maioria das intervenções do Tribunal Superior de Justiça, a Corte apoiou as posições do exército e do governo israelense, embora os casos excepcionais em que se opôs tenham reforçado a legitimidade de seu papel como entidade responsável pelo processo de revisão judicial. O apoio do Tribunal Superior de Justiça às decisões do exército e do governo conferiu-lhes legitimidade democrática. Um terceiro aspecto é que o Bagatz se consolidou como defensor dos direitos civis da população, embora fosse governada por autoridades militares. David Kretzmer argumenta que talvez teria sido preferível que o Tribunal Superior de Justiça tivesse se recusado a rever judicialmente problemas originários dos territórios ocupados militarmente em 1967. Assim, todo o processo de ocupação territorial seria deslegitimado e talvez isso teria acelerado os processos sociopolíticos que poderiam ter levado Israel a desocupar tais territórios e acabar com a anomalia judicial antidemocrática supramencionada.

O Gusch Emuním continuou sua campanha para estabelecer assentamentos sem permissão do governo, se bem que isso constituísse uma clara violação das leis israelenses e internacionais. De sua parte, o governo se absteve de evacuá-los devido aos precedentes de Ofrá e Elon Moré-Kadum-Kedumim. O ativismo ideológico-material do Bloco dos Crentes foi muito mais forte do que a oposição daqueles que pregavam a necessidade de entregar esses territórios aos árabes em troca de paz. No final do governo de Rabin, em 1977, havia vinte assentamentos com uma população judaica de 3.876 pessoas.

A Resolução 3.379 (10 de novembro de 1975) determinou que o sionismo era uma forma de racismo e discriminação racial. Essa resolução provocou um grande impacto em Israel e nas comunidades judaicas da diáspora. O embaixador de Israel na ONU, Chaim Herzog, respondeu afirmando na Assembleia Geral que "Hitler teria se sentido em casa em diversas ocasiões durante o ano passado, ouvindo os procedimentos nesse fórum, e especialmente o procedimento durante o debate sobre o sionismo". A parte dessa resolução que afirmava que o sionismo era uma forma de racismo e de discriminação racial foi anulada pela Assembleia Geral da ONU em 1991.

Em 30 de março de 1976, alguns árabes-israelenses realizaram manifestações sob o título de "Dia da Terra", em forma de uma greve geral árabe em Israel, contra a intenção do governo de expropriar vinte mil *dunam* (18 km²) na Galileia. O governo planejava expropriar essas terras para expandir a cidade em desenvolvimento de Carmiel, como parte do plano para aumentar a população judaica naquela região. Os líderes municipais árabes opuseram-se a essa medida, e as forças políticas árabes em Israel fizeram uma greve geral de protesto. A violência da manifestação, liderada pelo partido Rakakh, surpreendeu as autoridades que, além da polícia, enviaram tropas do exército para conter os manifestantes. Os confrontos com a polícia e o exército foram violentos e deixaram seis mortos, 69 feridos e mais de 250 pessoas presas. O "Dia da Terra" constituiu-se no símbolo central da identidade árabe-israelense, autodefinida como palestina. Houve também uma aproximação entre as elites árabes de Israel e as da Cisjordânia e Gaza. A reação política do governo Rabin foi adotar medidas para propiciar melhores possibilidades de emprego no setor público para árabes-israelenses e ver como melhorar o padrão de vida da população não judia em geral. Com esses objetivos criou-se uma divisão árabe na Histadrut, que tem lidado com esses problemas desde 1976. A população árabe em Israel ainda comemora o Dia da Terra todo dia 30 de março.

Em 27 de junho de 1976, um comando de quatro terroristas da Frente Popular para a Libertação da Palestina, pertencentes à ala liderada por Wadie Hadad, juntamente com terroristas alemães, sequestraram um avião da Air France que fazia o voo 139 de Tel Aviv a Paris, depois de uma escala em Atenas. O avião transportava 248 passageiros e doze tripulantes. Ele foi desviado para Benghazi, na Líbia, e após o reabastecimento dirigiu-se para Uganda. O avião sequestrado foi recebido no aeroporto de Entebbe e ficou sob a proteção do presidente de Uganda, Idi Amin Dada, que se ofereceu para fazer mediação entre a FPLP e Israel. O comando palestino exigiu a libertação de 53 terroristas, quarenta dos quais prisioneiros em Israel. Os terroristas separaram os passageiros judeus e israelenses e libertaram os demais. No entanto, o capitão do avião e toda a tripulação decidiram ficar junto com os judeus e israelenses. O comando terrorista emitiu um ultimato que alertava que se suas reivindicações não fossem atendidas, dois reféns seriam executados a cada hora a partir do dia 1º de julho. O prazo foi prorrogado por mais três dias. Israel planejou e executou a Operação Trovão. A distância entre Israel e Uganda era de quase 4.000 km. As unidades de comando das FDI e a Força Aérea receberam consentimento para dar início à operação, uma vez assegurado o reabastecimento dos aviões israelenses em Nairóbi. O próprio primeiro-ministro Rabin tomou a decisão e ordenou a partida; a autorização do seu governo chegou quando Nairóbi já havia enviado a mensagem de aprovação e os aviões haviam decolado. Em 3 de julho de 1976, os comandos israelenses apreenderam o antigo terminal do aeroporto de Entebbe, libertaram os reféns juntamente com a tripulação da Air France e os transportaram de volta a Israel, o avião reabastecido novamente em Nairóbi. No entanto, uma refém israelense de 75 anos, que estava internada no hospital de Kampala, foi assassinada por ordem de Idi Amin. Durante a operação, um dos comandantes israelenses, o tenente-coronel Jonathan Netanyahu – irmão mais velho do futuro primeiro-ministro de Israel, Benjamin Netanyahu – morreu e a operação foi renomeada Operação Jonathan. Três reféns também foram assassinados. Os comandos israelenses mataram os sete terroristas e vinte soldados ugandenses que resistiram. Destruíram dez caças Mig 17 da força aérea de Uganda no aeroporto, a fim de impedi-los de perseguir os aviões de resgate israelenses. O sucesso dessa operação teve repercussão mundial e a alegria popular quando os aviões com os reféns pousaram em Israel foi indescritível.

O governo de Rabin foi atingido por escândalos de corrupção relacionados ao ministro da Habitação, Avraham Ofer, que nunca chegaram a se esclarecer porque ele se suicidou no início de janeiro de 1977 e seu caso foi encerrado, e a Asher Yadlin, candidato de Rabin para a presidência do Banco de Israel, que foi julgado por corrupção e condenado a cinco anos de prisão. A chegada dos primeiros caças F-15 dos EUA e sua cerimônia de recepção forçaram os ministros participantes a voltarem para casa quando o sábado já começara – em 10 de dezembro de 1976 –, o que violava a lei religiosa de descanso no sábado e o acordo de *status quo*. Isso desencadeou uma crise com os partidos religiosos. Como consequência, Rabin teve que entregar uma carta de demissão ao presidente de Israel, Efraim Katzir, em 20 de dezembro de 1976. A intenção de Rabin também era tentar marginalizar Shimon Peres do centro do poder. Em abril de 1977, meses antes das novas eleições nacionais, um jornalista próximo de Peres, informado por um oficial de segurança da embaixada israelense em Washington, na qual Rabin servira como embaixador até 1973, publicou detalhes sobre a existência de uma conta bancária secreta dos Rabin. Essa conta nos EUA – proibida do ponto de vista da lei de controle de divisas e de capitais de Israel – tinha sido movimentada pela esposa de Rabin, Lea. Yitzhak Rabin assumiu a responsabilidade pública pela conta – em cujo saldo havia cerca de US$ 20.000 – da qual ele era cotitular, e renunciou à liderança do Partido Trabalhista e à candidatura a primeiro-ministro. O tribunal que julgou o caso multou os Rabin em 250.000 liras israelenses (equivalente, na época, a cerca de US$ 27.000, que atualmente correspondem a US$ 100.000).

Shimon Peres foi declarado candidato a primeiro-ministro pelo Maarakh depois de firmar um compromisso com Yigal Alon. As eleições parlamentares foram antecipadas para 17 de maio de 1977.

O Partido Trabalhista em declínio, corrupto e desmoralizado, enfrentava o Likud, uma força ascendente, imaculada e entusiasta. Liderado por Menachem Begin, o Likud conquistou 43 cadeiras enquanto o Maarakh, sob a liderança de Shimon Peres, caiu para 32 cadeiras. Após 29 anos de governos trabalhistas, houve uma reversão eleitoral e a oposição de centro-direita chegou ao poder. O argumento da necessidade de substituição democrática usada pelo general (aposentado) Ezer Weizman influenciou a campanha eleitoral do Likud. A grande massa de judeus orientais e tradicionalistas considerava-se vítima das políticas trabalhistas. Esse discurso, com forte ênfase populista, também foi usado por Begin para ampliar o eleitorado do Likud. A criação de um terceiro grupo, Dash, acrônimo em hebraico de ha-Tnuá ha-Demokrátit le-Schinui (Movimento Democrático de Mudança), como força política de centro provocou a perda de votos do Partido Trabalhista. O partido, liderado por Yigael Yadin – ex-general, professor de arqueologia na Universidade Hebraica de Jerusalém e ex-membro da Comissão Agranat –, ganhou quinze assentos no 9º Knesset. O Mafdal, acrônimo em hebraico de Miflagá Datít Leumít (Partido Religioso Nacional), descendente do movimento Mizrahi, conseguiu eleger dois parlamentares mais do que nas eleições anteriores, ou seja, recebeu doze assentos no Knesset; isso demonstrou o impacto do Bloco dos Crentes e do seu ativismo. O nacionalismo religioso messiânico via na chegada de Menachem Begin ao poder uma oportunidade histórica de concretizar o seu ideal de povoar com judeus toda a Terra Prometida. Na esquerda fragilizada, o partido Ratz, oficialmente denominado Movimento Pelos Direitos Civis e Pela Paz, liderado por Shulamit Aloni e o partido Scheli, liderado por Arie Lova Eliav, e que reunia figuras como Uri Avnery (diretor do Ha-Olam ha-Ze), Meir Pa'il (historiador militar) e Saadia Marciano (dos Panteras Negras), eram forças menores. O Ratz ganhou um assento e o Scheli dois, que seus líderes alternavam entre si.

O primeiro governo de Menachem Begin durou de junho de 1977 a agosto de 1981. Begin lançou quatro iniciativas. A primeira, negociações secretas de paz com o Egito que havia iniciado com Sadat antes de assumir o governo. A segunda foi a reforma do sistema econômico criado para reduzir o papel do Estado, incentivar o funcionamento dos mercados livres e apoiar o setor privado. A terceira foi uma reforma social por meio de um programa habitacional que financiou a reconstrução de bairros pobres. A quarta, o apoio ostensivo aos assentamentos israelenses na Cisjordânia e em outros territórios para além da "linha verde", resumida na frase do próprio Begin: "Haverá muitos Elon Moré."

Begin também enfrentou a OLP e os ataques contra Israel, sobretudo do sul do Líbano, com uma política militar ativista. Ezer

Weizman, como ministro da Defesa, confrontou as organizações palestinas e consolidou as relações entre Israel e os cristãos maronitas do Líbano, que recebiam ajuda militar israelense limitada há alguns anos. Em 11 de março, um grupo terrorista do Fatah desembarcou na reserva natural de Maagán Mikhael – ao sul de Haifa – e chegou à estrada costeira, sequestrando um táxi com passageiros e um ônibus de excursão de famílias de membros da cooperativa de transporte Eg[u]ed. A polícia o deteve entre Herzlia e Tel Aviv. Seguiu-se um forte tiroteio. Os terroristas massacraram os passageiros e explodiram o ônibus. No total, causaram 35 mortes e 71 feridos. Uma força das FDI invadiu o sul do Líbano até o rio Litani. A Operação Litani deslocou grupos armados palestinos para além desse rio, no intuito de mantê-los longe da fronteira de Israel. Depois de seis dias, as tropas israelenses se retiraram do sul do Líbano para cumprir a resolução 425 da ONU (Conselho de Segurança) de 19 de março de 1978, que enviou para a fronteira entre Israel e o Líbano a Unifil - United Nations Interim Force in Lebanon (Força Interina das Nações Unidas no Líbano). Israel forneceu armas e treinou o exército do sul do Líbano, comandado pelo major Saed Haddad, de filiação greco-católica. Essa força de autodefesa tinha como objetivo afastar os grupos palestinos da fronteira e criar uma faixa de segurança para Israel no sul do Líbano.

Já não se tratava de seguir uma estratégia defensiva para avançar na direção de uma tática fortemente ofensiva, de acordo com o *dictum* de Ben-Gurion, mas usar a força militar de Israel de forma estrategicamente ofensiva para obter resultados políticos.

Os acordos de separação de forças entre Israel e Egito haviam sido cumpridos, se bem que com dificuldades. Depois de assumir o cargo de primeiro-ministro, Begin começou a agir para conseguir um acordo político com o Egito. Em meados de agosto de 1977, ele disse ao secretário de Estado estadunidense, Cyrus Vance, que estava interessado em se encontrar com Sadat e negociar diretamente um acordo com o Egito. Os EUA transmitiram secretamente essa informação ao presidente egípcio. Novamente durante uma visita a Bucareste no final de agosto, Begin pediu a Nicolae Ceausescu que transmitisse a Sadat suas sérias intenções de negociar. O mesmo tipo de mensagem foi transmitido pelo ministro das Relações Exteriores Moshe Dayan durante suas visitas a Nova Delhi e Teerã. No início de setembro, Dayan viajou secretamente ao Marrocos para tentar, com a ajuda do rei Hassan II, coordenar uma reunião de cúpula entre Begin e Sadat. Já antes, no verão de 1976, Itzhak Rabin, disfarçado com uma peruca, tinha se encontrado secretamente com o rei Hassan II, para avaliar até que ponto era possível uma negociação com o Egito. O rei do Marrocos transmitiu o pedido de Dayan ao Egito. Em 16 de setembro, Dayan se encontrou secretamente com Hassan Tuhami – vice-primeiro-ministro do Egito – no Marrocos, na presença do rei Hassan II. O representante egípcio informou o israelense sobre o interesse de Sadat em negociar, mas com a condição prévia de que, em troca de um acordo de paz, Israel se retiraria de todos os territórios que ocupara na guerra de 1967, incluindo Jerusalém Oriental. Dayan sabia que um nacionalista como Begin não o aceitaria. Então, ao que parece, Dayan prometeu a devolução de toda a Península do Sinai. Tuhami afirmou que Sadat estava interessado em chegar a um acordo direto com Begin, a quem ele considerava um homem de coragem, mas que desejava uma paz que incluísse a Jordânia, a Síria e a resolução do problema palestino. Dayan e Tuhami concordaram em relatar isso a Begin e a Sadat, para obter uma troca de propostas de paz entre os dois países que seriam transmitidas à presidência dos EUA. Sadat chegou à conclusão de que uma visita dramática a Jerusalém lhe traria grandes dividendos políticos para estabelecer a forma de recuperar a soberania egípcia sobre os territórios perdidos em 1967. Em 9 de novembro de 1977, num discurso perante a Assembleia Nacional do Egito, o presidente Sadat declarou-se disposto a ir a Jerusalém para negociar a paz com Israel. A surpresa em Israel foi total. O recente inimigo sofrera uma mudança de 180o e se declarava disposto a negociar um acordo de paz. Os contatos prévios eram conhecidos apenas por Begin e Dayan. A elite política e militar de Israel talvez tenha sido a mais surpresa e incrédula com o discurso de Sadat. Dois dias depois, em 11 de novembro, Begin enviou uma mensagem ao povo do Egito para instá-lo a abandonar o caminho da guerra e estabelecer uma paz permanente com Israel. Ele também respondeu à declaração de Sadat convidando-o a ir a Jerusalém e declarando-se disposto a ir ao Cairo. Sadat aceitou o convite, e os preparativos para a visita foram febris. Um avião egípcio chegou a Israel na manhã do dia da visita, apenas com a equipe de alto escalão de Sadat, as bandeiras de seu país e as notas do hino nacional egípcio para completar o protocolo oficial de recepção.

Na noite de sábado, 19 de novembro de 1977 – mais de duas horas após o final do descanso sabático para permitir que os participantes da recepção chegassem ao aeroporto de Lod sem violar as leis religiosas –, o avião presidencial egípcio pousou em Israel e foi recebido com todas as honras pela elite política e militar de Israel.

A chegada do presidente do Egito foi impactante para Israel. Sadat e Begin eram os protagonistas centrais de um verdadeiro drama no teatro político do Oriente Médio. Esse evento político televisionado era necessário para gerar uma mudança na opinião pública de ambas as partes e conferir legitimidade ao que ocorria. Até pouco antes de sua chegada, Sadat era visto como o arqui-inimigo que fora preso durante a Segunda Guerra Mundial pelos britânicos no Egito, devido às suas simpatias pró-nazistas, e que havia planejado e executado o astuto ataque de Iom Kipur, no qual tantas vidas israelenses foram ceifadas. Ao mesmo tempo, Begin era visto de forma similar no Egito, isto é, como ex-terrorista, nacionalista, fanático antiárabe e inimigo ferrenho. Os acordos anteriores, embora longe de serem definitivos, haviam suscitado a necessidade de uma mudança drástica de "narrativas" em ambas as partes. O que melhor do que um *show* político televisionado não só em ambos os países como no mundo inteiro, ao vivo, para surpreender as esferas públicas e dar uma guinada política com rapidez?

A comitiva de Sadat a Jerusalém foi ansiosamente aguardada e aplaudida pela população. No dia seguinte, o presidente egípcio foi à mesquita de Al-Aqsa e ali fez suas orações, ato muito importante para o público egípcio, árabe e muçulmano e para vários setores crentes em Israel. Na prédica lembraram a Sadat que não abandonasse Jerusalém (em mãos judaicas). Prefeitos de cidades da Cisjordânia que foram convidados para a oração a boicotaram e houve manifestações palestinas contra Sadat, embora controladas pela polícia para que não perturbassem a visita. Depois, Sadat visitou o Santo Sepulcro, que tinha para ele um interesse especial, sobretudo por causa da minoria cristã-copta do Egito.

Mais tarde chegou a hora de visitar o Yad Vashem, um ponto sensível da visita de Sadat, devido ao seu passado. Yad Vashem é um local de visita oficial obrigatório para toda personalidade, política ou não, que visita Israel. O presidente egípcio expressou sua compreensão e disse que não se esqueceria daquela visita. No livro de visitas do Yad Vashem, escreveu: "Que Deus guie nossos passos rumo à paz. Vamos acabar com todo o sofrimento da humanidade."

O ponto culminante da visita foi o discurso de Sadat na sessão plenária do Knesset. No seu discurso (em árabe e traduzido simultaneamente para todos os parlamentares e todo o país) ele ofereceu paz a Israel em troca de todos os territórios ocupados na guerra de 1967 e da resolução do problema palestino. Seu discurso foi muito emocionante; ele falou sobre guerra, paz, justiça, poder, diálogo entre iguais, temas bíblicos comuns para árabes e judeus e um futuro de paz.

Begin respondeu com um discurso (em hebraico, com tradução simultânea para o árabe) carregado de referências históricas muito emocionantes, em que ofereceu a paz não só ao Egito, mas também à Síria, à Jordânia e ao Líbano. Begin falou de fronteiras abertas, visitas mútuas e intercâmbios de todo tipo e mencionou o rei do Marrocos, que dissera que a paz no Oriente Médio tornaria possível a combinação das genialidades árabe e judaica, para transformar a região em um paraíso.

A visita de Sadat a Jerusalém mudou a atitude de Israel em relação à paz. O destino do processo de paz dependia da formulação de um plano israelense que não fosse rejeitado pelo Egito, apesar das divergências existentes nos seus termos e condições. Begin preferiu um plano baseado numa retirada gradual do Sinai que permitiria examinar quão real era o desejo egípcio de paz.

Em 25 de dezembro, Begin foi recebido por Sadat em sua mansão em Ismaília, no Canal de Suez, e as negociações entre Egito e Israel prosseguiram, com muitas dificuldades. O Egito enfrentava uma forte oposição interna às negociações com Israel por parte da Irmandade Muçulmana e setores intelectuais pan-árabes. O preço político da visita de Sadat a Jerusalém foi a expulsão do Egito da Liga Árabe. Em Israel, nas fileiras do próprio Likud e em setores ainda mais nacionalistas, surgiram grupos de oposição à obtenção da paz pela devolução do Sinai, que constituía cerca de 90% dos territórios que Israel ocupara na guerra de 1967. Nesses grupos se falava de paz em troca de paz e não de devolução territorial. Por outro lado, na Universidade Hebraica de Jerusalém houve uma iniciativa na qual, em março de 1978, 348 oficiais e reservistas das FDI enviaram uma carta a Menachem Begin – "A Carta dos Oficiais" – na qual exigiam que ele negociasse a paz com o Egito em troca dos territórios do Sinai. Eram oficiais e reservistas que vivenciaram as guerras de Israel e faziam parte da espinha dorsal da defesa do país, ou seja, tinham muito peso na esfera pública israelense. Para que Israel tivesse, no futuro, combatentes reservistas dispostos a defender seu país, era necessário fazer todo o possível para negociar a paz, e se isso não ocorresse e houvesse outro surto de violência ou guerra, em que todos seriam convocados a defender o país, cada qual saberia que fora feito todo o possível para alcançar a paz pela via política. Isso levou a uma grande manifestação política no centro de Tel Aviv, considerada o ponto fundacional do movimento Shalom Akhscháv (Paz Agora) que, a partir da sociedade civil, encabeçou numerosas iniciativas de paz em Israel. O Shalom Akhscháv adotou os princípios proclamados desde 1967 pelo Movimento Pela Paz e Segurança.

A estratégia de Begin durante as negociações com o Egito tinha como intuito garantir que o Sinai fosse a concessão territorial em troca de paz e que os processos seguintes não incluiriam concessões territoriais desse tipo no Golã ou na Cisjordânia. Ceder o Sinai para manter a Cisjordânia tornou-se uma questão muito controversa dentro do nacionalismo israelense. Begin negociava com grande atenção aos detalhes, o que era visto pelos egípcios e estadunidenses como uma consequência dos estudos de Direito que ele concluíra na Universidade de Varsóvia na sua juventude. O temor da estagnação levou o presidente dos EUA, James Earl (Jimmy) Carter, a reunir Sadat e Begin – e suas equipes políticas – em Camp David (5 a 17 de setembro de 1978), onde conseguiram redigir os acordos básicos que permitiram completar as negociações de paz entre Israel e Egito e as da autonomia para os territórios palestinos da Cisjordânia e de Gaza. Begin aceitou que para Sadat o desmantelamento dos assentamentos israelenses no Sinai – a cidade de Yamit, Ofira e outras – era uma condição *sine qua non*. De sua parte, Sadat anuiu que para Begin era impossível aceitar a ideia de um Estado palestino em pé de igualdade com Israel e teve que concordar com a proposta de Begin de conceder autonomia civil, mas não territorial, aos palestinos na Cisjordânia e em Gaza. Os acordos foram assinados por Begin, Sadat e Carter em 17 de setembro de 1978.

O Acordo de Paz, em que foram estabelecidos os termos e as etapas de normalização das relações entre Egito e Israel, foi assinado no gramado da Casa Branca em 26 de março de 1979. Após a primeira etapa da retirada israelense, começou um processo de normalização de relações, que incluiu troca de embaixadores e estabelecimento de uma embaixada egípcia em Tel Aviv e uma embaixada israelense no Cairo.

A paz de Israel com o Egito foi mais tarde definida como uma paz fria. Os intercâmbios comerciais foram poucos, exceto a venda egípcia de petróleo e gás para Israel e ondas consideráveis de turismo israelense para aquele país, particularmente para a costa do Sinai. A falta de calidez nessas relações devia-se à oposição interna no Egito à paz com Israel e à falta de progresso na resolução do problema da autonomia palestina.

No desfile militar de 6 de outubro de 1981 – no qual o Egito comemorava sua vitória sobre Israel na guerra de 1973 –, Anwar Sadat foi assassinado por militares ativistas da Jihad Islâmica (afiliada à Al-Qaeda) por ter assinado os Acordos de Camp David e a paz com Israel. O general Hosni Mubarak – ferido no ataque – assumiu a presidência do Egito e a manteve até 2011, com muitos altos e baixos, cumprindo as cláusulas de paz com Israel.

O liberal Simcha Erlich foi nomeado ministro das Finanças no primeiro governo de Begin. Ehrlich liderou uma política de liberalização e abertura do mercado israelense à concorrência internacional. Enquanto isso, o Herut, liderado por Begin, prometeu políticas de ajuda social que envolviam maiores gastos públicos e intervenção governamental na economia; Ehrlich, como ministro das Finanças, tentou liberalizar a economia. O anúncio sobre a "reviravolta econômica" foi feito em 29 de outubro de 1977. Os objetivos eram: menos intervenção estatal nos mercados; redução dos gastos públicos; privatizações; e redução do poder econômico da Histadrut tanto em suas empresas como no mercado de trabalho. O Imposto Sobre o Valor Agregado aumentou em 50% – de 8% para 12% –, um imposto regressivo, que afetou negativamente os setores pobres da população. O comércio e a Bolsa de Valores prosperaram, porém Israel se distanciou da estabilização econômica com crescimento que pretendia alcançar.

A oposição a Begin em Israel afirmava que o elevado nível de financiamento dos assentamentos se fez às custas dos orçamentos que não atingiram os setores mais pobres da sociedade israelense.

Os programas do Likud não permitiram os cortes orçamentários necessários para implementar a liberalização econômica. O orçamento aumentou e com ele a demanda interna. Há que adicionar as despesas devidas pelos Acordos de Separação de Forças e depois pelo Acordo de Paz com o Egito. A construção de novas infraestruturas militares, sobretudo de bases aéreas, gerou muitas despesas, parcialmente cobertas pelos EUA. A economia começou a se reaquecer e surgiram pressões inflacionárias. Em 1977 a inflação atingiu quase 35%, e em 1978 chegou a mais de 78%. O PIB israelense estava aumentando, porém não se traduzia em maior produção e exportação, mas em maior procura para consumo interno. As crescentes taxas de juros e a liberalização cambial atraíam mais capital para o mercado financeiro e contribuíam para as pressões inflacionárias. A inflação atingiu duramente as camadas mais pobres da população e continuou a crescer; chegou a 133% em 1980 e a 486% em 1984.

A reviravolta econômica de 1977 focou a liberalização do sistema cambial sem operar reformas estruturais profundas para além daquelas do sistema monetário.

Um dos grandes projetos iniciados e implementados pelo governo de Begin foi *schikúm ha-schekhunót* (reabilitação dos bairros), conhecido pelo seu nome em inglês Project Renewal (Projeto de Renovação). Com essa iniciativa, o governo Begin visava melhorar as condições de vida dos setores mais pobres da população judaica, que constituíam uma parte importante do eleitorado do Likud. Dois bairros árabes foram simbolicamente incluídos no plano. Yigael Yadin, líder do Dash e vice-primeiro-ministro, liderou o projeto aprovado pelo governo no início de 1979. Ele foi financiado pelo governo de Israel juntamente com a Agência Judaica e incluiu muitas doações de judeus da diáspora. O modelo de reabilitação comunitária era a melhoria da habitação – renovação e ampliação dos precários blocos de apartamentos construídos apressadamente nas décadas anteriores, bem como a eliminação de casas semiarruinadas, substituídas por novas construções habitacionais – e incluía a melhoria da educação, a proliferação de centros de educação pré-escolar, centros comunitários e diversas formas de assistência social, parques e brinquedotecas. Comunidades judaicas ricas na diáspora "adotavam" diretamente um bairro pobre em Israel, no qual investiam suas doações. O foco eram as cidades em desenvolvimento, cuja população era majoritariamente de origem judaico-oriental. Desde 1977, o projeto foi implementado em noventa bairros pobres do país. Yadin incluiu a participação dos moradores de cada bairro no planejamento de sua renovação, juntamente com as autoridades locais e municipais. Era um modelo de três etapas. Na primeira, a reconstrução e a expansão habitacionais e a provisão de acesso universal aos serviços de saúde, à educação e à assistência social tinham como intuito resolver problemas básicos e fortalecer a população. A segunda consistia em motivar os moradores a participarem do projeto de renovação e crescimento. A terceira era gerar mecanismos de autonomia e integração que funcionassem. Nesses marcos, fica clara a relação simbiótica entre o que foi chamado de "Segundo Israel" – cidadãos judeus de origem oriental e setores socioeconômicos pobres, habitantes de bairros a serem reabilitados e cidades em desenvolvimento – e os governos do Likud. O ponto central tinha a ver com autonomias políticas internas e um antigo *dictum* de Benjamin Aktzin e Yehezkel Dror, que viam a coalizão do governo israelense como uma federação de ministérios com baixos níveis de coordenação. Existia uma tendência ministerial acentuada a delegar "problemas" ao nível municipal, o que outorgava às autoridades locais um grau relativamente elevado de autonomia não orçamentária. No plano municipal, a tendência para negociar e regatear dificultava a função hierárquica destinada à execução de um plano central. Os elevados níveis de fragmentação podiam ser vistos de forma positiva, como se abrissem espaços de ação democrática para a sociedade civil, entretanto, por outro lado, dificultavam muito a coordenação necessária entre todos os níveis e o líder do projeto. Yigael Yadin renunciou ao seu cargo no governo em agosto de 1981, depois que seu partido se desintegrou e depois de ele ter liderado o que considerava o maior projeto social da história de Israel.

 O governo de Begin era declaradamente pró-assentamentos na Cisjordânia e na Faixa de Gaza. Desde 1967, Israel estabelecera vários pontos de assentamento no Sinai, como Neviót (Nueiba), DiZahav (Dahab) e Ofira (Sharm el-Sheikh), na costa ocidental do golfo de Aqaba e da cidade de Yamit, e assentamentos rurais no saliente de Rafah: Sadót, Atzmôna, Netiv ha-Assará, Diklá, Priel, Pri Gan, Talmei Iossef, Ugda, Nir Avraham, Neót Sinai, Haruvit, Hatzer Adar, Sufá, Avschalóm e Holit. Todos foram evacuados por Israel até abril de 1982. Na cidade de Iamit, a direita radical israelense resistiu simbolicamente à evacuação.

 No que diz respeito à Cisjordânia e outras regiões, o governo de Begin e governos subsequentes do Likud, desde 1977, se desviaram do Plano Alon e aumentaram o financiamento dos assentamentos que foram realizados pelo Bloco dos Crentes e seu braço realizador do movimento Amaná (Pacto), fundado em 1978. O Amaná se dedicou a organizar núcleos de futuros residentes que se estabeleceriam nos assentamentos israelenses na Cisjordânia, no Golã – naquela época, a Faixa de Gaza também foi incluída, porém Israel se retirou unilateralmente desse território em 2005 –, na Galileia e no Neg[u]ev. Arik Sharon, ministro da Agricultura e diretor do Comitê Coordenador de Assentamentos nomeado por Begin, converteu-se no principal promotor e protetor do Bloco dos Crentes, promovendo o estabelecimento de uma densa rede de assentamentos rurais e urbanos na Cisjordânia. No caso dos bairros de Jerusalém, algumas pequenas cidades como Kiriát Árba, Modi'in Ilit, Beitar Ilit e Ariel, e um número considerável de assentamentos rurais, podem ser chamados, como afirma Virginia Tilley, de "rede de assentamentos".

Em 7 de junho de 1981, às 17h35 – três semanas antes da eleição parlamentar israelense de 30 de junho de 1981 –, oito F-16 israelenses bombardearam o centro nuclear iraquiano de Al-Tawita, perto de Bagdá, escoltados por outros seis F-15. A Operação Ópera ou codinome Babilônia, como era chamada em Israel, tinha como objetivo destruir o reator Osirak (reator francês Osiris combinado com o nome Iraque, e um reator menor na mesma planta, denominados respectivamente pelos iraquianos de Tamuz 1 e Tamuz 2) e impedir o Iraque de desenvolver armas nucleares. Israel observava com crescente preocupação as tentativas árabes de adquirir capacidade nuclear, especialmente as do Iraque que, em 1975, assinou um acordo com a França para a compra desses dois reatores e de uma quantidade de urânio enriquecido necessária para o seu funcionamento científico, mas que poderia ser usado para desenvolver armas nucleares. Em 1976, começou a construção do centro nuclear próximo de Bagdá. Os planos para frear o Iraque tiveram início durante o governo de Rabin e continuaram sob Begin. Na França, um reator destinado ao Iraque foi destruído num ato de sabotagem. A diplomacia israelense tentou por todos os meios pressionar os governos da França e da Itália para que não suprissem o Iraque, governado por Saddam Hussein, com componentes que lhe permitiriam avançar nos seus planos nucleares. Os italianos assinaram um contrato para a venda de um laboratório de processamento de plutônio. O Osirak já havia sido atacado pelo Irã, no contexto da guerra com o Iraque, em 27 de setembro de 1980, entretanto, os danos causados foram reparados e o projeto continuou. Em meados de 1981, quando o Osirak estava prestes a começar a operar, Begin ordenou que fosse atacado e destruído. A reação internacional em relação a Israel foi muito negativa. Em Israel as reações foram diversas, embora em nível popular o governo de Begin, em pleno processo pré-eleitoral e assediado pela inflação elevada e pelo fracasso dos seus planos econômicos (talvez a ponto de perder a eleição), ganhou forte apoio popular. Não faltaram aqueles que acusaram Begin, mesmo sem desaprovar o ataque, de que a data fora fixada para garantir a sua reeleição. No dia seguinte ao bombardeio, a rádio Amã anunciou que os aviões israelenses – que sobrevoaram o espaço aéreo jordaniano ao retornar do ataque – atacaram alvos vitais no Iraque. Isso levou Begin a emitir uma declaração oficial pela rádio Kol Israel sobre o ataque.

Nos primeiros meses de 1981 e rumo às eleições parlamentares do 10º Knesset, o Partido Trabalhista tinha uma clara vantagem devido aos problemas do governo de Begin. As negociações sobre a autonomia palestina, acordada em Camp David, ficaram estagnadas. Em 30 de julho de 1980, o Knesset aprovou a Lei Básica de Jerusalém Capital de Israel, que estabeleceu a cidade como a capital do país e residência do Knesset, da Suprema Corte, da Presidência de Israel e do seu governo. Essa lei, para os palestinos e o Egito, representou um sério impedimento ao progresso das negociações sobre a autonomia palestina.

Os egípcios, esperando que Israel cumprisse a última fase da retirada do Sinai, no final de abril de 1982, não pressionavam Israel. A Síria instalou baterias de mísseis antiaéreos SAM-6 no vale do Líbano em resposta à derrubada de dois helicópteros militares por aviões israelenses, o que restringiu a capacidade operacional da aviação israelense naquela área.

O Likud converteu-se no representante dos judeus pobres de origem oriental. Begin atacou os *kibutzim* e seus membros – em sua maioria de origem asquenazita – por serem "ricos com piscinas" que exploravam os habitantes de origem judaica oriental das cidades em desenvolvimento vizinhas a tais *kibutzim*, que os empregavam como trabalhadores simples e mal pagos. Isso se somou a uma certa arrogância asquenazita trabalhista e o ressurgimento eleitoral da fissura étnica favoreceu o Likud.

Em 30 de junho de 1981, foram realizadas as eleições e o Likud obteve 48 assentos, enquanto o Maarakh conseguiu que 47 de seus membros fossem eleitos para formar o Knesset. Isso garantiu a Begin a possibilidade de formação de um novo governo, semelhante ao anterior em sua estrutura. Com uma coligação de 63 membros, o governo era instável. Entre julho de 1982 e junho de 1983 juntaram-se à coligação mais quatro parlamentares de centro-direita e ela se estabilizou com o apoio de 67 membros do Knesset.

Coube a esse governo completar a retirada do Sinai e enfrentar a crescente crise econômica. Arik Sharon foi nomeado ministro da Defesa já que Begin, à medida que se aproximava a data de retirada do Sinai, considerou que ele era a pessoa capaz de executar essa tarefa. Sharon a desempenhou, incluindo a destruição, posterior à retirada, dos assentamentos no Sinai e na cidade de Yamit. Yitzhak Shamir (1915-2012), ex-líder do Lehi e representante da extrema-direita no governo de Begin, foi nomeado ministro das Relações Exteriores.

O governo de Begin cumpriu os termos e prazos da retirada, porém o custo político no cerne da direita israelense foi elevado. Há quem defenda que a grave depressão da qual Begin fora acometido depois da Guerra do Líbano tinha mais a ver com a retirada do Sinai do que com a própria guerra.

Em dezembro de 1981, o Knesset promulgou a lei segundo a qual Israel anexava as Colinas de Golã, de acordo com os princípios ideológicos de Begin e do seu governo. Essa lei foi apoiada por oito parlamentares da oposição trabalhista.

7.
ENTRE A PAZ E A GUERRA
(1981-2001)

A Operação Paz na Galileia (em hebraico, Mivtzá Schlom ha-Galil, conhecida pelo seu acrônimo Sheleg), levada a cabo por Israel a partir de junho de 1982, teve como objetivo pacificar a fronteira norte de Israel mediante a destruição de todos as posições militares das organizações armadas palestinas no Sul, a partir do Líbano. Essa operação durou mais de três meses e meio (de 6 de junho de 1982 a 29 de setembro de 1982) e deu início à ocupação israelense de grande parte do Líbano até 1985 e do sul daquele país até 2000. É conhecida em Israel como a Primeira Guerra do Líbano. Após a Operação Litani, o então ministro da Defesa, Ezer Weizman, definiu os objetivos israelenses no Líbano: acabar com a existência de terroristas no sul do Líbano e na região costeira. Os parâmetros de Weizman e o plano operacional resultante não incluíam Beirute, nem o exército sírio no Líbano.

O Plano Arazim (Cedros), com Begin como ministro da Defesa em lugar de Weizman, em 1981, acrescentou aos objetivos a destruição das baterias sírias de mísseis antiaéreos no Líbano.

A presença da Síria no Líbano foi reforçada, assim como a aproximação entre Israel e a liderança cristã-maronita libanesa. Arik Sharon, como ministro da Defesa, fortaleceu a aliança com Bashir Gemayel, líder militar dos maronitas. Ehud Barak, comandante-geral da divisão de planejamento do Estado-Maior das FDI, enviou a Sharon um documento secreto de 1.200 palavras em abril de 1982, que mais tarde seria conhecido como Plano Oranim (Pinheiros). O plano de Barak ia muito além do Líbano e incluía a Síria, a Jordânia, o problema palestino e o destino de todo o Oriente Médio. Isso foi possível devido à perspectiva ideológica de Begin, que admitia o uso da força militar como iniciativa geradora de mudanças políticas. Sharon visitou secretamente os líderes de seus aliados maronitas no Líbano em janeiro de 1982. Durante a visita, explicou aos seus anfitriões esquematicamente o plano israelense para destruir as posições militares palestinas até Beirute – na qual se encontravam os comandantes das organizações palestinas – e estabelecer uma continuidade territorial-militar entre israelenses e maronitas. Tanto Sharon quanto Barak estavam cientes de que, para operar na parte ocidental do Líbano, as FDI teriam que enfrentar o exército sírio na parte oriental – no vale do Líbano – já que ali estavam localizadas as defesas sírias e as baterias de mísseis antiaéreos que neutralizavam a capacidade aérea israelense. Em 1982, as FDI haviam desenvolvido soluções tático-tecnológicas para enfrentar dois de seus maiores problemas na guerra de 1973, mísseis antitanques e baterias avançadas de mísseis antiaéreos. Como um ataque contra os palestinos tornava inevitável a guerra com a Síria no Líbano e imprescindível a ocupação da estrada Beirute-Damasco, isso significaria flanquear o exército sírio e forçá-lo a se deslocar para defender Damasco; a ideia era operar mudanças políticas no Líbano e na Síria favoráveis a Israel, como, por exemplo: a eliminação da guerrilha palestina e a imposição da hegemonia maronita no Líbano; a derrubada de Hafez al-Assad na Síria; e, a longo prazo, a criação de um Estado palestino na Transjordânia.

Em 3 de junho de 1982, um comando palestino da facção de Abu Nidal, separada do Fatah, tentou assassinar Shlomo Argov, embaixador de Israel no Reino Unido. Argov ficou gravemente ferido e totalmente paralisado até sua morte em 2002. O governo de Israel decidiu lançar a Operação Paz na Galileia no dia seguinte. Em 4 de junho, a força aérea israelense atacou nove posições fortificadas palestinas no Líbano. A resposta das organizações palestinas foi o lançamento de mais de quinhentos mísseis sobre o norte da Galileia, ao que Israel respondeu invadindo o Líbano.

Até que ponto Arik Sharon e o general Rafael (Raful) Eitan – chefe do Estado-Maior das FDI – enganaram o governo de Begin em relação aos planos de guerra? Até que ponto o governo Begin enganou o público israelense em relação à mesma questão? A versão transmitida por Begin ao público era que se tratava de uma operação limitada para acabar com os ataques das organizações palestinas à Galileia a partir do sul do Líbano. Para alcançar o objetivo, segundo Begin, era necessário estabelecer uma faixa de segurança de até 40 km ao norte da fronteira de Israel e nela destruir o armamento e as posições palestinas. Begin afirmou que as forças israelenses evitariam o confronto com o exército sírio. Em contrapartida, a mobilização militar israelense era totalmente desproporcional à missão declarada por Begin. A força israelense incluía sete divisões do exército com oitocentos tanques, 1.500 transportadores de tropas e mais de 90 mil soldados. Distribuída em quatro colunas, invadiu o Líbano a partir do Sul e inevitavelmente confrontaria o exército sírio. Em 9 de junho – terceiro dia de guerra – a força aérea israelense lançou a Operação Artzav 19 (Grilo-Toupeira 19), na qual destruiu todas as dezenove baterias de mísseis antiaéreos sírios. Durante a batalha aérea, 23 caças sírios foram abatidos. O argumento de uma operação limitada havia sido destruído. Seguiu-se o desembarque de tropas israelenses ao norte de Sidon (fora dos 40 km da fronteira de Israel) e o rápido avanço em direção a Beirute e à estrada para Damasco. Patrick Tyler destaca que, na Guerra do Líbano em 1982, produziu-se uma combinação rara em Israel entre políticos nacionalistas de direita (Begin, Shamir e outros) e militares nacionalistas de direita (Sharon, como ministro, Eitan e outros). Foi uma mudança interessante, pois evidenciava que, por volta de 1982, a reviravolta não era apenas política, mas também militar. Não sabemos se Begin e seu governo foram enganados ou se se deixaram enganar voluntariamente por Sharon e pelos militares, uma vez que esse "engano" era bastante admissível e inclusive bem recebido nos marcos ideológicos do governo. Nas fileiras das FDI, tanto nas tropas regulares como entre os reservistas, todos aqueles que possuíam uma compreensão militar básica entenderam que não se tratava apenas de avançar em direção ao norte e expulsar do Líbano quaisquer palestinos que ameaçassem Israel, porém algo muito mais complexo que incluía os sírios e Beirute. Durante os primeiros dias da guerra houve muito apoio a essa campanha por um público deslumbrado pelo sucesso militar, que revertia a terrível experiência da guerra de 1973 e que considerava legítima uma ação para proteger a Galileia. Isso não durou muito, pois as discussões militares transbordaram na esfera pública israelense e explodiram com grande força em protestos.

A partir de junho de 1982, a discussão interna sobre a guerra não cessou. Dentro das FDI, começou-se a discutir sobre a legitimidade desse confronto. O caso mais notório foi o do coronel Eli G[u]eva, que se opôs aos planos de invadir Beirute devido ao grande número de civis e soldados israelenses que tombariam numa ação dessa natureza. Como resultado, Eli G[u]eva foi demitido do comando da brigada blindada 211. Outros oficiais reservistas de blindados e da força aérea expressaram publicamente a sua oposição à guerra e aos seus objetivos; no entanto, os combates no Líbano prosseguiam. Isso não tinha precedentes na história de Israel.

Após cinco dias de combate, no dia 11 de junho, as tropas israelenses já ocupavam todo o sul do Líbano, tinham chegado à estrada de Beirute a Damasco e estavam no sul e no leste de Beirute. Foi imposto um cessar-fogo, repetidamente violado por ambas as partes. A partir do final de junho, as FDI sitiaram o oeste de Beirute, em que se encontravam o quartel-general dos grupos armados palestinos e seus principais líderes, incluindo Yasser Arafat. Pela primeira vez as FDI haviam chegado e ocupado parte de uma capital árabe. A justificativa era a necessidade de neutralizar os comandos dos grupos terroristas palestinos e a liderança política da OLP, que se encontravam no oeste de Beirute. Durante os primeiros dias da guerra no Líbano, nas reuniões governamentais, Sharon mostrou um quadro de avanço militar no qual foi apresentado o confronto com os sírios como resultado de necessidades táticas e iniciativas sírias. O único membro do governo de Begin que, além de Sharon, possuía experiência militar era o ministro das Comunicações,

Mordechai Tzipori (tenente-general aposentado). Ele entendeu desde o início da guerra que as declarações públicas de Begin e os informes de Sharon ao governo tinham pouco a ver com a realidade que mostravam os mapas militares. Tzipori criticou severamente Sharon e o desenvolvimento da guerra, no entanto, sendo a voz minoritária, sua opinião não era levada em conta nem revelada ao público. A entrada das tropas israelenses em Beirute foi objeto de uma forte resistência sírio-palestina. A batalha urbana causou inúmeras baixas de ambos os lados.

A euforia da vitória dominava Begin, que ordenou uma busca de Yasser Arafat em Beirute para assassiná-lo e assim decapitar a OLP. A defesa da Galileia converteu-se na destruição da OLP. Com mediação estadunidense e internacional, Israel, a OLP e a Síria concordaram com a evacuação de combatentes palestinos e soldados sírios de Beirute. Os sírios saíram por terra, pela estrada a Damasco. Os palestinos, incluindo Yasser Arafat, partiram para a Tunísia. Essas evacuações foram concluídas entre meados e final de agosto de 1982.

No dia 23 de agosto, sob a proteção e o patrocínio das tropas israelenses, realizou-se uma reunião de parte do parlamento libanês, da qual participaram 62 dos seus 99 membros, a maioria cristãos. Eles elegeram Bashir Gemayel, líder do Partido Kataeb (em árabe, Falange), presidente do Líbano. Begin imediatamente parabenizou Gemayel. No único encontro pessoal entre Bashir Gemayel, Menachem Begin e Arik Sharon, em Naharia, Israel, no dia 1º de setembro de 1982, os líderes israelenses propuseram ao presidente eleito do Líbano a assinatura de um acordo de paz entre os dois países. Gemayel primeiro queria garantir a sua legitimidade interna no Líbano, e para tal precisava manter relações com Israel em nível muito discreto. Em 14 de setembro de 1982, ele foi assassinado em Ashrafieh, Beirute, por iniciativa síria. No dia seguinte, Begin ordenou a entrada de tropas israelenses em Beirute Ocidental. No dia 16 de setembro, as tropas da milícia falangista libanesa entraram nos campos de refugiados palestinos de Sabra e Chatila, no sul de Beirute, com o objetivo de capturar os combatentes palestinos, mas essa ação resultou num massacre da população civil palestina. O número de vítimas desse massacre varia entre mais de oitocentas – relatado pela BBC – e 3.500 com base na contagem da Cruz Vermelha, conforme citado por Amnon Kapeliouk em seu livro sobre Sabra e Chatila. O massacre de Sabra e Chatila ocorreu quando a mencionada discussão se tornou acalorada e o movimento Paz Agora declarou sua oposição à guerra. Em 25 de setembro de 1982, após o massacre de Sabra e Chatila, o movimento organizou uma manifestação massiva de protesto contra a guerra. O governo de Begin, o ministro da Defesa, Arik Sharon, e o comandante-chefe das FDI, general Rafael (Raful) Eitan, foram acusados publicamente de terem permitido o massacre e não controlado os falangistas libaneses que operavam numa zona militarmente ocupada por Israel e sob a sua responsabilidade. A manifestação foi gigantesca e Tzali Reshef, um dos líderes do Paz Agora, cunhou o nome com a qual entraria na história do país: a manifestação dos quatrocentos mil. Os manifestantes atacaram verbalmente Begin e Sharon, os chamaram de assassinos, exigiram a sua demissão, a cessação imediata da guerra e a retirada das tropas israelenses do Líbano. Um protesto no meio de uma guerra não tinha precedentes em Israel. À tempestade pública desencadeada pelo massacre em Sabra e Chatila deviam ser adicionadas as críticas ao presidente estadunidense Ronald Reagan e as manifestações anti-Israel em todo o mundo. A pressão pública e internacional forçou o governo de Begin a criar uma comissão de inquérito oficial composta por três membros, dirigida por Yitzhak Kahan, presidente da Suprema Corte de Justiça, em 1º de novembro de 1982. A Comissão Kahan publicou suas conclusões em 7 de fevereiro de 1983. Decidiu que Sharon, como ministro da Defesa, era responsável por não ter levado em consideração que as falanges libanesas vingariam a morte de Bashir Gemayel nos campos de refugiados palestinos e exigiu a sua renúncia. Sharon não aceitou, e então o governo o nomeou ministro sem pasta, destituindo-o do Ministério da Defesa. Raful também foi duramente criticado, porém não forçado a renunciar, porque em pouco tempo terminariam as suas funções. Vários generais foram duramente criticados, assim como o diretor-geral do Mossad. Begin foi admoestado por não ter levado em conta as possíveis consequências da entrada das falanges em Sabra e Chatila, bem como Yitzhak Shamir, ministro das Relações Exteriores, por não ter transmitido com urgência ao governo a notícia do massacre do qual foi notificado em tempo real. Três dias depois, o movimento Paz Agora realizou outra manifestação, dessa vez em Jerusalém, para exigir que fossem cumpridas as recomendações da Comissão Kahan. Desde o início, os manifestantes foram atacados violentamente por partidários de Begin e de Sharon. No final da manifestação, em frente ao gabinete do primeiro-ministro, Yona Avrushmi, um israelense de extrema--direita lançou uma granada de mão que causou a morte de Emil Grunzweig, um jovem professor de matemática e ativista pró-paz e feriu outros nove manifestantes do Paz Agora. A Guerra do Líbano provocou uma grave polarização política em Israel e destruiu o consenso existente sobre guerras e crises de segurança.

 No Líbano, o impacto da invasão israelense de 1982, somado à evolução política e demográfica do país e à revolução iraniana, levou à criação do Hezbollah (em árabe, Partido de Deus), que operava desde 1982 com base em uma facção do movimento Amal (em árabe, Esperança) xiita moderado, cuja milícia tinha confrontado os palestinos no sul do Líbano. O Hezbollah foi, desde o início, financiado e dirigido pelo regime xiita fundamentalista do Irã. Em 1984, e com a ajuda da Guarda Revolucionária do Irã, o Hezbollah foi oficialmente estabelecido como uma organização de resistência à presença israelense no Líbano pelo xeique Mohamed Hussein Fadlalah, no segundo aniversário do massacre de Sabra e Chatila.

 A escalada da violência entre Israel e o Hezbollah acelerou a tensão existente entre Israel e o Irã. A liderança da revolução muçulmana xiita naquele país proclamara, desde a década de 1980, a necessidade de eliminar da face da terra a "entidade sionista", ou seja, o Estado de Israel.

 Numa tentativa de capitalizar politicamente as conquistas da Guerra do Líbano e com o patrocínio do secretário de Estado estadunidense George P. Shultz e o apoio dos países ocidentais, Israel e o Líbano assinaram um acordo de paz em maio de 1983 que, embora ratificado por Israel, nunca foi aceito pela URSS, pela Síria e pela maioria das facções políticas no próprio Líbano. O presidente libanês Amin Gemayel revogou o acordo de paz entre o Líbano e Israel em março de 1984.

A partir de 1982, à continuidade do protesto étnico-social incorporou-se uma nova fissura, a religiosa-secular. Também foi estabelecido um movimento político municipal em Jerusalém que recebeu o nome Schas. O nome oficial escolhido pelo movimento foi Itakhdút Sefaradim Schomrei Torá (União dos Guardiões Sefarditas da Torá). Era um movimento que reunia protestos e o agrupamento político em torno de três eixos: étnico (sob o título geral e impreciso de sefardita); religiosos ultraortodoxos (discriminados pela maioria ultraortodoxa e ortodoxa asquenazita); e membros empobrecidos da classe baixa. Esse movimento de renovação religiosa sefardita deixou entrever a primeira forma verdadeiramente israelense do judaísmo ortodoxo, distinta da versão asquenazita ainda dominante. O Schas apelava sobretudo aos israelenses desfavorecidos, entre os quais uma minoria significativa adotou o judaísmo ultraortodoxo pelo retorno à religião. O potencial político da conjugação das três fissuras nos eixos ideológico-políticos ficou comprovado não apenas pela sobrevivência eleitoral e ministerial do Schas por mais de três décadas e pela sua importância política em nível de líderes políticos e do líder espiritual – o rabino Ovadia Yosef (1920-2013) –, mas também por ter se tornado um partido sem o qual era difícil formar uma coligação governamental. Esse tipo de revisionismo, elaborado mais tarde pelos intelectuais representantes do protesto (em última análise por Erez Biton, vencedor do Prêmio Israel de 2015 de Literatura e Poesia, escritor de origem judaico-argeliana-marroquina), fez uso do argumento sobre o fracasso do "caldeirão étnico judaico" utilizado pelo Partido Trabalhista e pela esquerda israelense, na tentativa de criar um "novo homem" como sujeito da revolução sionista.

No início de março de 1983, eclodiu a greve dos médicos que durou quatro meses. Ela incluiu uma greve de fome e ordens de detenção e confinamento dos médicos por parte do governo.

Decorridos quatro meses, a greve terminou, depois de um acordo salarial e melhorias no sistema de saúde.

Aliza Begin, esposa e companheira de luta de Menachem Begin desde os tempos do Etzel, faleceu em novembro de 1982. Esse fato, associado à evacuação dos assentamentos no Sinai, ao massacre de Sabra e Chatila, às conclusões da Comissão Kahan e a um frágil estado cardíaco de saúde, mergulhou o primeiro-ministro em tal depressão que o afastou do público e o levou a apresentar a sua renúncia em 28 de agosto de 1983. Begin preferiu se trancar em casa e abandonar a vida pública; ele manteve essa atitude até sua morte em 1992, como resultado de um ataque cardíaco fulminante. Os seis anos de Menachem Begin como primeiro-ministro de Israel significaram uma reviravolta política que, em nível social, resultou numa reivindicação massiva das demandas e dos direitos dos imigrantes judeus do mundo árabe. Durante esse processo, David Levy, parlamentar do Likud desde 1969, que serviu em muitos cargos ministeriais (ministro da Habitação e Construção, ministro de Absorção de Imigrantes, ministro das Relações Exteriores e vice-primeiro-ministro), tornou-se uma figura central e despontou como um dos herdeiros de Begin, embora não fosse oriundo do Etzel e não fora discípulo ou seguidor de Jabotinsky. Levy, que imigrou do Marrocos para Israel em 1957 (nascido em Rabat, em 1937), começou sua carreira pública como líder operário em Beit Schean, uma cidade em desenvolvimento. Foi o primeiro dos líderes de origem judaica oriental do Likud, no qual toda a liderança era historicamente asquenazita. Com ele, ascenderam ao topo do Likud Moshe Katsáv e David Mag[u]en. David Levy sempre foi atacado por sua falta de linhas ideológicas claras e sua tendência populista. No enfrentamento com Netanyahu, em busca da liderança da direita, Levy decidiu abandonar o Likud em favor de uma aliança política com o Partido Trabalhista por meio da criação do Partido G[u]éscher (Ponte) em 1996.

Yitzhak Shamir, considerado um "falcão" na direita israelense, tinha atuado no Knesset desde 1973 e era ministro das Relações Exteriores desde 1980. Sucedeu a Menachem Begin como primeiro-ministro em agosto de 1983. Seu governo estava atolado em uma dupla crise devido às consequências da Guerra do Líbano e da hiperinflação que afetou Israel. A tudo isso adicionou se o caso do ônibus 300. Em 12 de abril de 1984, quatro palestinos sequestraram o ônibus 300 da empresa Eg[u]ed que viajava de Tel Aviv para Asquelon, ameaçaram o motorista e os passageiros com armas brancas e uma mala contendo explosivos, obrigaram o motorista a dirigir em alta velocidade na direção da fronteira egípcia, ao sul da Faixa de Gaza. Tropas israelenses conseguiram impedir que o ônibus continuasse a circular em Deir al-Balah, a poucos quilômetros da fronteira egípcia. O ônibus foi libertado por uma unidade de comando israelense e publicou-se que os quatro terroristas morreram no ataque. No entanto, fotografias de um deles provaram que alguém sobrevivera. No final, concluiu-se que dois dos terroristas foram sumariamente executados após a libertação do ônibus. O exército foi culpabilizado, mas posteriormente considerado inocente. Descobriu-se que os terroristas sobreviventes foram mortos pelo Schin Bet; os acusados foram anistiados pelo presidente Herzog. O primeiro-ministro Shamir também foi implicado, pois teria dado a sua aprovação para tudo.

Devido ao ocorrido, o manto protetor de segurança foi removido. Isso destruiu a narrativa falsa e acentuou o valor da verdade e a necessidade de justiça. As relações intrainstitucionais entre o Exército, o Schin Bet, a Promotoria, os tribunais, a imprensa, a censura e a sociedade civil foram redimensionadas em favor de uma postura com maior conteúdo democrático que atacasse todas as formas de impunidade, mesmo que as vítimas da arbitrariedade fossem terroristas. Avraham Shalom renunciou ao cargo de chefe do Schin Bet, atualmente ASI - Agência de Segurança [Intena] de Israel e, como resultado das acusações contra ele, foi criada uma comissão presidida pelo ex-juiz da Suprema Corte Moshe Landau. Essa comissão secreta, que apresentou as suas conclusões em novembro de 1987, investigou os procedimentos do Serviço de Segurança Geral, proibiu o uso da tortura e definiu os parâmetros para o uso de "uma medida moderada de pressão física" por parte dessa instituição.

Em 23 de julho de 1984, foram realizadas eleições para o 11º Knesset. O Likud e os grandes partidos perderam assentos. Se bem que nas eleições de 1981 dez partidos políticos haviam conseguido superar a cláusula de barreira eleitoral mínima de 1% dos votos e enviar seus representantes ao Knesset, em 1984 o número de partidos representados aumentou para quinze. Em 1984 ocorreu um fenômeno sem precedentes: o Maarakh – Partido Trabalhista – obteve a maioria com 44 assentos (três a menos que nas eleições anteriores), mas não conseguiu formar uma coalizão governamental devido ao fracionamento eleitoral, à falta de credibilidade de Shimon Peres como líder trabalhista e à rede de compromissos e interesses que o Likud teceu com os seus parceiros de coligação em governos anteriores. O Likud, com 41 assentos (perdera sete desde as eleições de 1981), tampouco foi capaz de formar um governo de coligação. Isso levou à nova solução de estabelecer uma coligação entre o Maarakh e o Likud, sendo que os cargos de primeiro-ministro e ministro das Relações Exteriores seriam ocupados de forma rotativa, dois anos por Shimon Peres e dois por Itzhak Shamir. Shimon Peres liderou como primeiro-ministro nos dois primeiros anos desse governo a partir de setembro de 1984.

Foi criado um gabinete interno de dez membros, dividido igualmente entre o Partido Trabalhista e o Likud para garantir que cada partido pudesse vetar, se necessário, qualquer iniciativa do outro. Em setembro de 1984, o novo governo assumiu o poder com base em uma coligação de 97 parlamentares. Abordou questões como a retirada das tropas israelenses da maior parte do sul do Líbano até uma estreita "zona de segurança" ao longo da fronteira e a solução da crise econômica que se manifestava numa inflação anual próxima dos 500%. O governo de união nacional enfrentou uma situação de imobilidade política em que cada uma das partes bloqueava a outra devido a diferenças e interesses ideológicos. Nessas eleições, se apresentou o Partido Kakh (Assim), que seguia o lema do Irgún, *rak kakh* (somente assim), liderado pelo rabino Meir Kahane, que havia estabelecido uma filial política em Israel de seu grupo estadunidense, a Liga de Defesa Judaica. Kahane propôs a criação de uma teocracia judaica que excluísse completamente a população árabe de Israel e considerasse a sua expulsão. Em 1984, obteve mais de 25 mil votos (1,2% do total) e um assento no Knesset. Durante o 11º Knesset a lei foi reformada de modo a proibir a participação de partidos racistas nas eleições. A popularidade de Kahane cresceu; se o Kakh não tivesse sido proibido de participar das eleições de 1988, ele teria obtido, segundo as sondagens, entre quatro e dez assentos parlamentares. A entrada da força de trabalho palestina da Cisjordânia e de Gaza no mercado israelense gerou um confronto que favorecia o partido Kakh. Judeus orientais israelenses competiam com árabes palestinos por empregos na faixa mais baixa da escala ocupacional. Uma enquete realizada em 1988 em oito "cidades em desenvolvimento", destacou tais resultados. A análise dos dados mostrou que esse apoio estava desproporcionalmente concentrado entre os entrevistados que mais sofreram os efeitos do atrito e da competição com os trabalhadores palestinos no mercado de trabalho.

A incorporação do Schas na política foi outro fator importante. Nas eleições de 1984, o partido conseguiu eleger quatro parlamentares para o Knesset. Sendo um partido ultraortodoxo que representava as minorias judaicas orientais – imprecisamente chamados de judeus sefarditas –, suas autoridades práticas funcionavam no parlamento. No entanto, a verdadeira autoridade era a de um conselho rabínico: Moétzet Hakhmei ha-Torá (Conselho dos Sábios da Torá), então presidido pelo rabino Ovadia Yosef, suprema autoridade tanto do Conselho quanto do partido e do segmento populacional que os apoiava. O modelo teocrático-político era muito similar ao que regia os destinos do Agudat Israel e do Deg[u]el ha-Torá (A Bandeira da Torá), só que no caso asquenazita era regido pela Moétzet Gdolei ha-Torá (Conselho dos Grandes [Sábios] da Torá), cujo líder histórico fora o rabino Elazar Menachem Man Shach (1899-2001).

No início dos anos 1980, surgiu o problema dos aumentos artificiais no preço das ações dos bancos de Israel, acelerados devido às compras massivas que fizeram por conta de suas próprias ações. Isso gerou a ilusão de lucros especulativos rápidos e esse fenômeno levou os investidores a gastarem capital – e setores mais populares a investir suas economias e, às vezes, o valor de tudo o que possuíam – em ações bancárias. Em outubro de 1983, eclodiu a crise das ações dos bancos, já que seus valores desabaram rapidamente quando o público começou a vendê-las e a comprar dólares, considerados seguros contra a inflação. O governo desvalorizou a moeda israelense em 8%. O Ministério das Finanças foi forçado a intervir e garantir a sua solvência mediante a compra de ações bancárias. O público perdeu mais de um terço do que fora investido. A Bolsa de Valores teve que fechar por vários dias para evitar um colapso econômico. A moeda israelense desvalorizou-se em cerca de 25%. O governo foi forçado a investir 7 bilhões de dólares na compra de ações dos bancos Hapoalim, Leumi, Mizrahi, Discount e Klali. Essa soma representou aproximadamente um quarto do PIB anual de Israel.

Em janeiro de 1985, o ministro Yitzhak Modaí, aconselhado pelo professor Michael Bruno e uma equipe de economistas, elaborou um plano de estabilização que, depois de assinado pelo governo, pela Histadrut, pelas associações de produtores (industriais e outros) e pelo Banco de Israel, foi apresentado ao parlamento e posto em ação em meados do mesmo ano. O governo fez cortes orçamentais profundos; a Histadrut prometeu frear as reivindicações salariais; as associações de produtores se comprometeram em não aumentar os preços; foram impostos controles rígidos sobre os preços de uma série de produtos básicos de consumo; houve uma profunda desvalorização do shekel – a moeda israelense – seguida por uma escala de controle de preços das divisas; e o Banco de Israel limitou a impressão de dinheiro. Essas medidas conseguiram estabilizar e até diminuir a inflação anual de quase 450% para 20% em poucos meses. Além dos aspectos econômicos materiais diretos do plano, conforme expressos por seu autor, Michael Bruno, houve uma mudança na narrativa econômica popular e nas expectativas em relação à inflação e restaurada a confiança pública na economia de Israel. Shimon Peres obteve o crédito político pela sua firme liderança na resolução da crise. A fórmula teórica de Michael Bruno e outros economistas israelenses foi reproduzida – com variados graus de sucesso – no México, Argentina, Brasil e Bolívia e inspirou planos de recuperação econômica no pós-comunismo da Polônia e da República Tcheca. Bruno foi nomeado governador do Banco de Israel em 1986 e concluiu essa tarefa em 1991 para servir como vice-presidente e economista-chefe do Banco Mundial de 1991 até sua morte em 1996.

Em 1985, foi revelada ao público em Israel e no mundo a Operação Moisés, no âmbito da qual milhares de judeus etíopes da comunidade Beta Israel de Amhara e Tigré, no norte da Etiópia, deixaram o seu país a pé em direção ao Sudão. Israel havia concordado secretamente com o presidente do Sudão, o general Gaafar Nimeiry, as condições de trânsito desses migrantes judeus a Israel e o estabelecimento de campos de refugiados temporários no território sudanês. Mais de quatro mil migrantes morreram no caminho, vítimas de doenças, exaustão, fome e gangues armadas que os assaltavam. A maioria (cerca de dezesseis mil) chegou a Israel. O presidente sudanês recebeu quarenta milhões de dólares. A Operação Moisés, realizada pelos serviços secretos, pela força aérea e pela marinha israelenses, terminou precipitadamente quando vazaram notícias sobre ela à imprensa no início de 1985. A imigração em massa de judeus etíopes (*falashas*, em amárico, sem-terra) a Israel vivenciou outro episódio dramático no final de maio de 1991, quando foi realizada a Operação Salomão. Israel reatou relações com a Etiópia em 1987 e cooperou civil e militarmente com o governo de Mengistu Haile Mariam. A maioria dos judeus *falashas* da Etiópia tinha abandonado as suas aldeias e se encontrava em campos de refugiados em Adis Abeba, esperando para emigrar a Israel. Diante do iminente colapso do governo de Mengistu Haile Mariam, o primeiro-ministro israelense Yitzhak Shamir ordenou a preparação de um plano de evacuação: a Operação Salomão. No fim de semana de 24 a 25 de maio de 1991, 14.310 imigrantes da Etiópia foram transportados de avião para Israel. Os governantes etíopes receberam um pagamento de 35 milhões de dólares por facilitar a saída dos judeus. Em 36 horas, trinta aviões de passageiros e de carga israelenses (civis e militares) transportaram os imigrantes etíopes para Israel. Tal como na Operação Moisés, a evacuação foi realizada sob o controle das FDI, enquanto os comandos da força aérea protegiam o perímetro da área de evacuação, nesse caso o aeroporto de Adis Abeba.

O caso Pollard ocorreu nos EUA durante a década de 1980. Jonathan Pollard, judeu estadunidense e espião israelense na inteligência naval dos EUA, foi descoberto, julgado e condenado à prisão perpétua. No entanto, depois de cumprir trinta anos de prisão, foi libertado em condições muito restritivas. Esse caso criou sérios problemas entre os EUA e Israel, apesar de o governo israelense ter se comprometido a não mais realizar tarefas de espionagem nos EUA.

No início de 1986, Anatoly Sharansky e vários espiões foram libertados pela URSS, no âmbito da liberalização iniciada por Mikhail Gorbachev e sob forte pressão da administração estadunidense de Ronald Reagan, em troca da libertação, pelo Ocidente, de vários espiões soviéticos. Sharansky fora condenado a treze anos de trabalhos forçados, dos quais cumpriu nove. Era um jovem matemático e jogador de xadrez de alto nível que se convertera em um *refusenik* no início dos anos 1970, e em 1973 lhe fora negada permissão para emigrar a Israel por razões de segurança nacional soviética. A libertação de Sharansky foi um marco na campanha Let My People Go (Deixa Meu Povo Ir), o que culminou mais tarde, na década de 1990, na emigração massiva de judeus ex-soviéticos a Israel após a queda da URSS. Em 1995, juntamente com outros ativistas judeus da URSS, fundaram um partido político de imigrantes (especialmente ex-soviéticos), Israel be-Aliá (Israel em Ascensão e Israel na Imigração). Além disso, foi eleito membro do Knesset em 1996 e nele serviu até 2003, bem como em vários cargos ministeriais e mais tarde como diretor do executivo da Agência Judaica.

Em 5 de outubro de 1986, o *The Sunday Times* de Londres publicou um artigo intitulado "Revealed: Israel's Nuclear Secrets" (Revelado: Os Segredos Nucleares de Israel). Nesse artigo, Mordechai Vanunu, ex-técnico do Kamag, descreveu em detalhes o funcionamento da usina nuclear israelense em Dimona e publicou fotografias tiradas *in situ*. Em 1986, após deixar seu emprego no Kamag, viajou para a

Austrália. Em Sidney, Vanunu aproximou-se da paróquia de Saint John em Kings Cross e em julho de 1986 foi batizado como novo membro da Igreja Anglicana, recebendo o nome de John Crossman. Para Mordechai Vanunu, a questão nuclear tornara-se uma obsessão e, portanto, ele desenvolveu vários argumentos para a publicação de segredos nucleares israelenses com base em fundamentos democráticos – o povo de Israel tem o direito de conhecer e debater o assunto – e sua visão contrária à proliferação de armas nucleares e seus perigos. Vanunu entrou em contato com o *The Sunday Times* londrino. O referido jornal o convidou a ir a Londres e, no final de setembro de 1986, após interrogatórios conduzidos pelo assessor científico dr. Frank Barnaby, especialista nuclear britânico na década de 1950 e ex-diretor do Sipri - Stockholm International Peace Research Institute (Instituto Internacional de Pesquisa para a Paz de Estocolmo), e outros, chegou-se à conclusão de que as fotografias tiradas por Vanunu no interior do Kamag e sua história eram verdadeiras. Jornalistas do *The Sunday Times* recorreram à embaixada de Israel em Londres para uma reação oficial da história e das fotografias do interior da planta de Dimona que planejavam publicar, mas a resposta foi que não havia nada a comentar.

Os serviços de segurança israelenses sabiam que Vanunu tinha revelado detalhes sobre o Kamag no Reino Unido. As autoridades políticas ordenaram que Mordechai Vanunu fosse levado a Israel, porém sem violar a soberania territorial britânica. Por conseguinte, uma agente israelense apelidada de Cindy atraiu Vanunu e o levou a visitar uma "irmã" dela em Roma. Lá, Vanunu foi capturado por agentes israelenses e transportado por um navio israelense. Em Israel, foi interrogado pela contrainteligência e, mais tarde, enfrentou um julgamento a portas fechadas no Tribunal Distrital de Jerusalém. Seu defensor foi o especialista em direitos humanos Avigdor Feldman, que optou por uma linha de argumentação baseada no compromisso ideológico-moral antinuclear do acusado. Vanunu foi condenado a dezoito anos de prisão por traição e espionagem. Depois de cumprir toda a pena (onze dos dezoito anos na solitária), foi libertado em 2004 com uma série de restrições, inclusive a de não sair do país e com a condição de que todas as suas comunicações fossem lidas, ouvidas e censuradas, além da proibição de dar entrevistas, que ele tem continuamente violado. Vanunu vive, desde a sua libertação, na Catedral de São Jorge, em Jerusalém.

Em 1968, a CIA informou o presidente Johnson que Israel tinha produzido uma bomba nuclear. Por outro lado, alguns afirmam que embora Levi Eshkol tenha atrasado o desenvolvimento do projeto nuclear, Israel conseguiu montar dois reatores antes da guerra de junho de 1967.

Os autores do artigo "Revelado: Os Segredos Nucleares de Israel" calcularam que, em 1986, Israel possuía cem ogivas nucleares e talvez até duzentas; isso era dez vezes mais do que as estimativas internacionais naquele momento. O artigo detalhava a estrutura no interior da usina nuclear Kamag – com fotos e desenhos – e os processos de produção. A reportagem do jornal, de três páginas, especificava que, segundo Vanunu, Israel possuía capacidade para produzir reatores termonucleares avançados e reatores de nêutrons rápidos.

A resposta oficial de Israel foi manter a sua posição de ambiguidade sobre a questão nuclear. Essa política e a manutenção de segredos em tudo o que tange ao tema contaram com o apoio da maioria da população de Israel. Nos últimos anos, ainda que a literatura científica e publicista sobre o assunto tenha se multiplicado dentro e fora de Israel, a política de ambiguidade, bem como a falta de acesso a fontes primárias israelenses transformaram-se em uma tarefa complexa e parcial demais para a investigação.

Após vinte anos de regime militar israelense surge uma nova escola de resistência palestina local na Cisjordânia e em Gaza. Muitos dos líderes locais haviam passado pelas prisões e conheciam a sociedade israelense. A interação contínua entre as partes permitira a Israel infiltrar-se nos círculos da resistência palestinos, entretanto, ao mesmo tempo mostrou aos palestinos quais eram os pontos fracos de Israel. O mercado de trabalho israelense atraíra centenas de milhares de palestinos para trabalhar nos setores de construção e agricultura.

O contato entre a sociedade palestina em Gaza e na Cisjordânia e a sociedade israelense gerou níveis de modernização e crescimento.

Embora Israel, após a guerra de 1967, tenha crescido anualmente num ritmo acelerado, a uma taxa de 5-6% ao ano, Gaza e a Cisjordânia fizeram-no ao dobro dessa taxa, se bem que a partir de um patamar muito mais baixo. Os níveis de rendimento aumentaram, a provisão de infraestrutura para o fornecimento de eletricidade expandiu-se, o número de veículos – embora muitos fossem aqueles que o mercado israelense descartava – cresceu. Esses fatores enfraqueceram a oposição dos palestinos na Cisjordânia e em Gaza frente a Israel.

O governo militar israelense na Cisjordânia e em Gaza permitiu o estabelecimento de universidades, que captaram um grande fluxo de acadêmicos e estudantes locais. Eram centros de efervescência e organização ideológica que apoiaram a sociedade civil que crescia rapidamente. A Universidade de Hebron (1971), a Universidade Católica de Belém (1973), a Universidade Bir Zeit ao norte de Ramala (1976), a Universidade An-Najah em Nablus (1977), a Universidade Islâmica (fundada pelo xeique Ahmed Yassin) em Gaza (1978) e a Universidade Al-Quds em Jerusalém e Ramala (1984) tornaram-se fulcros de ativismo social e político centrais para a Primeira Intifada (em árabe, literalmente, agitar ou sacudir).

Na década de 1980, quando muitos graduados começaram a inundar o mercado de trabalho na Cisjordânia e em Gaza, a possibilidade de encontrar um emprego de acordo com sua profissão acadêmica diminuiu. Até então, havia funcionado a válvula migratória dos palestinos para os países árabes petrolíferos. As remessas de dinheiro que os emigrantes enviavam às suas famílias eram um aporte importante para a economia do setor palestino, mas a guerra entre o Iraque e o Irã limitou esse horizonte. As pressões econômicas acumularam-se e agravaram a situação dos palestinos nos territórios administrados por Israel.

Durante a Intifada, duas instituições desempenharam papéis centrais. A organização juvenil do Fatah, al-Shabiba, liderada por estudantes universitários palestinos que, mesmo sem uma estrutura centralizada, expandiu-se rapidamente desde a sua fundação em 1981 e agrupou dezenas de milhares de jovens em nível local. A organização cuidava dos interesses da juventude em cada localidade, afastando-a do crime, das drogas e da adesão a organizações islamistas. Por outro lado, a Irmandade Muçulmana, controlada desde a sua sede no Egito, floresceu quando Gaza foi libertada do controle nasserista, que prevaleceu até 1967. Enquanto Israel enfrentava o Fatah e várias Frentes Populares para a Libertação da Palestina (ou seja, a OLP), os islamistas realizavam um trabalho social profundo e, desde 1978 se agruparam em torno da Universidade Islâmica. O retorno dos islamistas formados em universidades egípcias acelerou o crescimento da Irmandade Muçulmana que, por meio de mesquitas e ajuda social, se estendeu à Cisjordânia. O líder era o xeique Ahmed Yassin (1937-2004), organizador incansável, não obstante sua deficiência física. As redes islâmicas cresceram com rapidez, assim como o número de ativistas em Gaza e na Cisjordânia. A Irmandade Muçulmana operava formal e legalmente como uma Associação Islâmica e provia a um número crescente de seguidores serviços religiosos e uma identidade política clandestina – já que nem Yassin nem outros líderes falavam publicamente sobre política naquela fase pré-Intifada –, bem como com um sistema educacional para todas as idades, bibliotecas, clínicas, centros esportivos e um banco de sangue. Como já mencionado, esses dois grupos foram fundamentais no confronto contra Israel desde o final de 1987.

 O exemplo de imobilismo político foi o do Acordo de Londres entre Shimon Peres como ministro das Relações Exteriores e o rei Hussein da Jordânia, em abril de 1987. Eles redigiram uma minuta do acordo entre Israel e Jordânia. A intenção era realizar uma conferência de paz no âmbito das resoluções 242 e 338 da ONU – que também patrocinaria essa conferência – para resolver o problema palestino e pôr fim à guerra entre os dois países. Essa minuta deveria ser aprovada pelos governos e apresentada ao secretário de Estado Americano, George Schultz, para que a promovesse como uma iniciativa dos EUA. No entanto, em Israel, as diferenças ideológicas e pessoais entre Yitzhak Shamir (então primeiro-ministro) e Shimon Peres (ministro das Relações Exteriores), levaram Shamir a vetar a iniciativa e se opor tanto à opção jordaniana como à conferência internacional de paz, na qual as pressões multilaterais sobre Israel seriam insustentáveis. Dada a desarticulação das negociações com a Jordânia e a recusa israelense em negociar com a OLP, as opções políticas em relação ao problema palestino eram nulas.

Eitan Alimi lista quatro explicações para as origens da Primeira Intifada. Ela tem a ver com mudanças no conflito árabe-israelense na década de 1980 e a frustração palestina no que tange aos esforços dos países árabes para resolver o problema palestino. O corolário imediato foi um fortalecimento acentuado da identidade palestina e a necessidade de assumir o seu destino de forma autônoma. A segunda é baseada nas condições socioeconômicas e políticas dos palestinos na Cisjordânia e em Gaza, que provocam frustrações insuportáveis diante da realidade israelense e seu elevado nível de vida. O terceiro grupo de causas está relacionado ao desenvolvimento da sociedade civil palestina e à estruturação de mecanismos de mobilização popular e resistência local após a expulsão da OLP do Líbano em 1982. A quarta refere-se à própria dinâmica da Intifada. Seu efeito impactou ambas as sociedades, as FDI, a arena internacional e o papel da mídia durante os anos do seu desenvolvimento.

Por outro lado, a explicação de Edward Said é que, face à humilhação de tantos anos de ocupação israelense, a capitulação era impossível e, portanto, a verdadeira alternativa era uma intensificação mais determinada da resistência com melhores métodos e planejamento.

A faísca que acendeu a intifada ocorreu em um acidente de trânsito na Faixa de Gaza, perto do campo de refugiados de Jabalia, quando um caminhão militar israelense colidiu com um carro no qual viajavam quatro palestinos. Todos os ocupantes do veículo morreram. Como dois dias antes um israelense havia sido esfaqueado e assassinado em Gaza, a população de Jabalia e Gaza viu na morte dos quatro palestinos um ato de vingança organizado pelo serviço de segurança em resposta ao esfaqueamento. Em 9 de dezembro de 1987, durante o funeral, começaram os tumultos que mais tarde seriam denominados Primeira Intifada.

Esse conflito incluiu um processo de desobediência civil: não pagamento de impostos a Israel; greves; boicote à administração civil israelense, aos produtos israelenses, aos assentamentos; e uma longa série de atos simbólicos que envolveram bandeiras palestinas e pichações contra a ocupação israelense. Os tumultos se expandiram para outros campos de refugiados na Faixa de Gaza e, decorrida uma semana, iniciaram-se na Cisjordânia e em Jerusalém Oriental. Os atos de resistência por parte dos civis palestinos ocorreram desde o primeiro dia. O uso de pedras e estilingues nos confrontos entre grupos de jovens palestinos e as FDI converteu-se em um símbolo da intifada, em detrimento de Israel. O protesto palestino espontâneo surpreendeu Israel em nível estratégico e a liderança palestina. Israel teve que enviar dezenas de milhares de soldados para estabilizar a situação em Gaza e na Cisjordânia. No início, a liderança da revolta era anônima e panfletos publicados diariamente convocavam a manifestação e o confronto com Israel e incluíam instruções sobre os modos e os locais da manifestação. A cobertura da imprensa, sobretudo da TV, que gerou simpatia pela causa palestina, acompanhou a intifada. A resposta israelense foi a política da "mão de ferro" de Rabin, ministro da Defesa. Na falta de canais políticos de comunicação com uma liderança palestina com a qual fosse possível negociar, as FDI foram forçadas a conter de forma inflexível as violentas manifestações palestinas. O método foi abrir fogo contra os manifestantes, resultando em 51 palestinos mortos nos primeiros dois meses. Contudo, o escândalo internacional produziu uma mudança; evitou-se o uso de munição regular e, em vez dela, foram introduzidas munições não letais – balas de borracha, balas *bean bag* e granadas de atordoamento – e o uso intenso de gás lacrimogêneo. Uma política de golpes e espancamentos também foi aplicada. Rabin instou abertamente para quebrar os ossos dos manifestantes palestinos, causando problemas nas FDI, e soldados e oficiais foram acusados pelo uso excessivo de força na repressão. Alguns foram levados a tribunais militares e processados. As estimativas indicavam que 7% da população palestina com menos de dezoito anos de idade foram atingidos por tiros, golpes ou gás lacrimogêneo nos primeiros dois anos da intifada. Israel aumentou as detenções de emergência e no final de 1988 havia mais de dez mil palestinos em prisão administrativa. Multiplicaram-se as demolições e fechamentos de casas. Milhares de alunos e estudantes agiram no âmbito da intifada porque as universidades permaneceram fechadas durante todo o conflito e as escolas, por doze meses. A liderança da intifada exigiu a renúncia de todos os palestinos que trabalhavam nos órgãos da administração civil israelense, incluindo os policiais, o que gerou uma situação ainda mais caótica na Cisjordânia e em Gaza. A imposição de toque de recolher, controles de trânsito, revistas impositivas acentuadas, multas, impostos especiais, buscas de armas e coquetéis Molotov em residências e escritórios, cortes de energia, de fornecimento de água e de telefonia tornaram-se atos habituais. Quando as crianças que atiravam pedras eram apanhadas, os pais tinham que pagar fianças custosas para libertá-las e também grandes multas. Israel foi incapaz de controlar a intifada e sob a percepção errônea de que ela era dirigida pela Tunísia, uma unidade de comando israelense ali assassinou Khalil al-Wazir – apelidado de Abu Jihad – que atuava como vice-comandante militar de Yasser Arafat, em 16 de abril de 1988.

A intifada era dirigida a partir dos territórios por um Comando Unificado da Revolta (CUR), organizado em janeiro de 1988 (Fatah, FPLP, FDPLP [Frente Democrática Popular de Libertação da Palestina] e Partido Comunista), que se submeteu à autoridade da OLP e exigiu quatorze condições para acabar com a revolta. O intuito das demandas era aliviar a pressão e o peso da governança militar israelense sobre a Cisjordânia e Gaza e garantir maiores liberdades à população. Os confrontos entre manifestantes palestinos e o exército israelense se multiplicaram. Em agosto de 1988 – embora já houvesse aparecido panfletos assinados por essa organização no final de 1987 – foi proclamada a criação do Hamas, acrônimo em árabe de Harakat al-Muqawama al-Islamiyya (Movimento de Resistência Islâmico), que se autodefiniu como o braço da Irmandade Muçulmana na Palestina.

Daí em diante, o Hamas, que anteriormente coordenava a suas ações com o CUR, passou a agir de forma autônoma, liderou sua própria intifada e permaneceu completamente fora do controle da

OLP. Desde então, tornou-se o principal rival político, no cenário palestino, do Fatah e da OLP.

Os EUA tentaram, sem sucesso, intervir como árbitro entre as partes em meados de 1988. No final de julho de 1988, o rei Hussein da Jordânia anunciou que estava se desligando da Cisjordânia. Para a OLP, esse foi o grande triunfo político resultante da intifada e ela proclamou na Argélia, em novembro de 1988, a independência do Estado Palestino, com base na Resolução 181 da ONU (29 de novembro de 1947) sobre a partilha da Palestina britânica em dois Estados, um judeu e um árabe. Essas medidas produziram uma aproximação entre os EUA e a liderança da OLP (Arafat). Em dezembro de 1988, Arafat reconheceu publicamente a existência de Israel e mais tarde discursou no fórum da ONU em Genebra. A OLP ganhava pontos políticos enquanto Israel se recusava a considerar essa organização como representante dos palestinos e continuava a proibir os seus cidadãos de se envolverem em contatos com membros da OLP.

Entretanto, em dezembro de 1988, Israel foi novamente às urnas para eleger o 12º Knesset. Os resultados produziram quase uma paridade entre o Likud (quarenta assentos) e o Partido Trabalhista (39 assentos). No intuito de alcançar estabilidade face às pressões geradas pela intifada, decidiu-se novamente formar um governo de união nacional, presidido por Itzhak Shamir e no qual Shimon Peres serviria como primeiro-ministro interino (na ausência de Shamir) e ministro das Finanças. Rabin permaneceu ministro da Defesa e Moshe Arens (Likud) ministro das Relações Exteriores. O Partido Religioso Sefardita-Schas obteve seis assentos parlamentares e se converteu no pivô do Knesset.

Ocorreram divisões entre os palestinos. Uma das características foi o assassinato de palestinos acusados de colaboração com Israel por militantes da intifada. Dos 1.800 palestinos mortos na intifada, até o final de 1992, oitocentos foram assassinados pelos próprios palestinos. Aproximadamente mil foram vítimas das tropas israelenses e da violência por parte dos residentes dos assentamentos israelenses. Entre 1987 e 1992, a cada ano cresceu a porcentagem de pessoas assassinadas pelos próprios palestinos sob o rótulo de colaboradores. Em muitas ocasiões, especialmente nos últimos anos da intifada, ocorreram assassinatos de pessoas acusadas pelos extremistas islâmicos de terem adotado a "podre cultura ocidental" e de vítimas de conflitos interfamiliares. O sofrimento socioeconômico da população palestina na Cisjordânia e em Gaza era muito grave e contribuiu para o crescimento de fissuras internas e desgaste da intifada. O início das opções políticas entre a OLP e os EUA, bem como a Conferência de Paz em Madri, abriram novos horizontes no conflito árabe-israelense. Shimon Peres tentou negociar secretamente com os partidos ultraortodoxos para derrubar o governo e formar um novo, baseado em uma coalizão alternativa sem Shamir nem o Likud. Em 15 de março de 1990, conseguiram derrubar o governo por meio de um voto parlamentar de desconfiança. O resultado do chamado *ha-targ[u]íl ha-masríakh* (o truque fedorento) de Shimon Peres contra Shamir foi que este último estruturou um novo governo de coligação mais restrito, apoiado por 66 membros do Knesset, no qual estavam representados os partidos ultraortodoxos e o Schas – que haviam ajudado a derrubar Shamir, mas não se alinharam à coalizão proposta por Peres.

Esse governo teve que enfrentar a crise causada pela invasão do Iraque ao Kuwait em agosto de 1990 e a Guerra do Golfo. A coligação anti-iraquiana de 34 países, liderada pelos EUA, conseguiu incorporar os países árabes centrais: Arábia Saudita, Egito e Síria. Por um lado, a OLP apoiou o Iraque desde o início da crise. Por outro, Saddam Hussein, presidente do Iraque, ameaçou desde o primeiro dia da crise atacar Israel com meios não convencionais, ou seja, armas químicas e biológicas. Os preparativos de defesa israelenses incluíram a distribuição a grandes segmentos da população de equipamentos de defesa antiquímica (máscaras de gás, atropina autoinjetável e outros). A tensão aumentou no final do ultimato que os EUA impuseram ao Iraque (a retirada do Kuwait) em 15 de janeiro de 1991. Sob pressão dos EUA, o governo Shamir manteve-se muito discreto e tentou evadir-se da forte discussão interna. Quando expirou o ultimato estadunidense, Saddam Hussein atacou Israel, a Arábia Saudita e o Bahrein com mísseis Scud. Embora eles tivessem ogivas explosivas convencionais, foi sério o seu impacto sobre a população israelense. A intenção iraquiana era provocar um contra-ataque israelense e desarticular a coalizão criada pelos EUA para impedir que os seus membros árabes continuassem a lutar como aliados dos EUA e de Israel. Os EUA exerceram forte pressão sobre o governo de Shamir para não contra-atacar e enviou a Israel baterias de mísseis Patriot (supostamente antimísseis, mas que se mostraram ineficazes). Israel não interveio, porém, foi atacado entre 17 de janeiro e 28 de fevereiro de 1991 com quarenta mísseis Scud iraquianos. Nesses ataques, 64 israelenses morreram – dois pelo impacto direto do míssil e 62 por ataques cardíacos e asfixia causados pelas máscaras – e os danos materiais foram extensos.

Em setembro de 1991, a administração do presidente George Bush exigiu que o governo israelense do primeiro-ministro Yitzhak Shamir parasse de estabelecer assentamentos e desse início a construções na Cisjordânia e em Gaza, como condição para que os EUA concedessem a Israel uma garantia de dez bilhões de dólares destinados a custear a imigração judaica em massa da URSS que chegava a Israel. Isso aconteceu não obstante a pressão que o lobby israelense em Washington, o AIPAC - American Israel Public Affairs Committee (Comitê de Assuntos Públicos Israelenses EUA--Israel), exercia sobre o governo estadunidense. Bush declarou que não cederia. O Congresso apoiou o presidente e a garantia dos EUA foi concedida a Israel quando ocorreu a mudança de governo, ou seja, quando Rabin substituiu Shamir como primeiro-ministro em 1992. Uma lição clara sobre os limites da mítica influência do AIPAC sobre o Congresso e o governo dos EUA.

A administração Bush pressionou o governo Shamir que, depois de obter certas concessões, concordou em participar de uma conferência de paz. Saeb Erekat, membro palestino da delegação jordaniana, era claramente o representante de Arafat e da OLP. A conferência internacional seria apenas declaratória e não substituiria negociações bilaterais diretas entre Israel e os seus inimigos. As relações diplomáticas entre Israel e a URSS foram restabelecidas em 18 de outubro de 1991, menos de duas semanas antes do início da

Conferência de Madri. Ela foi presidida por George Bush, Mikhail Gorbachev, Felipe González e a União Europeia; participaram os ministros das Relações Exteriores da Jordânia, do Egito, da Síria e do Líbano, bem como o primeiro-ministro de Israel, Shamir. Os representantes árabes se recusaram a apertar a mão de Shamir. A Conferência de Madri deslocou as negociações bilaterais para Washington, por um lado, e encorajou as elites políticas palestinas, por outro lado. Para Shlomo Ben-Ami, o elemento decisivo eram as respectivas sociedades, mais do que os políticos.

Nas negociações em Washington, o secretário de Estado James Baker propôs novamente a ideia de negociações multilaterais que ocorreriam em Moscou a partir de janeiro de 1992, e as de Washington, que começaram em dezembro de 1991. Foi apresentada a ideia de gerar uma espécie de Plano Marshall (plano de ajuda econômica maciça), financiado pela Arábia Saudita, como estímulo ao processo de paz e fator do desenvolvimento necessário para facilitar a democratização das sociedades árabes. As negociações bilaterais estagnaram. A equação palestina revelava-se insolúvel sem a OLP. Ao mesmo tempo, a OLP, liderada por Yasser Arafat, começou a recuperar a sua preeminência, porém enfrentava o Hamas, liderado por Ahmed Yassin.

Em 16 de dezembro de 1991, a URSS - União das Repúblicas Socialistas Soviéticas foi dissolvida, com sérias consequências para o desenvolvimento futuro de Israel em duas dimensões. A primeira foi o fim da Guerra Fria e o fato de os EUA se terem convertido na potência mundial hegemônica. A segunda foi a onda de imigração de judeus ex-soviéticos para Israel. A chegada de mais de um milhão de imigrantes modificou a estrutura étnico-social do país, pois a maioria era de origem asquenazita e possuía alto nível profissional e educacional.

Menachem Begin faleceu em março de 1992. Ele foi enterrado, como havia pedido antecipadamente, sem cerimônia oficial, ao lado de sua esposa Aliza, no histórico cemitério judeu no Monte das Oliveiras.

Em junho de 1992, foram realizadas eleições para o 13º Knesset. O Partido Trabalhista, liderado por Yitzhak Rabin, obteve a primeira maioria eleitoral com 44 assentos, enquanto o Likud elegeu 32 parlamentares. Shamir aceitou a responsabilidade da derrota e anunciou sua renúncia à liderança do Likud e à vida política. Rabin organizou uma coalizão governamental composta pelo Partido Trabalhista, o Meretz (partido de esquerda liberal que obteve doze cadeiras), o Schas (seis assentos parlamentares, mas que se retirou da coalizão quando o Acordo de Oslo 1 foi assinado, em setembro de 1993). Essa coalizão teve apoio externo do Partido Democrático Árabe (dois assentos) e do Hadasch (três assentos), que sem integrarem o governo garantiam que a oposição de direita não seria capaz de derrubar o governo Rabin. O apoio dos partidos árabes tornou-se muito necessário após o Acordo Oslo 1.

O governo Rabin lançou, desde a sua posse em julho de 1992, duas iniciativas estratégicas que mudariam o futuro de Israel. A primeira foi de natureza social e incluiu um aumento de mais de 70% no orçamento da educação do país e uma ênfase nas políticas sociais cuja manifestação central foi a promulgação de uma lei de seguro saúde estatal, obrigatório e universal, para toda a população do país (1994), que entrou em vigor em 1º de janeiro de 1995. Foram favorecidas as políticas sociais no setor árabe de Israel e equalizados os subsídios infantis com relação a outros setores. Foram reconhecidas as *mikhlalót* (faculdades), que floresceram tanto na periferia como no centro do país. Foi lançado um plano de desenvolvimento rodoviário no âmbito do qual decidiu-se acerca da construção da rodovia longitudinal (paga) que ligaria o sul ao norte do país (estrada 6), cujo primeiro trecho foi inaugurado em 2002. Foi deliberada a reconstrução do novo aeroporto nacional, Natbag 2000 – acrônimo em hebraico de Nemal Teufá Ben-Gurion 2000 (Aeroporto Ben--Gurion 2000) –, inaugurado com quatro anos de atraso em 2004 e cujo tráfego em 2016 atingiu dezessete milhões de pessoas por ano (já então um milhão a mais do que a capacidade planejada de dezesseis milhões de passageiros anualmente) em comparação com cinco milhões em 1993. Tudo isso, somado a aumentos salariais no setor público, incrementou o crescimento econômico e contribuiu para a popularidade do governo.

Ademais, foi criado um imposto sobre os lucros financeiros na Bolsa de Valores do país. Israel se assemelhava, sob o governo de Rabin, aos Estados sociais europeus com governos socialdemocratas. A grande mudança ocorreu na área do conflito palestino-israelense e levou a negociações diretas entre Israel e a OLP, que resultaram nos Acordos de Oslo, na DOP - Declaration of Principles (Declaração de Princípios) em Washington durante o mês de setembro de 1993 e no estabelecimento da Autoridade Nacional Palestina.

O governo de Rabin negociou de forma bilateral e direta a paz com a Síria e a Jordânia. As negociações com a Síria não tiveram sucesso. De uma política conservadora, reativa e nacionalista-territorialista passou-se a uma política progressista e proativa, que contemplava transferências territoriais em troca de acordos de pacificação e tratados de paz. Shimon Peres havia estabelecido contatos com os palestinos por iniciativa de um grupo de seus jovens assessores liderados por Yossi Beilin - a quem Rabin (1990) descrevera como o poodle de Shimon Peres –, que nesse governo era vice-ministro das Relações Exteriores. Os contatos entre israelenses e palestinos existiam em todos os níveis desde 1967. Da mesma forma, os diálogos acadêmicos e políticos ocorriam especialmente entre o círculo das esquerdas, israelense e palestina. Yair Hirschfeld, professor da Universidade de Haifa e especialista no Oriente Médio, foi um dos intelectuais israelenses que por volta de 1989 estava em contato com Faisal Husseini, o líder da OLP em Jerusalém Oriental, e com Hanan Ashrawi, próxima de Edward Said e de Yasser Arafat e professora de literatura inglesa na Universidade de Bir Zeit. Em 1990, Beilin e Hirschfeld criaram a ECF – Economic Cooperation Foundation (Fundação de Cooperação Econômica) como uma ONG em Tel Aviv, que funcionou como um *think tank* sobre questões relacionadas ao Oriente Médio e como canal diplomático informal entre as partes em conflito. O instituto norueguês Fafo de investigações laborais e de assuntos sociais, presidido na época por Terje Rød-Larsen, tinha iniciado um pequeno projeto de investigação na Cisjordânia. No início de 1993, o Knesset anulou a proibição de encontros de israelenses com membros da OLP. Depois de uma reunião prévia entre Yair Hirschfeld e Ahmed Qurei (Abu Alaa), em Londres, em dezembro de 1992, começaram as negociações de Oslo. Secretamente, mas agora sem impedimentos legais, Yair Hirschfeld, acompanhado por Ron Pundak, historiador político do Oriente Médio, encontrou-se com Ahmed Qurei, Maher al-Kurd e Hasan Asfour, representantes de Arafat e da OLP da Tunísia, no âmbito da Fafo em Oslo, em 20 de janeiro de 1993; esse e outros fóruns mais amplos, porém sempre secretos, conseguem obter uma série de acordos. Terje Larsen, o ministro das Relações Exteriores da Noruega, e uma facilitadora especializada em mediação intermediavam quando surgiam divergências. Uma investigação recente sobre as negociações em Oslo sustenta que o lado norueguês era favorável a Israel. Contudo, como não existem documentos escritos, é difícil corroborar essa tese.

Quando o governo de Rabin deportou 415 ativistas islâmicos para o Líbano (dezembro de 1992), os palestinos se retiraram das negociações em Washington e só retornaram em abril de 1993. Isso serviu de pano de fundo para as negociações mais realistas em Oslo. Os EUA estavam cientes de Oslo e Daniel Kurtzer, do Departamento de Estado dos EUA, realizou uma espécie de "diplomacia de vaivém" entre Tunes e Jerusalém para resolver as diferenças, até à redação do texto do acordo de Oslo I. As reuniões em Oslo, definidas no início como "acadêmicas", progrediram e os resultados foram transmitidos a Peres por Beilin. Ele havia informado Rabin que dois acadêmicos (Hirschfeld e Pundak) tinham se encontrado com membros da OLP e que era possível negociar com base nesses contatos. Rabin não acreditava nisso, mas permitiu que seguissem em frente.

Enquanto as negociações eram secretas, não existiam pressões políticas imediatas dos parceiros das coalizões governamentais – em Israel – ou na OLP e depois na Autoridade Palestina (AP). Para Arafat e a OLP, receber o reconhecimento de Israel – e do mundo inteiro – como representantes legítimos do povo palestino e encarregados de seu futuro político era uma grande conquista. Em Oslo, a OLP aceitou adiar os três problemas centrais entre Israel e a Palestina. Eles eram e continuam sendo: Jerusalém, os refugiados palestinos e os assentamentos de colonos israelenses, atualmente na Cisjordânia, contudo então também em Gaza. O texto do acordo foi elaborado em Oslo. Em 9 de setembro, Arafat e Rabin trocaram cartas de reconhecimento mútuo. Arafat escreveu a Rabin que a OLP reconhecia o direito legítimo de Israel de existir em paz e segurança e aceitava as resoluções 242 e 338 da ONU. Rabin respondeu a Arafat que Israel o reconhecia como representante legítimo do povo palestino e negociaria a paz com a OLP.

Em 13 de setembro de 1993, foi assinado na Casa Branca o Acordo de Oslo I, com a presença e patrocínio de Bill Clinton. Da mesma forma, foi assinada a Declaration of Principles on Interim Self-Government Arrangements (Declaração de Princípios Sobre Arranjos Para o Autogoverno Interino).

O acordo era válido por um período transitório de cinco anos, após o que seriam negociados os aspectos que Oslo I não incluía, isto é: o *status* de Jerusalém; a questão dos refugiados palestinos; o *status* dos assentamentos israelenses no território palestino; os arranjos de segurança; as fronteiras e os acordos com Estados vizinhos. As negociações sobre tais tópicos deveriam começar o mais tardar no prazo de três anos (1996) após a assinatura do acordo provisório (Oslo I). O acordo assinado em Washington assentava as bases para o estabelecimento da Autoridade Palestina, que começava com a retirada das forças israelenses da Faixa de Gaza e da área de Jericó, que seriam controladas por uma força de segurança palestina, sendo concedido direito de trânsito aos israelenses. Tudo o que foi pactuado se faria de forma gradual e coordenada entre a AP e Israel.

Esse acordo suscitou apoio, mas também oposição tanto no lado israelense como no palestino. A direita israelense via nele o início da retirada de Gaza e da Cisjordânia, que considerava a "pátria histórica" e a "terra bíblica prometida ao povo de Israel" e, portanto, irrenunciáveis. O debate no Knesset foi muito tumultuado, emocional e duro. O Knesset aprovou o acordo decorridos dois dias, com uma maioria de 61 votos a favor, cinquenta contra e oito abstenções.

Do lado palestino, Arafat deu todo o seu apoio e o do Fatah ao acordo, porém mesmo dentro da OLP, a FPLP se opunha à sua assinatura, tal como o Hamas e a Jihad Islâmica. Essas organizações, de diferentes maneiras, interpretavam o processo e o acordo como uma rendição palestina acompanhada pelo reconhecimento de Israel, em troca de cessões territoriais e benefícios mínimos para os palestinos. A fórmula de Oslo incluía um processo transitório de beligerância à tranquilidade – precondição tanto para a paz quanto para a retirada militar – muito discutido. O bom funcionamento dos acordos criaria condições para uma crescente confiança mútua entre ambas as partes. Esse modelo preconcebia um funcionamento perfeito dos acordos entre as duas partes que, durante a maior parte do século XX, haviam se enfrentado com violência em muitas ocasiões. A assimetria institucional que existia entre Israel como Estado estabelecido e formalmente democrático e a Autoridade Palestina, em vias de constituição, apresentava outro sério obstáculo devido às capacidades funcionais assimétricas que poderiam destruir o processo. As dificuldades a serem enfrentadas superavam as possibilidades operacionais.

As populações palestinas receberam as tropas israelenses com ramos de oliveira e ondas de entusiasmo popular. A assinatura do acordo, transmitida pela TV, no gramado sul da Casa Branca, com Rabin e Arafat apertando as mãos e Clinton apadrinhando a cerimônia foi outro ato no "teatro político do Oriente Médio" para que as sociedades em enfrentamento dessem uma guinada de posições em direção à coexistência. Em 1993, Israel desfrutou de legitimação internacional e a OLP recebeu reconhecimento e respeito em todo o mundo. Nessa narrativa, o grande ato simbólico foi a concessão, em 1994, do Prêmio Nobel da Paz a Yasser Arafat, Yitzhak Rabin e Shimon Peres "pelos seus esforços para estabelecer a paz no Oriente Médio".

As ajudas internacionais à Autoridade Palestiniana multiplicaram-se sem que existissem mecanismos institucionais que garantissem que elas chegariam ao seu destino final, ou seja, os refugiados palestinos. Acumulavam-se grandes nuvens, escuras e densas, que obscureciam o futuro de todas as partes. Por um lado, os palestinos duvidavam das intenções pacíficas israelenses. Por outro, os israelenses duvidavam da capacidade de Yasser Arafat, sem instituições de apoio, de conseguir controlar a direção da AP para a assinatura de um acordo de paz, depois dos cinco anos de transição. A AP não desarmou as várias facções políticas do Jihad Islâmico e do Hamas, bem como da FPLP e da FDPLP. Parte dos membros dessas milícias foi integrada nas forças de segurança palestinas, porém muitas não. Isso significava que havia grupos armados que se opunham aos acordos. Cada qual, ao recorrer à violência e ao uso de armas, criava uma situação de enfrentamento entre as partes que poderia desarticular o esforço de pacificação.

Em 4 de maio de 1994, Rabin e Arafat assinaram no Cairo o Acordo Gaza-Jericó. Naquele momento começavam os cinco anos do governo interino da AP sobre os territórios supramencionados e Israel se comprometeu a retirar-se militarmente, no prazo de três semanas, da maior parte da Faixa de Gaza e da área de Jericó. Em 5 de julho de 1994 a Autoridade Palestina foi oficialmente instituída com Yasser Arafat como primeiro presidente. Foi acordado libertar cinco mil prisioneiros palestinos das prisões israelenses. Em 28 de setembro de 1995, Rabin e Arafat assinaram o Acordo Provisório sobre a Cisjordânia e a Faixa de Gaza, conhecido como Oslo II, em que Israel se comprometia a retirar-se militarmente das seis maiores cidades da Cisjordânia. Com isso, transferia para o controle da Autoridade Palestina um terço da população da Cisjordânia, que ocupava 3% do território. Esse acordo dividiu o território da Cisjordânia em três zonas: uma sob controle israelense (área C), uma sob o controle palestino (área A) e uma sob o controle de ambas as partes (área B). As partes signatárias dos Acordos de Oslo cumpriram com dificuldade as diversas cláusulas, a fim de aumentar a confiança mútua. Aqueles que se opunham aos acordos no lado palestino começaram a fazer campanhas terroristas para descarrilhar a paz.

A tensão entre a presença israelense no Líbano e o Hezbollah aumentou. O Hezbollah organizou o ataque à embaixada israelense em Buenos Aires em março de 1992 (29 mortos e 242 feridos); o ataque de 1994 contra a Amia - Associação Mutual Israelita Argentina, em Buenos Aires (85 mortos e centenas de feridos); e o ataque à embaixada israelense em Londres em 1994 (29 feridos), juntamente com uma célula palestina local. Israel respondeu à crescente tensão na zona de segurança e aos ataques do Hezbollah com mísseis contra a Galileia com a Operação Din ve-Heschbón (Responsabilização) no final de julho de 1993, na qual a artilharia e a força aérea israelenses atacaram o Líbano. Contudo, depois de uma semana, ambas as partes, com a mediação dos EUA, aquiesceram a que o Hezbollah não lançaria mísseis contra o norte de Israel que, por sua vez, não atacaria populações civis no Líbano.

O Hamas e a Jihad Islâmica lançaram uma campanha de ataques terroristas em Israel. Israelenses foram assassinados entre outubro e dezembro de 1993 em Wadi Qelt, Gaza, Bet El, Nahal Oz, Qalqiliya, Hebron e Ramala. Os moradores dos assentamentos israelenses afetados pelos ataques reagiram com violência, queimaram veículos árabes e manifestaram-se contra o primeiro-ministro Rabin e suas políticas. Em 25 de fevereiro de 1994, o dr. Baruch Goldstein, médico em Kiriát Árba e um dos seguidores do rabino Kahane, entrou no Santuário do Túmulo dos Patriarcas, em Hebron – santuário judaico e muçulmano, no qual devotos de ambas as religiões se alternam em orações e visitas – e disparou 118 vezes contra os crentes muçulmanos que rezavam, matando trinta deles e ferindo cem. Quando terminou de esvaziar os quatro carregadores que portava, Goldstein foi atacado por sobreviventes e espancado até a morte com barras de ferro. O choque dentro e fora de Israel foi demasiado forte. Rabin contatou Arafat para expressar seu pesar e sua vergonha pelo ocorrido. O Partido Kakh, do rabino Kahane, foi considerado ilegal. A esquerda israelense queria que esse ato de barbárie servisse para desocupar à força as várias centenas de judeus ultranacionalistas religiosos que habitavam um enclave de edifícios que haviam sido propriedade judaica até o *pogrom* de 1929, no centro da Cidade Velha de Hebron. Esse grupo, antiárabe e agressivo, apoiou em sua maioria e publicamente o ato de Baruch Goldstein. Os atritos entre esses extremistas e a população árabe de Hebron eram constantes e crescentes. Rabin, assessorado por especialistas da extrema-direita israelense, decidiu não evacuar à força esse núcleo populacional. Baruch transformou-se em herói para a extrema-direita israelense e seu túmulo em Kiriát Árba recebia visitas frequentes de seus admiradores e seguidores ideológicos. Rabin havia cunhado a frase: "combateremos o terror como se não houvesse paz e faremos a paz como se não houvesse terror" e tentou ser fiel a ela. A escalada do terror palestino gerou uma crescente oposição à política de paz e a Rabin. Em outubro de 1994, a onda de terror continuou a aumentar.

Israel e Jordânia negociaram um tratado de paz em paralelo aos Acordos de Oslo. As relações entre o rei Hussein da Jordânia e a elite política israelense, apesar de secretas, eram regulares e amigáveis há vários anos. Como a Jordânia se desligou do destino da Cisjordânia, as disputas territoriais eram mínimas. A Jordânia cooperava com Israel no enfrentamento do terrorismo palestino e declarara o Hamas ilegal. O fundamentalismo islâmico via a casa real hachemita da Jordânia como um inimigo. O tratado de paz entre Israel e a Jordânia foi assinado pelo rei Hussein e por Yitzhak Rabin. O presidente Clinton, dos EUA, assinou como testemunha na cerimônia realizada na Aravá, ao norte de Aqaba e Eilat, em 26 de outubro de 1994. Israel e Jordânia iniciaram um processo de normalização que incluiu a troca de embaixadores em Amã e Tel Aviv, a abertura de duas passagens de fronteira – em Aravá e em Sheikh Hussein – e o início de voos regulares entre os dois países, além de dar início à cooperação em muitas outras áreas e à abertura de cada um dos países ao turismo do outro, o que proporcionou benefícios imediatos à Jordânia.

A fronteira mais longa de Israel era precisamente com a Jordânia (307 km). A questão da divisão do uso das águas do Jordão preocupava a Jordânia, porém mais central era o fato de que a maioria da sua população era de origem palestina e o seu Estado a colocava numa situação de paz com Israel. Também foi mencionada a proteção da Jordânia aos locais sagrados islâmicos em Jerusalém.

Em setembro de 1995, o incitamento contra o governo israelense e seu primeiro-ministro aumentou quando um grupo de rabinos ortodoxos publicou uma declaração chamando Rabin de alguém que "entregava" (territórios ao inimigo) e de traidor. Eles o acusaram de depreciar os interesses nacionais e do povo judeu. As manifestações contra Rabin se sucederam e foram legitimadas pela presença de Benjamin Netanyahu (1949-...) e outros líderes do Likud. No começo de outubro de 1995, houve no centro de Jerusalém uma manifestação com cartazes e fotos montadas com a imagem de Rabin como oficial da ss. No imaginário israelense, a pior depreciação, insulto e incitação ao assassinato é descrever um líder como nazista. A campanha terrorista do Hamas e da Jihad Islâmica ganhava força e vigor. Os ataques ao transporte público em Tel Aviv e Jerusalém, planejados em grande parte por Yahya Ayyash, de cognome "o engenheiro", que os concebia e enviava seus subordinados para executá-los com explosivos que ele próprio preparava, causaram inúmeras mortes e feridos em Israel e exacerbaram as expressões da direita contra Rabin. O clamor "Rabin assassino" era usado cada vez com mais frequência.

    Necessitando de apoio popular e de legitimação dos Acordos de Oslo a fim de dar prosseguimento ao processo de pacificação, os partidos de esquerda e grupos pró-paz organizaram uma manifestação em Tel Aviv, que teve lugar na Praça dos Reis de Israel – atualmente Praça Rabin – com a participação de cerca de cem mil pessoas e líderes do governo, bem como de outras figuras públicas. O objetivo era neutralizar o clima de violência, tensão e rejeição ao processo de paz e demonstrar o apoio e a legitimidade à política do governo Rabin. Em seu discurso diante da multidão que o apoiava, Rabin declarou: "Sempre acreditei que a maioria das pessoas quer a paz e está disposta a se arriscar por ela." O evento culminou com o "Schir ha-Schalom" (Canção da Paz), cantada pelos participantes do evento, no palco e na praça. Às 21h40, quando Rabin estava saindo da manifestação pelos degraus e pela calçada da prefeitura de Tel Aviv, Yigal Amir, estudante de extrema-direita religioso-nacionalista, disparou sua pistola três vezes, de uma distância muito curta, nas costas de Yitzhak Rabin. Dois dos disparos atingiram o primeiro-ministro e outro um dos seus guarda-costas. Rabin foi levado às pressas, em seu próprio carro oficial, para o hospital Ichilov, perto do local do atentado, e a equipe médica fez grandes esforços para ressuscitá-lo durante uma hora e meia. Às 23h10 os esforços de reanimação cessaram e às 23h15 seu porta-voz, Eitan Haber, declarou: "O governo de Israel anuncia com choque e profundo pesar a morte do primeiro-ministro, Yitzhak Rabin, morto esta noite por um assassino em Tel Aviv." A direita nacionalista e religiosa ficou chocada e deslegitimada publicamente pelo evento trágico, já que Yigal Amir, o assassino de Rabin, provinha das fileiras da extrema-direita nacionalista e religiosa, havia estudado em uma *ieshivá* e cursava Direito na Universidade Bar Ilan. Ele tinha ouvido os rabinos que atacavam Rabin e entendeu que contra o primeiro-ministro pesava uma acusação de *din rodêf* (lei do perseguidor), segundo a qual, para evitar um assassinato, é lícito matar o perseguidor. Yigal Amir argumentou que Rabin era um perseguidor porque a desocupação da Cisjordânia e de Gaza resultaria no assassinato de muitos judeus. Essa interpretação não tinha validade teológica, pois *din rodêf* é um ato espontâneo que exonera o assassino do perseguidor porque ele o mata durante uma perseguição que resultaria na morte do perseguido. Yigal Amir planejou o assassinato de Rabin em detalhes. Uma vez preso, foi julgado e condenado à prisão perpétua. Seu irmão Hagai foi condenado a dezesseis anos de prisão por participar no planejamento do assassinato do primeiro-ministro, já que havia preparado as balas dum dum que mataram Rabin.

As confissões de Yigal e Hagai Amir provaram o conflito entre duas visões de mundo opostas sobre o caráter do Estado de Israel. Elas estavam divididas por uma fissura que gerou ondas violentas, como o assassinato de Rabin, o massacre de Baruch Goldstein na Tumba dos Patriarcas e os atos provocados pelo terrorismo judaico contra os prefeitos árabes. Existia uma linha que ia do Gusch Emuním a Yigal Amir e que incluía os grupos de extrema-direita religiosa. Para eles, a soberania e a lei do Estado perdiam validade quando confrontadas com a soberania e a lei de origem divina. Nesse quadro de estadismo secular face a um mundo baseado numa interpretação rígida e messiânica da herança bíblica, a santidade da

Terra Prometida tinha primazia sobre a santidade da vida humana, e quem pretende negar isso como – de acordo com Yigal Amir e muitos outros – o fez Rabin, se convertia em um violador da lei divina. Samuel Peleg afirmou que, de acordo com as teorias de René Girard, Yigal Amir apresentava, ao mesmo tempo, características de mártir e executor do sacrifício ritual de Rabin. Ele não tentou fugir e antes do assassinato fez orações rituais de quem vai morrer, o que confirma a teoria do martírio. O assassinato-sacrifício de Rabin tornava-se o ato que impediria o colapso da nação e evitaria a queda do ideal messiânico perseguido por Amir e seus adeptos.

Nachman Ben-Yehuda afirma que o assassinato não teve nenhum efeito curativo em relação às fissuras que dividiam a sociedade israelense – entre judeus e árabes e entre judeus e judeus no que diz respeito a temas políticos (esquerda e direita) e religiosos (e talvez étnicos e econômicos). A legitimidade atribuída ao assassinato de Rabin por vários segmentos da sociedade israelense aumentou a probabilidade de que um assassinato desse tipo voltasse a ocorrer.

O drama do assassinato de Rabin ainda está presente, embora de forma marginal e em escala muito diminuída, na sociedade israelense do século XXI. Muitas vozes se levantaram em defesa do assassino. Outras tentaram atribuir pouca importância ao que foi percebido como um vínculo claro entre a onda de incitamento que a direita política utilizou contra Rabin e o assassinato. Inclusive os círculos nacionalistas religiosos mantiveram suas posições sobre o imperativo de defender os assentamentos e a posse de toda a Terra Prometida, ignorando a armadilha moral e lógica que representa a aplicação das regras de dois sistemas jurídicos – o estatal e o religioso – no mesmo território e sobre o mesmo tema.

Shimon Peres substituiu Yitzhak Rabin como primeiro-ministro interino até que as próximas eleições parlamentares possibilitassem a formação de um novo governo com base na eleição direta do primeiro-ministro (pela primeira vez na história de Israel). A fortaleza institucional do país permitiu que, não obstante a magnitude da tragédia, o governo e suas diferentes agências continuassem a operar. Entre todas as instituições, o Schin Bet, com uma de suas seções responsável pela proteção física das autoridades, foi objeto de uma séria revisão e reorganização. Carmi G[u]illon, comandante do Schin Bet no dia do assassinato, renunciou, porém, Shimon Peres pediu que ele permanecesse no cargo até que pudesse ser substituído por Ami Ayalon, oficial militar do alto escalão da marinha israelense.

O funeral de Rabin no cemitério nacional do Monte Herzl, em Jerusalém, ocorreu em 6 de novembro de 1995. Ele contou com a presença de todas as autoridades e personalidades do país e líderes políticos de todo o mundo que representavam mais de oitenta países. Entre eles estavam incluídos o presidente dos EUA, Bill Clinton, o presidente Mubarak, do Egito, o rei Hussein da Jordânia, o primeiro-ministro britânico John Major, o chanceler alemão Helmut Kohl, o primeiro-ministro russo Viktor Chernomyrdin, o presidente Jacques Chirac da França e muitos outros. Os elogios fúnebres se sucederam, porém, o mais impressionante foi o da neta de Rabin, Noa Ben Artzi, que falou de seu avô em um discurso muito humano e emocional. Embora Yasser Arafat tivesse acatado a recomendação das autoridades de segurança israelenses de não participar do funeral, ele fez sua primeira e única visita a Israel em 9 de novembro de 1995, quando se dirigiu ao apartamento da família Rabin, em Tel Aviv, para apresentar pessoalmente as suas condolências a Lea Rabin e à família.

No início de janeiro de 1996, o Schin Bet, ainda comandado por Carmi G[u]illon, conseguiu matar, usando um celular contendo explosivos, Yahya Ayyash, "o engenheiro", que liderava a onda terrorista do Hamas contra Israel. Embora os Acordos de Oslo seguissem vigentes, o processo de paz estava se desarticulando.

Vários fatores operavam contra a pacificação: 1. A desilusão palestina ao ver que, não obstante a assinatura dos acordos e das retiradas de Israel, os assentamentos de colonos continuavam a crescer, tanto territorial como demograficamente. Isso destruía a expectativa palestina de alcançar uma paz baseada nas fronteiras anteriores à guerra de 1967; 2. A decepção gerada por uma situação econômica que não melhorava em Gaza e na Cisjordânia. As diferenças entre os níveis de vida da população palestina e da israelense aumentavam, em vez de diminuir, e era difícil para a maioria palestiniana ver a vantagem econômica da paz. Os acordos econômicos e a intensa ajuda internacional implicavam sérias expectativas de melhoria que não foram atendidas. Parte do problema devia-se a que a onda terrorista lançada por aqueles que se opunham ao processo de paz causava fechamentos contínuos e por períodos extensos das passagens entre Gaza, Cisjordânia e Israel, afetando diretamente os palestinos que trabalhavam em Israel e que, por conseguinte, tinham sua renda diminuída; 3. A situação foi agravada pelo fato de que a atmosfera de frequente tensão resultava em medidas de segurança tomadas pelo lado israelense e que se somavam à humilhação sofrida pelos palestinos que transitavam diariamente pelos postos controlados entre Gaza, Cisjordânia e Israel. O acesso livre de controle israelense que deveria ligar Gaza e Cisjordânia nunca foi posto em prática; 4. A ideia de que Israel não planejava se retirar desses territórios em favor de uma autonomia-independência palestina, mas que, ao contrário, estava criando "cantões" para melhor controlar a situação de segurança e impedir o eventual estabelecimento de um Estado palestino.

Parte do processo de pacificação foi o estabelecimento do PECDAR - Palestinian Economic Council for Development and Reconstruction (Conselho Econômico Palestino Para o Desenvolvimento e a Reconstrução), cuja missão era gerir de forma transparente e controlada a vultosa ajuda internacional que começou a ser alocada para a AP. Yasser Arafat, no entanto, viu nesse modelo uma ameaça ao seu sistema de controle da OLP que agora se aplicava à AP e que era basicamente clientelista. A ajuda internacional foi canalizada à AP, que dela fez uso não para a reconstrução e o desenvolvimento que incluíam a criação de novos empregos, mas para financiar a base de poder do Fatah e de Arafat. Tratava-se de pagar pontualmente os salários das forças de segurança e do sistema educacional leais a Arafat e ao Fatah. Ao não gerar uma capacidade produtiva, criava--se um sistema insustentável dependente de doações permanentes. As transferências de montantes orçamentários implicavam porcentagens de pagamentos de corrupção às autoridades que transferiam o dinheiro. Os contratos celebrados acabavam nas mãos de pessoas próximas do poder, que enriqueciam. As ondas de terror desde 1993 e especialmente depois da assinatura dos acordos ampliaram a agitação social em Israel contra esses acordos. A criação das forças de segurança da AP mostrava que a quantidade de armamento que chegava era muito maior do que o necessário para o cumprimento das funções estabelecidas. Entretanto, a maior causa de desilusão em Israel, também entre aqueles que eram politicamente neutros e faziam parte da esquerda que apoiava o processo de pacificação era o fato de a Autoridade Palestina ser percebida como quem não cumpria a sua parte nos acordos, de agir contra o terrorismo palestino. Muitos terroristas conhecidos pelas forças de segurança da AP não eram presos e se isso ocorria – e às vezes torturados em prisões palestinas – eram rapidamente libertados, no que foi chamado de política palestina de "portas giratórias" ou carrossel de entrada e saída das prisões palestinas. O argumento palestino de que eles não poderiam cooperar numa luta contra o seu próprio povo nunca foi aceito em Israel. O incremento do terror palestino, juntamente com a ineficácia dos esforços preventivos palestinos e israelenses, alimentou a narrativa israelense da direita, que argumentava que os Acordos de Oslo eram catastróficos para Israel. Segundo os termos teóricos usados por Arie M. Kacowicz e Yaacov Bar-Siman-Tov, ficou claro que os Acordos de Oslo e os posteriores ficaram enquadrados na fase de transição de uma resolução de conflitos para uma paz estável e não conseguiram se estabilizar ou se aproximar de uma fase de consolidação.

As imagens do terror eram muito mais chocantes, emocionais e impactantes do que as das negociações e dos acordos conseguidos, pois eram relatadas e vistas de forma muito cruel. O terror agiu imediatamente, gerando reações de enfrentamento e ódio. A negociação foi lenta e os seus efeitos eram de longo prazo, sem que produzissem benefícios imediatos ou impactos emocionais que equilibrariam os efeitos do terror.

Shimon Peres, perdedor eleitoral em série, antecipou as eleições para maio de 1996. O meio ano transcorrido desde o assassinato de

Rabin até às eleições para o Knesset foi em detrimento do Partido Trabalhista israelense, pois ao terror palestino se agregaram numerosos ataques do Hezbollah ao norte de Israel com mísseis Katyusha. Portanto, decidiu-se punir o Hezbollah e reafirmar a capacidade de Peres sobre questões de segurança nacional-regional. Em 11 de abril de 1996, as FDI iniciaram ataques aéreos e de artilharia contra o Hezbollah no sul do Líbano. A chuva de mísseis sobre a Galileia continuou e mais de dez mil habitantes da população local foram evacuados para o centro de Israel. No sul do Líbano, quase meio milhão de refugiados fugiu para o norte como resultado dos ataques israelenses. A Operação Invei Záam (Vinhas da Ira) não atingiu seus objetivos. Depois de uma semana de ataques e contra-ataques, a artilharia israelense disparou sobre a cidade de Qana e destruiu um edifício num campo da ONU. Esse episódio causou a morte de 102 pessoas e quase cem ficaram feridas. As críticas e condenações de Israel, que admitiu ser culpado do erro que causou tantas vítimas, foram universais. No final de abril, foi assinado um acordo de cessar-fogo. No entanto, o dano cumulativo dos ataques terroristas palestinos, os do Hezbollah e os resultados da operação no sul do Líbano causaram o fracasso eleitoral de Shimon Peres. Em 29 de maio de 1996, foram realizadas eleições para o 14º Knesset e a lista do Likud obteve a segunda maioria. Devido à reforma eleitoral posta em prática pela primeira vez, os eleitores israelenses elegeram separadamente o primeiro-ministro e Benjamin Netanyahu obteve a maioria dos votos. Em pouco mais de seis meses, o descarrilhamento do processo de pacificação israelense-palestino trouxe o candidato da direita nacionalista de volta ao poder.

    Os trabalhistas ganharam 34 assentos no Knesset, dez a menos que na eleição anterior. O Likud, por sua vez, perdeu oito assentos e só conseguiu eleger 32 parlamentares. O Schas obteve a terceira maioria ao ocupar dez assentos, quatro a mais que nas eleições de 1992. A diferença entre Netanyahu e Peres na votação a primeiro-ministro foi de pouco menos de trinta mil votos de um total de quase três milhões (1%). A experiência da reforma eleitoral em Israel começou com os dois principais partidos perdendo grande parte do seu eleitorado a favor dos partidos políticos setoriais e ideologicamente pequenos, já que a votação parlamentar se diferenciava da votação para primeiro-ministro. Essa eleição demonstrou a predominância de uma direita que perdeu as eleições de 1992 e foi gravemente prejudicada após o assassinato de Rabin, mas se recuperou rapidamente com base na crescente rejeição ao Partido Trabalhista e aos acordos.

Benjamin "Bibi" Netanyahu fez uma rápida carreira política no Likud. Era membro da nova geração de políticos nascidos quando o Estado de Israel já existia. Começou como diplomata na embaixada de Israel em Washington e mais tarde atuou como embaixador de Israel na ONU. Ao retornar a Israel em 1988, filiou-se ao Likud, foi eleito para o 12º Knesset e nomeado vice-ministro das Relações Exteriores. Na guerra de 1991, foi porta-voz israelense para a imprensa internacional e depois porta-voz da sua delegação na Conferência de Madri. Isso o levou a uma confrontação política com David Levy, com quem disputou a liderança do Likud. Levy parecia estar por trás do escândalo em que Netanyahu, ameaçado por figuras anônimas de seu partido – que ele chamou de criminosos e deu a entender que agiam sob as ordens de David Levy –, confessou diante das câmeras de TV que tinha sido infiel à sua esposa Sara e que os seus inimigos políticos haviam ameaçado publicar um vídeo dos atos de infidelidade. O escândalo público continuou a se desenrolar durante 1993 até que Netanyahu venceu as eleições internas pela liderança do Likud e David Levy se retirou de suas fileiras e fundou o partido G[u]éscher. Isso não impediu Levy de retornar às fileiras do Likud em 1996 para fazer parte do governo de Netanyahu naquele ano e forçar o primeiro-ministro a incluir no seu gabinete Arik Sharon, que fora o arquiteto da vitória eleitoral do Likud. Sharon foi nomeado ministro da Infraestrutura.

Bibi Netanyahu era visto como um novo tipo de político. Moderno, pragmático, com boa preparação acadêmica, passado militar, se bem que não de alta patente – capitão na Sayéret Matkál (Unidade de Reconhecimento subordinada ao comando do Estado-Maior) –, com boa imagem televisiva, excelente retórica e excelente domínio do inglês e um bom histórico diplomático, parecia ser mais flexível ideologicamente do que os seus antecessores, Begin e Shamir. A influência de seu pai, o historiador Benzion Netanyahu (1910-2012), revisionista, nacionalista-territorialista e fiel discípulo de Jabotinsky (ele serviu como seu secretário por um breve período em 1940) tornou-se perceptível ao longo dos anos e foi fundamental para Benjamin Netanyahu.

No início do governo de Netanyahu, a violência eclodiu em Jerusalém quando o Executivo decidiu abrir uma saída dos túneis adjacentes ao Muro das Lamentações para o bairro muçulmano da Cidade Velha. Grupos islâmicos, o Waqf – Fundo Filantrópico que administra os lugares sagrados do islã em Jerusalém – e os membros da OLP declararam que se tratava de uma tentativa israelense de violar o *status quo* religioso em Jerusalém. A eclosão da violência foi em 24 de setembro de 1996, no final do Iom Kipur, Dia do Perdão, e durou mais de três dias. Netanyahu havia partido para Londres em sua primeira viagem como primeiro-ministro. Os confrontos de manifestantes palestinos com o exército israelense em Jerusalém, em muitos locais na Cisjordânia e em Gaza, e nos túmulos de José e Raquel em Israel, foram muito violentos. Os enfrentamentos envolveram armas de fogo. Os chefes diretos dos órgãos de segurança palestinos usaram de força para proteger unidades israelenses isoladas – como no Túmulo de José perto de Nablus, onde Jibril Rayub, chefe das Forças Palestinas de Segurança Preventiva, foi responsável pelo resgate dos soldados israelenses sitiados por uma massa de milhares de manifestantes palestinos furiosos. O resultado foram 26 soldados israelenses de diversas patentes (incluindo um coronel e dois outros oficiais) mortos e cem do lado palestino, além de quase mil feridos. Em 27 de setembro, depois de uma conversa telefônica que recebeu de Netanyahu – não se sabe se o tom de Netanyahu foi pacificador ou ameaçador –, Arafat ordenou às forças de segurança palestinas que cessassem fogo contra as FDI e dois dias depois o presidente Clinton convidou urgentemente os líderes da região – Netanyahu, Arafat e Hussein da Jordânia – para uma cúpula em Washington que visava estabilizar a situação.

Entre outros acontecimentos violentos ocorridos no período de Netanyahu houve ataques terroristas em Jerusalém, o assassinato de sete estudantes religiosos por um soldado jordaniano demente em Naharaim (fronteira Israel-Jordânia) e a colisão de dois helicópteros militares, na qual morreram 73 soldados que estavam sendo transportados para a Faixa de Segurança no sul do Líbano, além de uma ação do comando naval no Líbano (4 a 5 de setembro de 1997), em que onze soldados e um médico militar da força de resgate morreram. Os fracassos relacionados com as ações militares no Líbano e com o número de vítimas levou ao aumento da pressão pública para que as FDI saíssem da Faixa de Segurança.

As políticas econômicas do governo Netanyahu foram eficazes. A implementação das reformas neoliberais induziu maiores níveis de competitividade na economia de Israel e as rigorosas políticas fiscais contribuíram para reduzir o déficit orçamental, levando a uma grande redução dos níveis de inflação para porcentagens historicamente muito baixas (3-4% ao ano). A liberalização do câmbio de moeda estrangeira favoreceu a sensação de estabilidade e a competitividade. Esses indicadores de estabilidade, associados à quietação predominante na área de segurança, incentivaram investimentos no mercado local e em campos avançados que aos poucos transformaram a economia local em uma produtora de inovações em diversas áreas de alta tecnologia, a começar pelas comunicações, a cibernética e a biotecnologia.

O mercado das comunicações foi ampliado, parcialmente privatizado e aberto à concorrência em todas as áreas. Em 1993 foi inaugurado o Canal 2 da TV israelense, quebrando o monopólio do Canal 1, e criadas estações de rádio locais e regionais que deslocaram do mercado as estações piratas. A TV a cabo levou a níveis de cosmopolitização desconhecida até então. A internet tinha chegado a Israel já na década de 1980, porém expandiu-se visivelmente na década de 1990 com a ampliação do acesso e o correio eletrônico via discagem telefônica.

Houve uma continuidade da política de assentamentos na Cisjordânia e em Gaza com o apoio do Estado e dos partidos religiosos da coligação, que conseguiram aumentar os orçamentos destinados à assistência social e a questões de religião, que foram equilibrados com cortes orçamentais noutras áreas.

Uma imprensa cada vez mais competitiva, sobretudo na sua faceta eletrônica, revelou níveis crescentes de corrupção no interior da administração israelense. Em janeiro de 1997, foi negociada a desocupação israelense da maior parte da cidade de Hebron. A assinatura do acordo de Hebron era uma questão controversa demais dentro do governo de direita de Netanyahu, já que muitos membros não estavam interessados em continuar os acordos com os palestinos. No entanto, Netanyahu ganhou o apoio do partido Schas em troca de um importante favor político para Aryeh Deri, o líder desse partido, acusado de corrupção. O acordo de Hebron foi implementado e as FDI desocuparam a maior parte do território daquela cidade, embora mantivesse o controle nas partes habitadas por judeus israelenses que continham uma população de mais de quarenta mil árabes.

Netanyahu prometeu no início do seu governo cumprir os acordos assinados pelo governo de Israel – Oslo i e ii – se os palestinos efetivassem sua parte.

Aryeh Deri foi acusado de corrupção com base em uma investigação jornalística. No entanto, devido à sua imunidade parlamentar, seguiu ocupando o cargo de ministro do Interior até setembro de 1993, mediante o direito ao silêncio durante os interrogatórios policiais. Os julgamentos de Deri ocorreram entre 1994 e 1999 no Tribunal Regional de Jerusalém, enquanto o Schas continuava a crescer em popularidade. Foi utilizado o argumento de que Deri estaria sendo perseguido por causa de sua origem marroquina e por não fazer parte da elite asquenazita. Nas eleições de 1996, o Schas obteve dez assentos no Knesset, foi o terceiro partido político e o segundo na coligação governamental de Netanyahu. Quando foi negociado o Protocolo de Hebron, o Schas condicionou o seu voto a favor em troca da nomeação de Roni Baron, um popular advogado de Jerusalém, como procurador-geral, o que poderia favorecer Deri do ponto de vista judicial. O protocolo foi assinado e Baron nomeado. No entanto, ele permaneceu apenas três dias no cargo, pois uma investigação jornalística trouxe à luz o acordo de voto em troca da nomeação o que, juntamente com fortes críticas nos círculos legais sobre o despreparo de Baron para o alto cargo, levou à sua demissão. O escândalo político foi adicionado às acusações de corrupção e, finalmente, Aryeh Deri foi condenado, em março de 1999, a quatro anos de prisão e a uma multa de 250 mil shekels (mais de US$ 62 mil). Deri cumpriu apenas dois anos de sua sentença e após vários anos de afastamento retornou ao seu partido em 2012, apoiado pelo rabino Ovadia Yosef, e como líder do Schas em 2013.

Clinton convocou os lados palestino e israelense para uma reunião no Aspen Institute em Wye Plantation, Maryland, para especificar os termos de cumprimento dos Acordos de Oslo. Netanyahu e Arafat negociaram formas de implementar os acordos em dois planos. O primeiro dizia respeito às cessões territoriais de Israel à AP e o segundo, ao recolhimento de armas ilegais pertencentes a grupos armados que atuavam independentemente das forças de segurança palestinas. O acordo foi assinado por Netanyahu e Arafat e Clinton serviu como testemunha. Israel comprometeu-se a realizar a retirada na Cisjordânia em três etapas; fez a primeira, mas não a segunda, já que argumentou que os palestinos não cumpriam sua parte do acordo. Os palestinos confirmaram a anulação do artigo da Carta Palestina que pedia a eliminação de Israel. O incitamento à violência contra Israel em vários círculos e na imprensa palestina prosseguiu. A declaração de tolerância "zero" ao terror por parte dos palestinos não causou impacto. A questão dos avanços palestinos na área de implementação das normas de direitos humanos não avançou. Quase não houve progresso nas comissões bilaterais estabelecidas em Wye para resolver questões econômicas.

O governo de Netanyahu caiu no final de 1998 depois de não conseguir aprovar o orçamento no Knesset. A causa política de sua queda foi a assinatura do Memorando de Wye, uma vez que quatro parlamentares da direita retiraram seu apoio ao governo.

O Partido Trabalhista renovou sua liderança. Dentre os candidatos Ehud Barak, Shlomo Ben-Ami, Yossi Beilin e Efraim Sneh, o primeiro foi eleito líder do partido, embora Ben-Ami fosse o mais popular. Confrontado com uma eleição direta ao cargo de primeiro-ministro, Barak usou seu prestígio militar e alta patente – além de ser comandante da Sayéret Matkál, tornara-se comandante-chefe do Estado-Maior das FDI – para derrotar Netanyahu. Ehud Barak foi eleito primeiro-ministro em maio de 1999 com mais de 56% dos votos. O partido Israel Akhát (Um Israel), uma aliança entre o Partido Trabalhista, o Meimad e o G[u]éscher criada para as eleições de 1999, obteve 26 assentos (20% do total de votos, oito lugares a menos do que o Partido Trabalhista obtivera em 1996). Netanyahu recebeu quase 44% dos votos como candidato a primeiro-ministro e o Likud obteve dezenove assentos (14% do total dos votos e treze lugares a menos do que em 1996). Em apenas duas eleições (1996 e 1999), como consequência da mudança eleitoral e dos fracassos políticos, os dois principais partidos perderam cerca de metade de seus votos e assentos parlamentares, e as eleições foram personalizadas nos candidatos a primeiro-ministro. Concorreu o Miflég[u]et ha-Merkáz (Partido de Centro), liderado por moderados do Likud, como Yitzhak Mordechai (um ex-general que serviu como ministro da Defesa no primeiro governo de Netanyahu), Roni Milo, Dan Meridor e outros como Amnon Lipkin-Shahak e Dalia Rabin Pelossof (filha de Yitzhak Rabin). Foi criada uma frente religiosa ultraortodoxa asquenazita, denominada Iahadut ha-Torá (Judaísmo da Torá), composta pelos partidos Agudat Israel e Dég[u]el ha-Torá.

A coligação governamental de Ehud Barak incluía 75 membros do Knesset divididos em sete partidos políticos. O fracionamento da coligação foi o calcanhar de Aquiles desse governo e pré-anunciou a sua falta de apoio parlamentar, instabilidade e curta duração.

Barak tentou, no início do seu governo, negociar a paz com a Síria. Para isso, contou com a colaboração dos EUA, que convocou a Conferência de Shepherdstown no início de janeiro de 2000. A Síria, por intermédio do seu ministro de Relações Exteriores, Farouk al-Sharaa, exigiu que a devolução do Golã incluísse a costa nordeste do lago Tiberíades, sua fronteira antes da guerra de 1967. Isso teria concedido à Síria o controle sobre aproximadamente um quarto da superfície do lago e suas águas, o que para Israel era inadmissível. A fronteira internacional deixava todo o lago sob controle israelense. Para os palestinos, o fato de Israel preferir negociar primeiro com a Síria era ofensivo, especialmente tendo em conta a dureza das atitudes sírias em relação a Israel e seu apoio aos inimigos de Israel como o Hezbollah. A OLP tinha assinado e cumprido parcialmente acordos de paz com Israel, mas se via relegada a um segundo plano. A tentativa fracassou e os empenhos do presidente Clinton de revivê-la na sua cúpula com Hafez Assad em Genebra, em março de 2000, sem poder apresentar uma aceitação israelense das condições sírias, selou o destino dessas negociações.

Barak cumpriu a sua promessa eleitoral de retirar, unilateralmente, as tropas israelenses do sul do Líbano e até antecipou a data da retirada para 24 de maio de 2000. A manutenção da Faixa de Segurança – em termos de baixas israelenses e desgaste perdera seu sentido militar – e o protesto sobretudo de mães que haviam perdido seus filhos no sul do Líbano foram temas incandescentes nas eleições de 1999. A decisão de Barak e a execução da retirada israelense foram proclamadas pelo Hezbollah como uma vitória daquela organização e do povo libanês. Por outro lado, oficiais e soldados do Exército do Sul do Líbano, liderados pelo seu comandante, o general libanês Antoine Lahad, receberam refúgio em Israel e, mais tarde, a cidadania israelense, embora não poucos tenham preferido partir para a Europa e outros ainda aproveitar a subsequente anistia libanesa e regressar às suas casas no sul do Líbano. Era uma milícia de cerca de 2.600 membros que com suas famílias constituíam um núcleo de cerca de 7 mil refugiados. Não foi uma vitória do Hezbollah, mas um desgaste interno de Israel devido à falta de decisão estratégica sobre o Líbano e o problema palestino, derivada da guerra de 1982. Israel cedeu unilateralmente toda a Faixa de Segurança, o que reafirmou o precedente de retirada total na paz com o Egito e a Jordânia.

A cúpula de Camp David II ocorreu entre 11 e 24 de julho de 2000. Os parâmetros do Plano Clinton e o que posteriormente foi pactuado entre palestinos e israelenses em Taba, em janeiro de 2001, continuam sendo o único modelo realista negociado com estreita colaboração entre ambas as partes para uma pacificação entre Israel e a AP.

O presidente Clinton convocou Yasser Arafat e Ehud Barak para uma conferência de cúpula entre 11 e 25 de julho de 2000. No entanto, os palestinos rejeitaram a convocação porque, para eles, não ter negociações prévias que estipulassem os limites dos acordos a serem negociados resultaria em fracasso. Arafat temia cair numa armadilha em que as partes mais fortes (EUA e Israel) forçassem os palestinos a aceitarem condições inaceitáveis. Isso tinha fundamento na relação Israel-EUA que, segundo Robert Malley e Hussein Agha, residia em dois fatores: o primeiro era a afinidade política e cultural entre Israel e os EUA; o segundo, a aliança estratégica entre esses dois países e a acumulação de interesses comuns que representava.

O impacto das consequências do duplo fator nada mais fez do que confirmar, aos olhos palestinos, as suspeitas sobre a falta de neutralidade dos EUA, e gerou um efeito defensivo e até paralisante sobre Arafat e sua delegação. Malley e Agha insistem que não é real a narrativa popular dos EUA e de Israel sobre o fato de Barak ter apresentado uma proposta muito generosa e de Arafat e os palestinos terem rejeitado a esplêndida oferta israelense, independentemente de perder a oportunidade histórica de chegar a um acordo final com Israel e estabelecer o Estado Palestino. Ehud Barak, com base na experiência de quase sete anos desde a assinatura do Acordo de Oslo e em sua percepção estratégica, desenvolveu três princípios. O primeiro era que o processo gradual previsto em Oslo não funcionava. O segundo, que a liderança palestina chegaria a um compromisso final somente quando ficasse claro para ela que não havia alternativas. O terceiro, que o público israelense – não o Knesset, mas o próprio povo – aceitaria um acordo final com os palestinos, mesmo a custos elevados, desde que garantisse de uma vez por todas normalidade, tranquilidade e paz. Barak, novato na política israelense, deixou de lado o problema da coligação governamental, sendo que muitos de seus membros não aceitariam os custos de um acordo com a OLP. Se um acordo final fosse alcançado, estava prevista a realização de um plebiscito, se bem que para decidir realizar um plebiscito o Knesset fosse necessário.

Barak não cumpriu as etapas intermediárias estipuladas nos Acordos de Oslo que contemplavam a libertação de prisioneiros palestinos, uma terceira redistribuição territorial e a entrega à AP de três aldeias vizinhas a Jerusalém. Na lógica de Barak, se houvesse um acordo final, essas pequenas etapas seriam incluídas. Se não fosse alcançado um acordo final, essas cessões teriam sido inúteis. A expansão nos assentamentos, com a construção de novas casas, continuou em ritmo acelerado. A lógica desse passo era dupla. Barak não estava interessado em transferir de antemão a população dos assentamentos e despertar fortes níveis de oposição interna. A construção continuava nos assentamentos que, na visão de Barak, permaneceriam em blocos que seriam anexados a Israel. A alternativa que Barak propunha a Arafat era a de um acordo final ou uma confrontação. É necessário enfatizar que, em caso de confronto, a AP perderia tudo que havia alcançado em Oslo. Outra ameaça aos palestinos era perder o apoio dos EUA.

Para Arafat, era impossível dissociar os acordos parciais (prisioneiros, realocações e assim por diante) do acordo final, pois o fato de que Israel não cumprira as redistribuições parciais inspirava altos níveis de desconfiança e frustração. Arafat exigiu que Clinton prometesse que, se a cúpula fracassasse, Israel cumpriria seus compromissos anteriores e libertaria mais territórios para que fossem controlados pela AP. A proposta de negociar um "pacote" de acordo final significava para os palestinos que o que já havia sido negociado em Oslo, e ainda não fora cumprido, voltaria a ser negociado no acordo final.

No caminho para a cúpula, durante ela e depois, Barak perdeu sua base parlamentar e governamental até ficar isolado no cenário político israelense. Arafat não pôde deixar de participar porque não se tratava mais de chegar a acordos – nos quais ele já não acreditava –, mas de sobreviver politicamente como líder da OLP e da AP.

Abu Alaa, em nome da AP, exigiu no início das negociações que Israel se comprometesse a se retirar – em Gaza e na

Cisjordânia – para a fronteira anterior a junho de 1967, o que foi rejeitado por Clinton. As negociações, conduzidas verbalmente e mediadas pelos EUA, produziram as "bases" do acordo segundo o qual a AP receberia 91% da Cisjordânia e toda Gaza. Foi planejado – sem especificar o lugar – a entrega de 1% do território israelense (pré-1967) à AP. A anexação israelense incluiria os blocos de assentamentos ao norte e ao sul de Jerusalém, bem como os bairros já anexados dessa cidade construídos para além das fronteiras de Israel até junho de 1967. Em Jerusalém, a AP receberia os bairros muçulmanos e cristãos da Cidade Velha e uma espécie de custódia sobre o al-Haram ash-Sharif, bem como autonomia funcional administrativa nos bairros árabes modernos da cidade oriental. A proposta sobre Jerusalém foi preparada e apresentada por Shlomo Ben-Ami a Bill Clinton. Em uma das noites em Camp David II – como me foi relatado pessoalmente por Ben-Ami – e com uma garrafa de bom uísque ao lado, o ministro israelense interino das Relações Exteriores explicou ao presidente dos EUA o seu plano para Jerusalém, segundo o qual a autonomia funcional dos bairros árabes – que já existia de fato nas áreas de educação, transporte, cultura e especialmente no controle muçulmano do Waqf – passaria para a AP e a capital palestina de Jerusalém seria estabelecida em Abu Dis, al-Azariya, Anata, A-Ram (leste de Jerusalém Oriental). A oferta que Clinton apresentou, em nome de Israel, negava a Arafat o direito do retorno de refugiados palestinos para Israel, mas considerava a provisão de um financiamento para que eles pudessem se restabelecer no futuro Estado palestino.

Dennis Ross afirma que a oferta israelense foi ampliada para 97% da Cisjordânia e de Gaza. Abu Mazen e Abu Alaa negociaram em nome da AP. As decisões finais foram de Arafat e ele rejeitou todas as ofertas de Israel.

A liderança palestina estava muito dividida e não disposta a mudar o apoio internacional à causa palestina e ao retorno dos refugiados palestinos pelo que lhes pareciam ser propostas difusas que não contemplavam uma solução para esse problema, não concediam soberania aos palestinos a não ser a custódia soberana sobre o al-Haram ash-Sharif e não lhes oferecia – como Israel já havia oferecido ao Egito, à Jordânia, ao Líbano e inclusive à Síria – a reintegração territorial completa (da Cisjordânia e de Gaza). A população palestina ficaria polarizada e talvez uma guerra civil eclodiria. A atitude tática de Barak, de apresentar ofertas como se fossem finais e depois melhorá-las sob a pressão dos EUA, criou desconfiança. O entrincheiramento de Arafat exacerbou esse problema. Camp David II fracassou. Os EUA deixaram de lado a promessa de Clinton de não culpar os palestinos e o fizeram publicamente. Barak corroeu o apoio político interno e embora tenha conseguido atribuir a culpa pelo fracasso a Arafat, não pôde restaurar sua legitimidade política. Para Barak, as respostas negativas de Arafat eram uma vitória política parcial, pois tendo sido – do ponto de vista israelense – o mais generoso possível, a rejeição de Arafat colocava a OLP e a AP no campo, internacionalmente ilegítimo, daqueles que rejeitavam a paz, enquanto Israel continuava sendo aquele que fizera a oferta generosa para a paz. Camp David II terminou com uma declaração formal de que as negociações tinham que continuar para chegar à paz.

A situação econômica de Israel durante o governo de Barak era boa. Ao desenvolvimento de indústrias de alta tecnologia somou-se um aumento extraordinário do turismo. O clima de otimismo durante o governo liderado por Barak e que durou até o fracasso de Camp David II, incentivou o desenvolvimento econômico do país.

A visita do papa ocorreu em março de 2000 e durou cinco dias. João Paulo II foi recebido em Israel não só com todas as honras, mas com simpatia popular reforçada em seus encontros com as vítimas do Holocausto, uma das quais ele salvara pessoalmente no final da guerra. Além de abençoar Israel em seu encontro com o então presidente de Israel, Ezer Weizman, e em sua visita ao Yad Vashem, João Paulo II declarou que a Igreja Católica estava profundamente entristecida pelo ódio, pelos atos de perseguição e pelas manifestações de antissemitismo dirigidas contra os judeus pelos cristãos em qualquer momento e em qualquer lugar.

Em Israel havia muita preocupação com a segurança pessoal do Sumo Pontífice e da sua comitiva. Foi montada a maior operação de proteção para uma personalidade em visita ao país. O encontro foi considerado um grande sucesso, e a visita papal aos lugares santos do cristianismo foi acompanhada por milhares de peregrinos de todo o mundo. A visita significou uma aproximação entre Israel e o Vaticano, que fora estabelecida no final de 1993 com a bênção de João Paulo II.

A eclosão da Intifada Al-Aqsa (Segunda Intifada ou Intifada Armada) e a desarticulação da coligação governamental, bem como a dissolução da sua base parlamentar em dezembro de 2000, levou Barak a renunciar. Houve eleições em 6 de fevereiro de 2001 apenas para primeiro-ministro; nelas, se candidatou e foi eleito Arik Sharon (62% dos votos). Sharon assumiu o cargo em 7 de março de 2001 e, com base em apenas dezenove parlamentares do Likud, formou um governo de união nacional com Israel Akhat (que foi renomeado Partido Trabalhista-Meimad), Schas, Meretz, Ha-Ikhúd ha-Leumí–Israel Beiteinu (União Nacional - Israel é Nosso Lar, uma nova coligação de nacionalistas e imigrantes da antiga URSS), Shinui (Mudança - liberais), Mafdal, Iahadut ha-Torá e Israel be-A-liá, que contou com um apoio de 96 parlamentares.

O início da Intifada al-Aqsa foi datado em 28 de setembro de 2000, quando Arik Sharon, acompanhado por vários parlamentares do Likud, fez uma visita, fortemente protegida pela polícia, ao Monte do Templo (al-Haram ash-Sharif), em Jerusalém. Durante a visita, centenas de muçulmanos que ali estavam atacaram os policiais que protegiam o grupo de parlamentares israelenses, ferindo mais de vinte pessoas. A resposta da polícia foi violenta e entre os palestinos houve mais de dez feridos. No dia seguinte, na véspera de Rosh Hashaná (Ano Novo judaico), as manifestações palestinas se intensificaram. Manifestantes no Monte do Templo protestaram contra o que consideravam uma tentativa dos israelenses de minar o controle muçulmano sobre a Mesquita Al-Aqsa e o Domo da Rocha, e apedrejaram os judeus que chegavam ao Muro das Lamentações. Dessa vez, sete manifestantes palestinos foram assassinados. A notícia gerou violência em toda a Cisjordânia. Um oficial israelense foi assassinado por policiais palestinos em uma patrulha conjunta. Uma massa de manifestantes palestinos atacou o túmulo de José, nos arredores de Nablus, e um policial israelense, cuja evacuação para um hospital não foi autorizada, sangrou até a morte. Depois de vários dias, as FDI evacuaram a área. O santuário judeu foi demolido e uma mesquita foi construída ali. A morte de uma criança, Muhammad al-Durrah, foi filmada por cinegrafistas franceses quando a vítima e seu pai estavam no meio de um tiroteio entre tropas israelenses e palestinas na Faixa de Gaza; o pai tentou, em vão, proteger o filho. O evento foi filmado e depois transmitido pela TV francesa e reproduzido em todo o mundo. Essa reportagem gerou ondas de acusação contra Israel e foi explorada pela propaganda palestina. Meses depois, após uma investigação exaustiva, determinou-se que não estava claro de qual lado partira o disparo que matara a criança, porém o impacto das imagens televisivas já produzira seu efeito anti-israelense. O incidente em que dois soldados israelenses que por equívoco chegaram a Ramala, foram presos pela polícia palestina, linchados por uma turba na própria delegacia de polícia e seus corpos jogados na rua foi filmado pela TV italiana. Embora não tenha tido o mesmo impacto internacional do que o caso al-Durrah, exacerbou os ânimos em Israel. Um incidente semelhante ocorreu muitos meses depois em Jenin durante a Operação Homat Mag[u]ên (Muro Protetor) lançada por Israel no final de março de 2001 para frear a onda de atentados terroristas no que foi chamado de "março negro", isto é, quando o terrorismo palestino tirou a vida de mais de 135 israelenses e feriu milhares. Nas intervenções militares em Jenin, Nablus e outras cidades da Cisjordânia morreram mais de quinhentos palestinos, a maioria dos quais, combatentes. No entanto, a propaganda palestina difundiu na Cisjordânia, em Gaza e em todo o mundo informações que falavam de milhares de mortos e muitos mais feridos, principalmente civis desarmados. Esses dados não tinham fundamento real, o que foi verificado meses depois por relatórios da ONU. A informação falsa incitou a violência na Cisjordânia e em Gaza e contribuiu para macular ainda mais a imagem pública de Israel.

As forças israelenses atacaram e sitiaram a Mukataa (em árabe, Centro Administrativo ou Quartel-General) do governo da AP em

Ramala, em que Yasser Arafat residiu, em diversas ocasiões, entre 2002 e 2004. Durante esses ataques foram destruídos os quartéis das forças de segurança palestina e a inteligência israelense obteve uma série de documentos que implicavam Arafat e a liderança palestina no planejamento e início da Segunda Intifada. Entre setembro de 2003 e outubro de 2004, Arafat viveu sitiado pelos israelenses na Mukataa. Ele deixou o local gravemente doente para receber tratamento médico na França, onde morreu em 11 de novembro de 2004. Foi sepultado na Mukataa, numa tumba que também é um monumento.

TABELA 10. Distribuição dos mortos em ataques realizados pelos palestinos de 29.9.2000 a 2015

29.9.2000 – 3.12.2000	44
2001	207
2002	452
2003	208
2004	117
2005	56
2006	30
2007	13
2008	32
2009	6
2010	11
2011	22
2012	4
2013	6
2014	20
2015	25

Fonte: *Hitpalgut Haruguim be-Piguím sche-Butz'ú b-Idei Palestinim 29.9.2000-2015* (Distribuição de Mortos em Ataques Realizados Pelos Palestinos, 29.9.2000-2015), disponível em: <http://www.shabak.gov.il/en/reports/Monthly Reports, Annual-Summary 2015>.

Em 2008, houve quatro mortos adicionais, durante a Operação Chumbo Fundido.

Em 2009, houve nove mortos adicionais, durante a Operação Chumbo Fundido.

Em 2012, houve seis mortos adicionais, durante a Operação Pilar Defensivo, também conhecida como Operação Coluna de Nuvem.

Em 2014, houve 73 mortos adicionais, durante a Operação Rocha Forte.

Em 2015, dois soldados adicionais foram mortos na fronteira com o Líbano.

O ressurgimento massivo das forças israelenses em territórios dos quais Israel havia se retirado no passado piorou a situação. Israel mudou sua tática antiterrorista, passando do uso intenso de força para operações pontuais baseadas em inteligência. Os palestinos concentraram seus ataques contra alvos civis israelenses dentro da "linha verde", particularmente em ônibus e locais públicos. Os elevados níveis de violência continuaram mesmo depois da retirada israelense de Gaza em 2005. Israel usou cada vez mais a tática de assassinatos seletivos de líderes palestinos, não só para neutralizá-los, mas também para dissuadir seus seguidores. A maioria dos líderes terroristas do Hamas, da Jihad Islâmica, das Brigadas de Mártires de al-Aqsa foi assassinada ou presa por Israel. Como resultado, em 2004 o número de vítimas israelenses do terrorismo palestino diminuiu consideravelmente. Para isso, contribuíram os cercos militares israelenses ao redor das principais cidades da Cisjordânia, controles rodoviários, cortes de estradas na Faixa de Gaza e a cerca protetora que Israel começou a construir entre a Cisjordânia e o Israel da "linha verde". Essa última medida altamente atacada pelos palestinos e internacionalmente criticada como a "guetização" da Cisjordânia – e de Gaza – foi tomada para impedir o transporte veicular (e de pedestres) de explosivos desses territórios para Israel. Isso contribuiu para o isolamento das áreas palestinas e impediu o fluxo regular de mão de obra através desses territórios em direção a Israel, o que agravou a situação econômica da população local. O controle de movimento através da cerca foi um instrumento de pressão sobre a população palestina da Cisjordânia – e a de Gaza. Em períodos de calmaria, permitia-se um maior fluxo de trabalho em direção a Israel.

Foram fornecidas provas do envolvimento de Arafat e de outros líderes palestinos no planejamento e execução dessa intifada, mas, por outro lado, é necessário ter em conta os elevados níveis de desilusão e frustração produzidos pelos longos anos de ocupação militar israelense; a presença e o crescimento de assentamentos na Cisjordânia e em Gaza; os níveis de humilhação da população palestina ao atravessar os postos de controle policiais e militares que os separavam de Israel, onde estavam suas principais fontes de emprego; e o protesto e a desilusão relacionados à AP e seus elevados níveis de corrupção. Os incidentes em al-Haram ash-Sharif foram, são e serão um ponto central de atrito entre israelenses e palestinos, árabes e o mundo islâmico. Há quem acrescente a intenção de Arafat de provocar um enfrentamento direto de Israel com os setores palestinos mais radicalizados, sobretudo o Hamas, que eram os seus inimigos políticos internos mais perigosos. A interpretação de Yezid Sayigh é que a Segunda Intifada não foi resultado da estratégia de Arafat, mas da falta dela e dos problemas da AP. Considerando tanto os erros políticos de Arafat como o problema da corrupção da AP, Sayigh sustenta que a Segunda Intifada começou como uma revolta civil e popular, tanto contra Israel como contra Arafat e a AP. Nessa situação, a alternativa política de Arafat para manter o poder foi "montar o tigre", isto é, cavalgar sobre a própria intifada para evitar o que ela pretendia conseguir contra ele, concentrando toda a raiva contra Israel, a derrota e o poder. Daí o pedido de Arafat ao Hamas para juntar suas forças à intifada. Nesse sentido, Shlomo Ben-Ami cita Marwan Barghouti, o líder do Fatah mais popular depois de Arafat e comandante do Tanzim (em árabe, Organização, a milícia do Fatah) quando afirma que quem acredita que seja possível resolver os problemas entre Israel e Palestina apenas por meio de negociações vive uma ilusão e salienta que são necessárias dezenas de campanhas violentas em paralelo para avançar.

Barghouti foi instruído a se preparar caso não fosse conseguido um acordo em meados de setembro de 2000, pois os palestinos recomeçariam a luta armada. Em outubro de 2000, Nabil Shaat justificou essa linha de conduta com os exemplos históricos da Argélia e do Vietnã, em que os rebeldes lutaram e negociaram em paralelo. Do lado israelense, as desilusões de Oslo somavam-se às de Camp David II e a tolerância à violência palestina foi consideravelmente reduzida, sobretudo face ao terror centrado na sociedade civil israelense. Sharon tornou-se primeiro-ministro com um governo de união nacional que o apoiava diante da emergência da Segunda Intifada por causa da sua fama de "durão" para com os palestinos, adquirida durante seu longo passado militar e especialmente em Gaza na década de 1970 e no Líbano na década de 1980.

Depois de Camp David II as negociações prosseguiram. Em dezembro de 2000, os EUA expuseram a ambas as partes os parâmetros de Clinton para a resolução do conflito palestino-israelense com base no que havia sido oferecido nas últimas negociações. Esse documento foi apresentado numa reunião trilateral em Washington, em 23 de dezembro de 2000, em que as partes em conflito estavam representadas por Saeb Erekat e Shlomo Ben-Ami. Em janeiro, sob o patrocínio de Hosni Mubarak, presidente do Egito, as delegações israelenses e palestinas se reuniram em Taba, Egito, para continuar diretamente a negociação. Por um lado, os israelenses exigiram 6% da Cisjordânia para constituir blocos de assentamentos anexáveis a Israel. O lado palestino ofereceu 3,1%. Discutiram-se todas as questões pendentes sem chegar a nenhum acordo. Sharon, como primeiro-ministro confrontado com a Segunda Intifada, interrompeu as negociações diretas com os palestinos.

Paralelamente, com o fracasso de Camp David II e a Segunda Intifada, cresceu a ameaça do Irã contra Israel, à qual somou-se a mudança demográfica gerada pela imigração da ex-URSS (mais tarde Rússia, Ucrânia e outras repúblicas ex-soviéticas), de mais de 1,2 milhões de pessoas (tabela 11).

TABELA 11. Imigração ao Estado de Israel desde 1948, por países de origem

Rússia/Ucrânia (ex-URSS)	1.231.003
Marrocos, Argélia e Tunísia	354.852 *
Romênia	276.586 *
Polônia	173.591 *
Iraque	131.138 *
Estados Unidos (EUA)	101.592
Etiópia	92.730
França	81.885
Irã	76.934 *
Argentina	66.916 *
Turquia	62.837 *
Iêmen	50.731 *
Bulgária	44.372 *
Egito e Sudão	37.763 *
Líbia	35.844 *
Reino Unido	35.164
Hungria	32.022 *
Índia	28.702 *
Checoslováquia (ex)	24.468 *
África do Sul	20.038 *
Alemanha	19.905 *
Iugoslávia (ex)	10.768 *
Síria	9.547 *

* Até 2012.
Fonte: Israel Central Bureau of Statistics.

Se a tudo isso adicionarmos os elevados índices de desenvolvimento econômico no início desse período, o fenômeno das *startups* de alta tecnologia e a relativa leveza da crise econômica global, enfrentada em Israel com políticas sérias, e, no plano político, o fracasso da reforma eleitoral, que permitiu a eleição separada do primeiro-ministro e dos representantes no Knesset, podemos contextualizar e configurar as duas mudanças fundamentais levadas a cabo durante o governo de Ariel Sharon (2001-2006) e posteriormente. O ex-general e ex-ministro da Defesa formou um governo de união nacional que incluía oito partidos, entre os quais o Partido Trabalhista (o mais representado), já que as eleições tinham sido apenas para primeiro-ministro sem a renovação do Knesset. No primeiro dia do novo governo de Sharon e com a aquiescência do primeiro-ministro, o Knesset revogou a eleição direta do primeiro-ministro e retomou o sistema anterior.

A linha política decisionista de Sharon atingiu a sua expressão máxima na desocupação unilateral da Faixa de Gaza por Israel e na evacuação de todos os assentamentos naquela área, juntamente com três assentamentos israelenses no norte da Cisjordânia. Essa decisão, tomada por um primeiro-ministro que era visto pelo nacionalismo messiânico territorialista em Israel como seu principal aliado, foi um duro golpe que dividiu a direita israelense e o próprio partido Likud. Netanyahu, então ministro das Finanças, renunciou em vista da evacuação de Gaza. A desocupação unilateral de Gaza serviu também como catalisador de uma mudança profunda no sistema dos partidos políticos israelenses, que levou à fundação do Kadima, um novo partido de centro liderado por Sharon que, além do apoio ao líder, proclamava a necessidade de preservar o caráter judaico do Estado de Israel por meio da desocupação territorial de áreas com maioria árabe-palestina. Cerca de 80% da população israelense apoiava a retirada unilateral de Gaza, porém a minoria opositora, radicalizada e vociferante, realizou uma dura campanha opondo-se a essa deliberação que, em grande medida, era congruente com a construção paralela do muro de separação entre Israel e os territórios árabe-palestinos. Sharon estava aceitando o "roteiro" proposto pelas potências rumo à paz israelense-palestina. O Kadima, como partido de centro, adotava políticas mais conciliatórias em relação aos palestinos, captando, por conseguinte, a intenção de voto da direita moderada e do centro político israelense, que representavam uma maioria eleitoral disposta, talvez de forma personalista, a apoiar a liderança de Ariel Sharon. A morte de Arafat, identificado com a segunda e sangrenta intifada, facilitou contatos com a OLP e a liderança palestina, encabeçada desde 2004 por Mahmoud Abbas/Abu Mazen (1935-...), e a AP. Perto das eleições parlamentares de 2006, com a anulação da eleição direta para o cargo de primeiro-ministro, o Kadima, liderado por Sharon, obteria, segundo as enquetes, cerca de 55 assentos no Knesset. Isso significava, com base na liderança e popularidade de Sharon, um regresso à era em que o partido majoritário – como fez o Mapai, liderado por Ben-Gurion até 1963 –, mesmo sem maioria absoluta no parlamento, poderia eleger e comandar seus parceiros na coligação governamental, porque tinha capacidade para tomar decisões estratégicas. Tudo isso foi interrompido quando Sharon sofreu dois derrames (18 de dezembro de 2005 e 4 de janeiro de 2006), o segundo dos quais o deixou em um estado vegetativo permanente, impedido de continuar atuando como primeiro-ministro. Foi substituído por Ehud Olmert (1945-...), que havia passado com Sharon do Likud para o Kadima. Olmert, ex-ministro e ex-prefeito de Jerusalém, nomeado primeiro-ministro interino, foi impulsionado pela doença de Sharon à liderança do Kadima e encabeçou essa lista nas eleições de março de 2006, ao obter a primeira maioria com 29 assentos parlamentares. A cláusula de barreira eleitoral mínima aumentou para 2%, a fim de reduzir o número de partidos representados no parlamento. O Knesset decidiu, em abril de 2006, que como Sharon estava incapacitado, Olmert seria primeiro-ministro de Israel. O governo de Olmert baseou-se numa coligação entre o Kadima, o Partido Trabalhista, o Schas e G[u]il, um novo partido de aposentados. Amir Peretz, o líder sindical, atuou como ministro da Defesa. Os ataques do Hezbollah na fronteira norte desencadearam o que foi chamado de a Segunda Guerra do Líbano em julho de 2006, que durou 34 dias, sem que Israel conseguisse deter a chuva de mísseis que o Hezbollah lançava no norte do país. A liderança de Olmert, Peretz e do general Dan Halutz (comandante-em-chefe das Forças de Defesa de Israel) foi muito criticada devido aos resultados negativos e ao elevado número de baixas do lado israelense. Em setembro de

2007, segundo fontes estrangeiras, Israel realizou a Operação Bustan (Pomar), em que a força aérea israelense destruiu as instalações de uma central nuclear para fins militares em Deir ez-Zor, norte da Síria, que estava sendo construída com ajuda norte-coreana. Por outro lado, em novembro de 2007 israelenses e palestinos, liderados por Ehud Olmert e Mahmoud Abbas, reuniram-se em Annapolis e discutiram negociações de paz relacionadas com a oferta de paz a Israel por parte da Liga Árabe enunciada em 2002 na cúpula de Beirute e renovada em 2007. As negociações continuaram, mas não produziram resultados, já que as acusações judiciais de corrupção contra Olmert reduziram sua popularidade e poder durante o ano de 2008. O confronto com o Hamas – que havia tomado o poder do Fatah na Faixa de Gaza em junho de 2007, após sua vitória eleitoral na AP em 2006 – levou à Operação Oféret Ietzuká (Chumbo Fundido) em 27 de dezembro de 2008 a 18 de janeiro de 2009, em que Israel atacou Gaza para impedir que mísseis fossem disparados contra seu território.

Olmert teve que enfrentar múltiplas acusações de corrupção que finalmente o levaram à prisão em fevereiro de 2016, para cumprir uma pena de dezenove meses por suborno e obstrução de justiça. Tzipi Livni, eleita líder do Kadima, não conseguiu formar uma coligação governamental que sucedesse a Olmert, e embora nas eleições parlamentares de fevereiro de 2009 o Kadima obtivesse 28 assentos (primeira maioria parlamentar) em comparação com os 27 do Likud, liderado por Netanyahu, Livni novamente não formou uma coligação do governo e coube ao líder do Likud fazê-lo.

Em Israel, os níveis de corrupção aumentaram nas últimas décadas, mas, por outro lado, um ex-primeiro-ministro, vários ministros – acusados de corrupção – e um ex-presidente do país – acusado de delitos sexuais – foram condenados pela justiça, alguns inclusive continuam a cumprir suas penas de prisão.

8.
A ERA NETANYAHU
(2009-2023)

Durante os últimos quinze anos, de 2009 a 2024, Benjamin Netanyahu liderou cinco governos em Israel, por isso se fala da era Netanyahu (embora, como já mencionado, ele tenha sido eleito primeiro-ministro em 1996).

À exceção do período entre junho de 2021 e o final de dezembro de 2022, Netanyahu serviu como primeiro-ministro de Israel na qualidade de líder do partido político com maior representação no Knesset, o Likud, e foi o articulador de coalizões governamentais lideradas pela direita. Elas, em geral, incluíram partidos religiosos, ultraortodoxos e nacionalistas e, em algumas ocasiões, também partidos de centro e mesmo de esquerda moderada, quando as circunstâncias o permitiram. A partir de outubro de 2023, devido às necessidades decorrentes da Guerra de Gaza, liderou o governo de unidade nacional.

Na coligação de 2009, Netanyahu também incorporou o Partido Trabalhista e nomeou Ehud Barak como ministro da Segurança. Num discurso na Universidade Bar Ilan, em junho daquele ano, o primeiro-ministro declarou que Israel aceitaria a criação de um Estado palestino desmilitarizado que reconheceria Israel como o Estado judeu. As negociações com os palestinos, no entanto, não prosperaram, embora Israel tenha decretado a interrupção de construções na Cisjordânia em novembro de 2009, sob pressão do presidente dos EUA, Barack Obama.

O bloqueio terrestre e naval imposto a Gaza em 2007 desencadeou o envio de flotilhas internacionais para a Faixa, a fim de rompê-lo. Em maio de 2010, seis embarcações comandadas pelo navio turco Mavi Marmara foram detidas em alto-mar pelo exército israelense. O acontecimento culminou num confronto muito violento em que morreram nove dos ativistas turcos pró-palestinos, o que gerou uma grave deterioração nas relações diplomáticas, militares e econômicas entre Israel e a Turquia que durou até 2015, quando foi finalmente alcançado um acordo de reparações entre ambos os países. Em 2023, na sequência da Guerra de Gaza, as relações se deterioraram novamente.

O bloqueio de Gaza gerou um sério aumento no número de túneis que o Hamas cavou na fronteira entre Gaza e o Egito e contribuiu para aumentar a capacidade palestina de construir esse tipo de infraestrutura subterrânea, também para fins militares.

No verão de 2011, uma grande onda de protestos sociais eclodiu em Israel – tal como na Espanha e nos EUA e em paralelo com a Primavera Árabe e outras manifestações – e foi neutralizada pela criação de uma comissão de especialistas que propôs reformas, a maioria delas nunca realizada.

Em julho de 2014, após vários incidentes terroristas e ataques com mísseis a partir de Gaza, as FDI lançaram a Operação Tsuk Eitan (em hebraico, Penhasco Forte) – que durou sete semanas e terminou com um cessar-fogo mediado pelo Egito. As FDI conseguiram detectar e destruir 32 túneis ofensivos-invasivos de Gaza a Israel, e o Hamas lançou milhares de mísseis, entre os quais os mais precisos foram interceptados por um dos sistemas de defesa antimísseis israelenses, o Domo de Ferro.

Em maio desse mesmo ano, o papa Francisco I fez uma breve visita a Israel, marcada pela fricção causada por suas declarações, que eram favoráveis aos palestinos, segundo a direita israelense.

Entrementes, pressões internacionais levaram o Irã a fazer um acordo na Suíça, em abril de 2015, perante os cinco membros permanentes do Conselho de Segurança da ONU, mais a Alemanha (os 5P +1) e a União Europeia, sobre o Plano Abrangente de Ação Conjunta (Joint Comprehensive Plan of Action) que limita e controla o seu desenvolvimento nuclear, assinado três meses depois. Netanyahu e o governo de Israel consideraram o acordo insuficiente. Em março de 2015, o primeiro-ministro israelense, nas vésperas das eleições desse ano, dirigiu-se à sessão plenária do Congresso dos EUA, expondo a sua oposição ao plano, com a intenção de que não fosse adotado. Esse acontecimento agravou as já tensas relações políticas entre Benjamin Netanyahu e Barack Obama. O discurso de Netanyahu foi interpretado por muitos como parte da sua campanha eleitoral em Israel, na qual Netanyahu e o Likud alcançaram a primeira maioria (trinta assentos) no Knesset. Isso permitiu a formação do quarto governo de Netanyahu, convertendo-o no primeiro-ministro de Israel a ocupar esse cargo pelo maior tempo.

A partir de então, a ameaça nuclear do Irã converteu-se em uma questão central na segurança e na política externa israelenses. Netanyahu afirmou repetidamente que não poderia permitir que o Irã desenvolvesse armas nucleares, pois isso constituiria uma ameaça existencial para Israel. Assim, conseguiu colocar o problema na esfera pública e na política internacional e, juntamente com Ehud Barak, decidiu preparar um ataque preventivo israelense seguindo o princípio da doutrina Begin de não permitir que um país inimigo de Israel tenha acesso a armas nucleares. As ações contra a nuclearização militar do Irã foram levadas a cabo pelo Mossad, comandado entre 2002 e 2011 por Meir Dagan (1945-2016) que, como se soube mais tarde, opunha-se a qualquer ação militar de Israel contra o Irã.

Outro problema que os últimos governos de Netanyahu enfrentaram foi o dos refugiados e migrantes econômicos da África (Eritreia, Sudão do Sul e outros), que chegaram a Israel através do Egito. O governo, pressionado pelos israelenses que vivem nos bairros pobres no sul de Tel Aviv, em que esses refugiados e migrantes fixam moradia, tentou controlar o processo e finalmente construiu um muro ao longo da fronteira com o Egito.

Netanyahu é, até hoje, o primeiro-ministro que há mais tempo governa Israel e, devido à sua popularidade, em 30 de março de 2019, apareceu na capa do semanário britânico *The Economist* como o "Rei Bibi: A Parábola de um Populista Moderno". Essa manchete referia-se a dois aspectos centrais do longo período de governo de Netanyahu: a sua popularidade em Israel, que começava a transcender os limites do país que governava, e o seu estilo político populista, que contribuía para minar os alicerces da democracia israelense. Sem dúvida, no cenário político nacional, ao longo da década e meia de governo quase contínuo, a figura de Netanyahu não só se destacava como não havia outro líder que, em circunstâncias políticas normais, pudesse desafiar o seu domínio sobre o eleitorado. Isso reflete as correntes na sociedade israelense que a empurram para a direita – e para a extrema-direita –, bem como o contínuo enfraquecimento da esquerda política de Israel.

A incapacidade dos partidos de centro era evidente nos seus líderes, menos populares que Netanyahu; as suas estruturas políticas, mais frágeis que as do Likud; e programas tão indefinidos que não conseguiram inspirar fortes impulsos eleitorais, mas tão excludentes que não conseguiram recrutar uma maioria eleitoral em toda a sociedade israelense.

Em outras palavras, a situação explica-se não só pelas qualidades de Netanyahu, mas também pelas fraquezas daqueles que o enfrentaram em nível eleitoral. Embora a direita israelense tenha tido um líder indiscutível nesse período, na oposição de centro e de esquerda as disputas pessoais relativas à liderança também contribuíram em mais de uma ocasião para a primazia de Netanyahu. Soma-se a isso a habilidade política do próprio Netanyahu e sua flexibilidade (pragmatismo) quando se trata de estabelecer coalizões ou mantê-las ao longo dos anos: o político moderno, televisivo, de estilo estadunidense, pragmático e executivo que se supunha que Netanyahu fosse se revelou um ideólogo de direita, capaz de se adaptar a sistemas de pressões políticas internas e externas.

Por outro lado, Netanyahu também tem a seu crédito o sucesso das suas reformas econômicas quando serviu como ministro das Finanças no governo de Sharon (2003-2005), bem como a sua campanha contínua contra a nuclearização do Irã que, como já dito, contribuiu para que a questão entrasse na esfera política mundial, muito além da ameaça que representa para a existência de Israel.

Outra peculiaridade de Netanyahu é que ele representa uma combinação de ideias nacionalistas no plano político, com ideais liberais no plano econômico. Isso significa que, embora afirme pertencer à direita nacionalista que se opõe à criação de um Estado palestino próximo de Israel, pretende ao mesmo tempo implementar os princípios do mercado livre em Israel, sem ter em conta as contradições ideológicas que a fusão de ambas as ideologias representa.

A liberalização econômica não significou, por exemplo, a abertura do mercado fundiário ao licitante que oferecesse a oferta mais elevada. Isso teria possibilitado a entrada de capitais estrangeiros nesse setor, incluindo árabes dos principados do Golfo Pérsico e eventualmente da Arábia Saudita, o que poderia comprometer a presença nacional judaica em Israel, que é o parâmetro territorial básico da ideia do Estado judeu. Em vez disso, manteve a estrutura de posse de terras na qual o Min'hal Merkarkei Israel, a Administração das Terras de Israel, desempenha um papel central.

Os princípios de uma economia nacional, por outro lado, não impediram Netanyahu de privatizar empresas estatais importantes, como a companhia aérea El Al ou a companhia marítima Zim, nem de empreender muitos dos projetos econômicos centrais do país, como a exploração das riquezas minerais do Mar Morto ou o desenvolvimento de poços de extração de gás na costa mediterrânica em frente a Israel, que são controlados por capitais privados, israelenses e estrangeiros.

Os processos de privatização e de liberalização do mercado tiveram uma influência social e ideológica, gerando fortes tendências individualistas à custa dos modos de organização que caracterizaram as instituições que precederam o Estado – especialmente a Histadrut (organização sindical central do proletariado israelense) e todas as corporações que dela derivaram, como a cooperativa Solel Boné, os kibutzim, a organização de assistência médica Kupat Holim ou as cooperativas de transporte Egg[u]ed e Dan, entre outras.

Além do individualismo econômico-social, Netanyahu deu continuidade e acentuou uma tradição política já enraizada no Likud de se estabelecer como representante das camadas mais fracas da população israelense, tanto nos bairros marginais das cidades centrais do país como na periferia, bem como a identificação desses setores com imigrantes judeus do Oriente Médio e Norte da África confrontados com a elite asquenazita, originária da Europa Central e Oriental, que foi historicamente liderada e encarnada no Partido Trabalhista israelense. Nesse marco de políticas de identidade, Netanyahu sempre soube canalizar as exigências dos setores desfavorecidos contra as elites do país, que descreve como a antítese trabalhista dos governos do Likud, não obstante ter chegado ao poder e governado o país durante a maior parte do período de 1977 em diante. A liderança trabalhista, que havia perdido as suas principais características socialistas há muitas décadas, estava diminuindo e ao mesmo tempo adquirindo características liberal-democráticas muito semelhantes às da liderança das democracias ocidentais.

A caracterização das elites – econômica, acadêmica, judicial, cultural, midiática – como inimigas sociais e políticas dos estratos mais pobres e periféricos que continuam a votar no Likud tem sido uma das armas populistas centrais de Benjamin Netanyahu, na sua tentativa de continuar a controlar a política israelense, não obstante seus próprios erros e problemas que põem em dúvida o seu futuro político na última década.

Dentro do próprio Likud, por meio de eleições primárias e democráticas, Netanyahu conseguiu estabelecer uma primazia quase ilimitada, a ponto de nenhum dos seus colaboradores políticos mais próximos serem vistos pelo público como o presumível herdeiro do primeiro-ministro, caso ele quisesse ou tivesse de deixar o cargo. Todos aqueles que tentaram enfrentar Netanyahu dentro do partido tiveram que abandonar seu objetivo ou contentar-se com posições secundárias. Esses elementos de liderança política têm sido desenvolvidos por Netanyahu num contexto de desideologização da política, do império dos meios de comunicação de massa e das redes sociais como fontes de informação e legitimidade, de liberalização econômica, de tentativas de exclusão política de minorias não judias e da rejeição de uma solução de dois Estados para resolver o problema palestino.

É interessante ver a interação entre ideologia e política num líder que é autônomo no seu partido, porém, ao mesmo tempo, prisioneiro dos seus parceiros de coalizão, por um lado, e das pressões internacionais, por outro, para não falar da influência ideológica de seu próprio pai, o historiador Bentzión Netanyahu (1910-2012), e as demandas de sua esposa e filho mais velho. Esse conjunto de fatores leva Netanyahu a fazer um discurso moderado e liberal fora de Israel e um discurso mais duro e nacionalista para consumo interno. O resultado é que, declaradamente, a partir da campanha eleitoral de 2009, Netanyahu prometeu aos eleitores derrubar e destruir o Hamas e, como veremos adiante, a partir de 2017, destruir a rede de túneis dos grupos terroristas em Gaza. No entanto, como salientam muitos observadores, essa retórica forte e determinada não se traduz em decisões do mesmo calibre, mas antes numa forte tendência de adiar aquelas relacionadas com problemas centrais e inclusive urgentes, e baseadas em graves erros de avaliação, o que parece ter muito a ver com as crises do final de 2023.

Para além das ações militares limitadas na Faixa de Gaza em maio e novembro de 2012, julho e agosto de 2014 e maio de 2021, as políticas dos governos de Netanyahu não visavam derrubar o controle do Hamas sobre a Faixa ou desarmá-lo, mas se tratava de ciclos de violência após o que Israel e o Hamas – por vezes com a Jihad Islâmica – negociavam cessar-fogo e tréguas que duravam até a próxima rodada de violência.

Por outro lado, o primeiro-ministro contribuiu para que o Hamas se mantivesse no poder, recebendo ajuda financeira do Qatar, entre outros. Isso permitiu que os governos de Netanyahu não promovessem qualquer tipo de negociações políticas com a Autoridade Nacional Palestina. O argumento era simples e se resume nas seguintes questões: com quem Israel deveria negociar? Com uma Autoridade Nacional Palestina enfraquecida e corrupta, que havia realizado apenas uma eleição em 2006 na qual o vencedor foi o Hamas? Com movimentos terroristas como o Hamas que não querem negociar com Israel porque não o reconhecem e cujo objetivo era estabelecer um Estado islâmico para substituir o Estado judeu e eliminar a existência de Israel? Esse paradoxo político bloqueava a possibilidade de avançar para o estabelecimento de um Estado palestino nas fronteiras de Israel anteriores à Guerra dos Seis Dias (1967), ou seja, chegar a um acordo territorial em que houvesse espaço para a existência de um Estado judeu – Israel – nas fronteiras de 4 de junho de 1967 e um Estado palestino na Cisjordânia e Gaza, com capital na parte de Jerusalém Oriental. Ao mesmo tempo, Netanyahu, na sua faceta econômico-liberal, acreditava seriamente que uma paz econômica em que a economia palestina se desenvolvesse, inclusive dentro de Gaza, seria um forte incentivo estabilizador e minaria o ímpeto político que impulsionava a criação de um Estado palestino. O que Netanyahu e os seus colaboradores não compreendiam é que esse equilíbrio alimentado por incentivos econômicos positivos para o Hamas – fruto de uma visão racional instrumental ocidental – permitia a ele aumentar a sua capacidade militar para alcançar o seu verdadeiro objetivo ideológico, que ia muito além da visão racional instrumental do governo e da maioria dos israelenses. Para Yahya Sinwar, líder do Hamas em Gaza, e seus seguidores, o ideal de destruição da "entidade sionista" – como chamam Israel – é algo que deve ser obtido por meio do sacrifício de mártires muçulmanos, em referência à figura do *shahid*. Embora no *Alcorão* ele desempenhe principalmente o papel de testemunha, também aparece uma vez com o significado de mártir que aqui usamos, no sentido que o Hamas interpreta esse conceito, ou seja, aquele que, matando judeus, alcançaria o paraíso e a glória.

Em qualquer caso, independentemente dos seus efeitos em Gaza, a política econômica israelense nesse período merece uma análise detalhada. A segunda década do século XXI foi marcada pela estabilidade, pelo crescimento, pelo desenvolvimento e pela inovação, liderados por indústrias de alta tecnologia. A população diretamente empregada ou empreendedora nessa área, majoritariamente judeus não ultraortodoxos, compreende 10,4% da força de trabalho (2021), a proporção mais elevada do mundo.

Por outro lado, o setor agrícola de Israel, também líder em tecnologia e baseado em grande parte em comunidades coletivas, como o kibutz e o *moshav* – apesar da onda de privatizações nas últimas décadas –, produz 95% das necessidades alimentares do país e exporta frutas e vegetais, especialmente para a Europa. Contudo, o setor agrícola, tal como o da construção, depende em grande parte de trabalhadores estrangeiros que chegam atraídos por salários mais elevados do que os recebidos nos seus países de origem.

Israel também possui uma indústria militar avançada, desenvolvida com base nas suas necessidades de defesa. Essa indústria tem as suas origens na década de 1930, quando a Haganá estabeleceu as suas primeiras fábricas de munições, explosivos e armas. Atualmente, de acordo com o Sipri – Stockholm International Peace Research Institute (Instituto Internacional de Pesquisa Para a Paz de Estocolmo), as exportações de armas de Israel atingiram a quantia de 12,5 bilhões de dólares americanos em 2022. As empresas produtoras de armas em Israel combinam as suas necessidades, a experiência adquirida por meio das guerras e a alta tecnologia que, como no caso da agricultura e de outras indústrias, é importante em termos de consumo interno e de exportações. O exemplo mais conhecido é o Domo de Ferro, que está em operação desde 2011 e tem contribuído de forma muito eficaz para a defesa antimísseis de Israel nos vários confrontos dos últimos anos.

Durante o longo mandato de Netanyahu e da coligação liderada pelo Likud, o PIB *per capita* de Israel aumentou – em dólares americanos atuais – de 28.317 (2009) para 54.930 (2022), depois de ter começado com um crescimento negativo de -1,5% em 2009 e ter sofrido uma queda de -3,6% no auge da pandemia da Covid-19 (2020). Em 2021, registrou-se um aumento significativo de 6,8% e, em 2022, um aumento mais moderado de 4,8%, o que apenas dá respaldo ao sucesso das políticas econômicas implementadas.

Por outro lado, Israel continua a ter um grave problema de pobreza. Um terço da população do país está concentrada nos dois decis de rendimento mais baixos. Nesse setor em que são abundantes os problemas de segurança alimentar, destaca-se a população judaica ultraortodoxa (em 2022, 35,4% viviam abaixo da linha da pobreza) e a população árabe (nesse mesmo ano, 39% viviam abaixo da linha da pobreza). As políticas de subsídios não foram capazes de resolver tais problemas de desigualdade.

Em meados de 2023, a OCDE – Organização Para a Cooperação e o Desenvolvimento Econômico – registrou que o índice de custo de vida em Israel era o mais elevado de todos os países desse grupo de Estados desenvolvidos. Durante o governo de Netanyahu, as taxas de inflação caíram drasticamente; de 3,34% em 2009 para menos de 1% (2014-2020). Em 2021, porém, a inflação atingiu 1,51% e, em 2022, 4,39%, levando o Banco de Israel a aumentar continuamente as suas taxas de juros ao longo de 2022 e 2023. Essa medida para conter a inflação agravou a situação dos devedores e, particularmente, daqueles que pagam suas hipotecas residenciais.

O desemprego em Israel diminuiu muito na última década e meia. Quando Netanyahu assumiu o cargo em 2009, rondava os 9,5 e, em 2022-2023, beirava os 3%.

Embora Netanyahu tenha sido definido pelos seus apoiadores como *mar bitakhon* (em hebraico, senhor segurança) – a pessoa que melhoraria a situação da segurança interna em Israel –, o ano de 2016 foi marcado pela onda de ataques individuais com facas por parte de palestinos contra israelenses, bem como pela incapacidade de impedi-los. Por se tratar de ataques que não dependiam de grupos terroristas, mas de indivíduos que decidiram cometer um ato pessoal, e dada a dificuldade em estabelecer um perfil confiável desses tipos de pessoas, a situação da segurança interna não só não melhorou como também se viu vulnerável. Aos ataques somavam-se atropelamentos, geralmente também de iniciativa individual e dirigidos contra militares ou civis que aguardavam transporte público em locais designados para esse fim. Às vezes, os dois tipos de ataques eram combinados no mesmo lugar. Soldados ou civis armados reagiam frequentemente, abrindo fogo contra o agressor.

Em 2014, o Knesset elegeu Reuven Rivlin (1939-) como presidente de Israel, apesar de Netanyahu ter tentado promover outros candidatos, e ele cumpriu o seu mandato de sete anos até 2021; substituiu nesse cargo Shimon Peres, que o ocupou entre 2007 e 2014. As relações entre Rivlin e Netanyahu foram tensas e se manifestaram na esfera pública, apesar de, em termos gerais, a função do presidente de Israel ser bastante cerimonial e diplomática, além de manter consultas com os líderes dos partidos majoritários ou coalizões para a formação de governos.

Em 24 de março de 2016, Abdel Fattah al-Sharif, um palestino que havia esfaqueado um soldado israelense, foi assassinado no bairro de Tel Rumeida, em Hebron, por Elor Azaria, um soldado das FDI. Azaria atirou na cabeça dele enquanto ele estava ferido, caído no chão e já neutralizado pelos soldados presentes. Azaria foi preso, e a polícia militar israelense abriu uma investigação contra ele por homicídio, mas posteriormente reduziu a acusação para homicídio culposo. Azaria declarou ter atirado no prisioneiro acreditando que ele tinha uma bomba que iria detonar e colocar em risco a vida de todos os soldados presentes. O dilema de se Azaria era um herói ou um assassino foi resolvido pela justiça militar, que o condenou a um ano e meio de prisão e o reduziu à categoria de soldado raso. Posteriormente, após recurso e pedido especial de clemência ao comandante-chefe das FDI, a pena foi reduzida para quatorze meses de prisão devido ao seu bom histórico militar anterior.

Em dezembro de 2016, a polícia israelense começou a investigar Benjamin Netanyahu e, em fevereiro de 2018, anunciou que tinha provas suficientes para recomendar oficialmente que ele fosse acusado de fraude e corrupção em dois casos. No primeiro, posteriormente denominado caso 1000, o acusado teria concedido favores políticos em troca de presentes – joias, charutos cubanos e champanhe, entre outros. No segundo, denominado caso 2000, ele teria tentado reduzir a circulação do jornal *Israel HaIom* para aumentar a circulação do *Iediot HaAkhronot*, forte opositor de Netanyahu, com a condição de que esse apoiasse ao Likud e a ele. Essa negociação não deu certo e tanto Netanyahu como Noni Moses, dono do *Iediot HaAkhronot*, estão sendo processados.

Além disso, estava sendo investigado o chamado caso 3000, no qual se suspeitava que funcionários israelenses haviam recebido suborno pela compra de submarinos dos estaleiros Thyssen Krupp, na Alemanha. Nesse caso, a polícia recomendou acusar pessoas próximas do primeiro-ministro, mas não o próprio Netanyahu. Mais tarde seria descoberto que Netanyahu havia escrito uma carta secreta aos referidos estaleiros na qual declarava não ter objeções à venda dos mesmos tipos de submarino ao Egito, e tudo isso sem autorização do exército, do Ministério da Defesa ou do governo. Embora Netanyahu não tenha sido acusado pela polícia nesse caso, em 2022 foi finalmente criada uma comissão estatal de investigação para esclarecer os fatos relacionados com a aquisição dos referidos submarinos, operação cujo montante está estimado em dois bilhões de dólares e sobre a qual circulam suspeitas desde 2012.

Ao acima exposto devemos acrescentar o caso 4000, em que Netanyahu teria promovido políticas regulatórias favoráveis à empresa israelense de telecomunicações Bezeq. Seu proprietário, Shaul Elovitch, teria influenciado seu *site* de notícias israelense, Walla, a favor de Netanyahu para as eleições de 2015.

Embora as atitudes da família de Netanyahu não devessem ser de interesse público, Sara, sua atual e segunda esposa, e o filho mais velho do casal, Yair, ganharam notáveis manchetes nos jornais e destaque nas mídias sociais. Desde 2015, na sequência de dois casos de difamação em que obteve decisões favoráveis, a mulher do primeiro-ministro começou a ser investigada por corrupção. Após vários atrasos, foi alcançado um acordo legal que reduziu a acusação de uso indevido e exigido que Sara Netanyahu devolvesse doze mil dólares ao Estado e pagasse uma multa de 2.600 dólares. É preciso esclarecer que, de acordo com a acusação inicial, ela havia exigido indevidamente mais de cem mil dólares ao erário público para despesas com refeições encomendadas quando a residência já empregava um cozinheiro às custas do Estado para a família e seus convidados. Isso sem falar nas acusações de recebimento de joias e champanhe de amigos ricos.

As intervenções midiáticas de Yair Netanyahu (1991-) são agora apoiadas por uma credencial de jornalista autorizado que recebeu do gabinete de imprensa do governo em meados de 2022, quando Benjamin Netanyahu era chefe da oposição ao governo de Naftali Bennet. As posições de Yair Netanyahu valeram-lhe a simpatia da direita radical e até dos neonazistas nos EUA, especialmente quando, ao atacar os inimigos políticos de Benjamin Netanyahu, descreveu-os como fantoches controlados por George Soros, o bilionário judeu húngaro-estadunidense, inimigo da direita nos EUA, na Europa e em Israel. Expressou também fortes posições antipalestinas e anti-islâmicas, bem como contra a esquerda israelense e os seus porta-vozes, que geralmente descreve como traidores. Ademais, Yair Netanyahu acusou o primeiro-ministro assassinado Itzhak Rabin em 2019 de ter, por sua vez, assassinado sobreviventes do Holocausto no naufrágio do navio Altalena em 1948, fato que foi negado pelo seu próprio pai. Yair Netanyahu referiu-se à polícia israelense que investigava acusações de corrupção contra o seu pai como Gestapo e Stasi[11], e comparou o comandante-chefe dessa instituição com uma personagem mafiosa televisiva. Devido às suas expressões violentas, Yair Netanyahu esteve envolvido em vários processos por difamação e teve de pagar indenizações e custas judiciais. Algumas das suas declarações provocaram até incidentes políticos em Israel e no estrangeiro.

Em geral, as vidas das famílias dos políticos israelenses não são de interesse público. No entanto, no caso dos Netanyahu, as intervenções públicas de Sara e Yair suscitaram questões sobre a influência desses membros da família nas decisões políticas do primeiro-ministro. Existem muitos rumores a respeito que, se forem verdade, constituiriam sérios problemas políticos e jurídicos.

Em nível internacional, em maio de 2017, poucos meses depois de Donald Trump ter substituído Obama como presidente dos EUA, ele visitou o Santo Sepulcro e o Muro das Lamentações, ambos na antiga cidade de Jerusalém, no âmbito da sua viagem oficial a Israel. Foi um evento sem precedentes. Dado que nenhum país reconhecia a anexação de Jerusalém Oriental por Israel como sequela da Guerra dos Seis Dias, nenhum presidente estadunidense em exercício visitara a antiga cidade da capital de Israel. Mais tarde, em dezembro desse mesmo ano, Donald Trump reconheceu oficialmente Jerusalém como capital de Israel e ordenou a transferência para essa cidade da embaixada dos EUA que até então funcionava

---

[11] Principal organização de polícia secreta e inteligência da República Democrática Alemã. (N. da T.)

em Tel Aviv. A embaixada dos EUA em Jerusalém foi inaugurada em maio de 2018.

Em julho de 2018, o Knesset promulgou a Lei Básica: Israel como Estado-Nação do povo judeu. Essa controversa lei, aprovada por uma maioria de 62 votos, afirma que "o direito de exercer a autodeterminação nacional" em Israel é "exclusivo do povo judeu". Estabelece o hebraico como a única língua oficial de Israel e rebaixa o árabe (uma língua amplamente falada pelos árabes israelenses e que até então era oficial junto com o hebraico) a um *"status* especial". Também estabelece "o assentamento judaico como um valor nacional" e exige que o Estado "trabalhe para encorajar e promover o seu estabelecimento e desenvolvimento". Essa lei foi considerada discriminatória por todas as minorias não judias em Israel, mas especialmente pelos árabes e drusos. Os parlamentares árabes protestaram no Knesset, rasgando o texto e declarando que ele constituía um claro exemplo de *apartheid* contra os não judeus em Israel, ou seja, mais de 20% da população do país.

O protesto druso foi particularmente forte porque essa minoria cumpre a lei de serviço militar obrigatório, e centenas dos seus membros deram a vida por Israel. Ademais, isso se somava a outra lei que, na sua opinião, os discriminava na área da construção habitacional.

Os protestos contra a lei não se limitaram a esses setores. Foi denunciado por todos os partidos da oposição no Knesset e por amplos grupos e organizações da sociedade civil, nas redes sociais, na imprensa e em protestos públicos.

Após as eleições de abril de 2019, surgiram duas crises em paralelo. Por um lado, voltou a se discutir a necessidade de os grupos ultraortodoxos em Israel cumprirem o serviço militar obrigatório, tal como o restante da população judaica, o que foi fortemente contestado pelo partido político Iahadut ha-Torá, que os representava. Por outro lado, continuavam os julgamentos por corrupção, fraude e abuso de confiança contra Netanyahu. Em fevereiro de 2019, o procurador-geral anunciou que Netanyahu era formalmente acusado de violar repetidamente a lei. Embora já tivesse sido acusado de corrupção e tráfico de influência em 1997, durante a sua primeira fase como primeiro-ministro, ele negou as acusações, e a polícia não encontrou provas suficientes para formalizar a acusação. Em 2019, porém, as referidas denúncias foram formalizadas em relação a três casos. Mais uma vez, Netanyahu as rejeitou, mas os julgamentos continuam até agora.

Nas eleições de abril, Netanyahu não conseguiu formar uma coligação governamental, e foi convocada uma nova eleição, que ocorreu em 17 de setembro de 2019. Ele falhou mais uma vez na sua tentativa de formar uma coligação governamental. A terceira eleição em um ano ocorreu em 2 de março de 2020 e, após prolongadas negociações, foi estabelecido um governo de união nacional liderado por Netanyahu e Benjamin Gantz (1959-) que incluía uma cláusula de rotação entre ambos os líderes, mas em dezembro de 2020, quando a tentativa de aprovação do orçamento nacional falhou, decidiu-se convocar novas eleições em 23 de março de 2021. O resultado dessa eleição permitiu que uma ampla coligação de partidos deslocasse Netanyahu e o Likud do governo. Em junho de 2021, foi estabelecido um governo liderado por Naftali Bennett (1972-), vindo das fileiras do nacionalismo religioso sionista, Ha-Iamin Ha-Khadash (em hebraico, A Nova Direita), que deveria alternar no cargo de primeiro-ministro com o líder do Yesh Atid (centrista e secular) Yair Lapid, nomeado ministro das Relações Exteriores e primeiro-ministro alternativo. Esse governo funcionou durante um ano e meio. Lapid conseguiu integrar – alguns diriam cooptar – pela primeira vez na história de Israel um partido árabe, o Ra'am (Trovão, ou Lista Árabe Unificada), liderado por Mansur Abbas (1974-), com uma tendência islâmica conservadora e ligado ao ramo sul do Movimento Islâmico em Israel (também conhecido como Movimento Islâmico da Palestina de 1948 e dividido em dois em 1966). O objetivo de Abbas e do seu partido nessa coalizão governamental era a obtenção dos orçamentos necessários para permitir um melhor desenvolvimento do setor árabe em Israel, um dos mais pobres do país, e permitir um aumento do seu nível de vida em geral.

Entre 2020 e 2021, Israel viveu, juntamente com o restante do mundo, a epidemia da Covid-19. A solidez da estrutura médica e hospitalar do país ficou evidente nessa ocasião graças às decisões tomadas pelas autoridades e aos tratamentos realizados por meio dos convênios de saúde e dos hospitais. Em 19 de março de 2020, Netanyahu declarou uma situação de emergência nacional, e foram tomadas severas medidas de isolamento pessoal e social. O efeito dos *lock-ins* gerais – educativos, industriais, comerciais, turísticos e artísticos – foi imenso, e a estratégia de saída foi lançada em dezembro de 2020 mediante uma campanha de vacinação em massa com a vacina Pfizer-BioNTech, que em junho de 2021 já tinha inoculado 64% da população, a começar pelos segmentos mais frágeis e suscetíveis ao contágio – idosos, doentes e equipes de trabalho em todas as áreas médicas. Netanyahu tomou a decisão estratégica de adquirir as vacinas a um preço elevado, mas rapidamente tais medidas revelaram-se eficazes. Entre 2020 e 2021, Israel viveu quatro ondas epidêmicas e, mais tarde, outras duas ondas menores, porém conseguiu dominar a epidemia e regularizar a vida no país até 2022.

Em 2021 e paralelamente à epidemia, ocorreu o protesto dos Bandeiras Negras, que se concentrou perto da residência oficial do primeiro-ministro em Jerusalém. As manifestações, lideradas pelo ex-general Amir Haskel, eram contra a corrupção de Netanyahu e das suas políticas, vistas como uma forma de escapar aos julgamentos pendentes contra ele. As políticas de contenção da epidemia da Covid-19 também foram criticadas. Nesse quadro, foi estabelecido um sério precedente para a onda de protestos que surgiria em 2023 contra a revolução no judiciário que o governo de Netanyahu planejou e tentou executar.

Em dezembro de 2021, Israel concluiu a construção de uma barreira subterrânea e de um muro de 65 km ao longo da fronteira com a Faixa de Gaza. O objetivo era impedir a passagem – através de túneis ou acima do solo – e garantir o isolamento de Gaza.

O governo Bennett-Lapid não conseguiu se estabilizar no Knesset e sofreu derrotas parlamentares causadas pelo abandono das suas fileiras de alguns membros nacionalistas religiosos que foram cooptados pelo Likud. Em junho de 2022, o Knesset foi dissolvido, o primeiro-ministro Bennett renunciou e retirou-se da política, sendo substituído como primeiro-ministro interino por Yair Lapid. Uma nova convocação eleitoral foi feita em 1º de novembro, e em 29 de dezembro de 2022 Lapid foi substituído pelo líder do novo governo de Israel, Netanyahu. Lapid tornou-se o líder da oposição parlamentar. Essa crise reflete os problemas de um sistema governamental que, ao longo das décadas, estava se exaurindo. Embora sejam necessários 3,25% dos votos para conseguir um assento no Parlamento, a influência dos pequenos partidos, que exigem quotas, ministérios e privilégios políticos muito elevados para aderir a qualquer coalizão governamental, tem sido reforçada por duas tendências históricas. A primeira é que a porcentagem de eleitores diminuiu de 10% a 20% nas últimas décadas. Isso é especialmente verdadeiro no caso do setor árabe da população que, como resultado dessa tendência, está sub-representado no Knesset. Por outro lado, o tamanho dos partidos dirigentes também tem diminuído nas últimas décadas, o que gerou a necessidade de coalizões mais amplas, que, por sua vez, acabam por ser mais fracas. É evidente que a sequência de cinco eleições parlamentares em menos de quatro anos exige uma séria reforma do sistema governamental de modo a torná-lo mais eficaz e estável. Contudo, no contexto das crises que Israel viveu durante o último governo de Netanyahu, a possibilidade dessa reforma política parece estar cada vez mais distante.

As eleições de novembro de 2022 deram uma vitória clara ao bloco de partidos – e depois à coalizão governamental – liderado por Netanyahu, que conseguiu 64 deputados eleitos, contra apenas 56 do bloco da oposição.

Existem diversas explicações para o triunfo relativo do bloco de direita numa situação de quase paridade no número de votos. A eleição foi feita em termos de voto a favor ou contra Netanyahu. Prevaleceu o seu personalismo eleitoral como único líder do bloco de direita, enquanto no da oposição Yair Lapid e Benny Gantz competiam pela liderança. Tecnicamente, o fato de a líder do Partido Trabalhista, Merav Michaeli (1966-), ter se oposto a que seu partido e o Meretz formassem uma lista única que permitiria a ambos enviar representantes ao Knesset impediu que o Meretz atingisse o mínimo de 3,25% dos votos. Segundo estudos de Ofer Kenig, do Instituto de Democracia Israelense, foram perdidos cerca de trezentos mil votos, de todos os que votaram no Meretz ou no Balad, o partido árabe que também não atingiu a barreira eleitoral mínima, ambos de oposição a Netanyahu. Esses estudos explicam a vitória de Netanyahu também devido à elevada fragmentação – trinta partidos participaram das eleições, dos quais dez conseguiram ultrapassar a barreira eleitoral mínima – e ao nível relativamente baixo de participação, especialmente entre a população árabe de Israel.

A formação do governo de direita-direita – como era chamado em Israel – exigiu do primeiro-ministro promessas orçamentais de milhares de milhões de shekels a favor dos partidos ultraortodoxos para subsidiar as suas instituições educativas e sociais, além de somas semelhantes para o sionismo nacionalista religioso, a fim de fortalecer os assentamentos na Cisjordânia e suas instituições religiosas nacionalistas.

O 37º governo de Israel, com Netanyahu como primeiro-ministro, apresentou desde os primeiros dias uma agenda clara de reforma do sistema governamental, cujo principal objetivo era enfraquecer o Supremo Tribunal em favor do Executivo. Esse programa, anunciado por Yariv Levin (1969-) do Likud, nomeado ministro da Justiça e vice-primeiro-ministro, tem cinco pontos que visam limitar a influência do sistema judicial no processo legislativo e no papel do Supremo Tribunal. A ideia era eliminar a capacidade dessa instância de declarar a inconstitucionalidade das leis promulgadas pelo Knesset, bem como declarar a ilegalidade de certas políticas e nomeações do Poder Executivo. O processo seria realizado limitando os poderes de revisão judicial do Supremo Tribunal de Israel. Por outro lado, a reforma de Levin pretendia garantir que o governo controlasse as nomeações dos juízes por meio de mudanças na composição das comissões encarregadas dessa tarefa, enfraquecer o papel dos assessores jurídicos dos ministérios do governo e permitir que os ministros se opusessem às recomendações da Procuradoria Geral, o que levaria a uma maior independência nas políticas, nomeações e propostas legislativas do Executivo e da coligação governante.

Ficou claro que, com a maioria parlamentar, o governo conseguiria levar a cabo a reforma; o seu *slogan* sustentava que, com a maioria dos votos obtidos nas últimas eleições, a coalizão do governo e o Executivo representava a soberania popular que apoiava tal reforma.

No entanto, o equilíbrio de poderes e as leis que protegem os direitos das minorias – parte essencial de qualquer democracia – têm a função de evitar que a primeira maioria se torne opressora do restante da população simplesmente por ter vencido as eleições. Para muitos em Israel, essa reforma era mais uma revolução judicial a favor do Executivo. Ela foi apoiada por aqueles que se viam discriminados pelo sistema judicial, especialmente pelo Supremo Tribunal, como os ultraortodoxos, que ressentem que suas instâncias legislem – em nome da igualdade perante a lei – que o recrutamento militar obrigatório inclua estudantes das *ieschivot*[12] e aqueles que dedicam suas vidas exclusivamente ao estudo da *Torá*, até agora isentos de servir nas FDI.

Por outro lado, o nacionalismo religioso messiânico vê em grande parte do sistema jurídico e especialmente no Supremo Tribunal defensores da causa palestina que, por meio das suas decisões, garantem os direitos de propriedade aos palestinos e põem fim à política de assentamentos que, no futuro, levaria à anexação da Cisjordânia e à realização do seu ideal de controlar toda a Terra de Israel.

Muitos ativistas do Likud, convencidos pelos argumentos de política identitária de Netanyahu, veem no Supremo Tribunal, nos assessores jurídicos, na procuradoria-geral, bem como no universo acadêmico e noutros setores, uma elite, majoritariamente asquenazita, que, como já indicado, atua contra os interesses de grande parte dos eleitores do Likud, de origem oriental.

No Knesset, a coalizão governamental, com a sua maioria de 64 parlamentares, poderia prevalecer em qualquer confronto com a oposição. Entretanto, ocorreram na esfera pública sérias mudanças que estruturaram o confronto de uma forma diferente. Em 4 de janeiro de 2023, Yariv Levin anunciou que teria início o processo de

---

[12] Plural de *ieschivá*, são as instituições que se destinam ao estudo de textos religiosos tradicionais, principalmente o *Talmud* e a *Torá*, e ao ensino de um mínimo de disciplinas seculares. (N. da T.)

reforma que limitaria as prerrogativas do Supremo Tribunal e, no sábado, dia 7, começaram os protestos contra a iniciativa do ministro da Justiça e do governo Netanyahu na praça Ha-Bimá, em Tel Aviv. No sábado seguinte, 14 de janeiro, mais de oitenta mil manifestantes da oposição reuniram-se nas ruas Kaplan e Begin, perto da autoestrada Aialon, que atravessa Tel Aviv de norte a sul, vindos de vários setores sociais e organizações não governamentais. Ficou claro que a liderança dos partidos políticos fora substituída por ativistas da sociedade civil. Em fevereiro, os massivos protestos de sábado à noite contra a reforma legal também se espalharam por Haifa, Jerusalém, Bersebá, Ness Ziona, Herzlia e outras cidades, adquirindo um caráter nacional. No final daquele mês, o número de manifestantes em Tel Aviv ultrapassava os 160 mil, e começaram os confrontos com a polícia que, até então, se mostrara tolerante. No dia 1º de março, quando os manifestantes ocuparam a rodovia Aialon e interromperam o trânsito, a polícia acabou prendendo quarenta pessoas, e onze feridos foram tratados em hospitais da região. Netanyahu e Itamar Ben Gvir (1976-), cujo ministério é responsável pela polícia, descreveram os manifestantes como "anarquistas" por terem bloqueado as vias de tráfego. Em 9 de março, os manifestantes bloquearam novamente a autoestrada Aialon e o aeroporto Ben Gurion, de onde Netanyahu partiria para Roma. Naquela ocasião, muitos pilotos da El Al recusaram-se a tripular o avião que deveria transportar o primeiro-ministro e a sua esposa. Porém, ainda mais interessante é o fato de que, a partir de então, uma centena de reservistas das FDI se juntaram aos manifestantes, representados por *akhim la-Neschek* (em hebraico, irmãos de armas, que mais tarde acrescentaram irmãos e irmãs de armas ao seu nome).

No final de março, o protesto não só conseguiu parar as operações do aeroporto Ben Gurion, mas a Histadrut e os sindicatos declararam uma greve geral que paralisou o país. Diante disso, Netanyahu foi forçado a adiar a iniciativa da reforma judicial. As manifestações continuaram a crescer. A maioria dos pilotos de um dos mais importantes esquadrões de combate da Força Aérea assinou uma carta na qual sustentava que se houvesse continuidade da reforma judicial ou da revolução, distorcendo a democracia israelense e conduzindo-a a uma ditadura executiva, não continuaria a servir voluntariamente nas reservas.

Netanyahu e os seus seguidores argumentaram que os reservistas militares estavam pressionando a democracia israelense na direção de um golpe militar.

Note-se que, paralelamente aos protestos contra a reforma-revolução judicial, houve grandes manifestações da direita, particularmente da direita nacionalista religiosa, a favor da iniciativa, mas o seu volume e impacto público foram muito inferiores às do centro, da esquerda e da sociedade civil em geral.

Após os acontecimentos de 7 de outubro de 2023 – o Sábado Negro –, tanto os protestos contra a reforma legal como as tentativas de continuar com ela cessaram, já que em 12 de outubro o Knesset aprovou a formação de um governo de união nacional que incorporou parte da oposição e congelou toda a legislação que não fosse emergencial e não estivesse ligada à Guerra de Gaza.

■ ■

Naquele 7 de outubro de 2023, Israel celebrava Simkhat Torá (literalmente, a alegria da *Torá*), marcando o início do ciclo de leitura do Pentateuco nas sinagogas. Às seis e meia da manhã, milhares de mísseis foram lançados a partir da Faixa de Gaza sobre Israel, especialmente sobre as populações israelenses que vivem em kibutzim, *moshavim* e cidades em desenvolvimento perto de Gaza, bem como sobre Dimona, Ieruham, o Seminário Ben-Gurion em Sde Boker, Arad e até Baka el Garbía e a área de Wadi Ara-Nahal Irón, no centro-norte de Israel.

Sob a cobertura do ataque com mísseis, cerca de três mil terroristas do Hamas, depois de neutralizarem as posições de observação e defesa israelenses com veículos aéreos não tripulados – VANTS – e mísseis antitanque Kornet, demoliram os muros fronteiriços entre a Faixa de Gaza e Israel e atacaram bases militares e populações civis na área.

O sistema de defesa fronteiriça de Israel, baseado numa barreira dupla de separação com sensores de vários tipos, câmeras de vídeo conectadas a postos de observação nos quais *tatspitaniot* (em hebraico, mulheres observadoras) monitoram as defesas fronteiriças e o interior de Gaza, torres de metralhadoras que disparam automaticamente contra quem tenta atravessar e um obstáculo subterrâneo antitúneis falharam completamente frente ao planejamento e à execução do ataque do Hamas, ao qual se juntou a Jihad Islâmica e um bom número de civis.

A maioria dos agressores entrou em território israelense a bordo de motocicletas e picapes, armados com metralhadoras, embora alguns tenham entrado a pé e outros tenham cruzado a fronteira por via aérea em parapentes ou paraquedas motorizados. O comando naval do Hamas tentou enviar barcos com terroristas para atacar Asquelon, mas foram afundados pela marinha israelense.

Os atacantes conseguiram se apoderar de uma série de posições das FDI, atacando o comando da Divisão de Gaza e as bases de Nahal Oz, Zikim – atacada pelo comando naval do Hamas, que desembarcou numa praia vizinha – e Urim. Os terroristas também ocuparam entroncamentos rodoviários e posições nas vias de acesso para bloquear a chegada de reforços, detendo assim todo o tráfego na área e massacrando aqueles que tentavam fugir.

Na noite de 6 para 7 de outubro, o Serviço Geral de Segurança, Shabak, baseado em informações de inteligência que previam algum tipo de ação do Hamas contra Israel, decidiu, após consultar por telefone o comandante-em-chefe do exército, enviar para a área uma pequena unidade, chamada Tequila.

No entanto, o comando das FDI em Tel Aviv ficou completamente surpreso com o ataque do Hamas e, nas primeiras horas, a falta de informação e a confusão que prevaleciam na área atacada causaram numerosas vítimas civis e militares.

A primeira reação esteve a cargo das *kitot konenut*, os esquadrões de alerta de cada kibutz e *moshav*, ou seja, civis armados com fuzis de assalto automáticos. Os esquadrões contavam com até dez membros e foram imediatamente mobilizados localmente. Lutaram com notória bravura e em vários locais – por vezes, com ajuda mínima –, conseguindo impedir a entrada de terroristas ou minimizá-la. A eles se juntou a unidade Tequila, que havia chegado no dia anterior e que perdeu sete de seus membros no combate.

Os terroristas conseguiram penetrar na maior parte das bases e posições militares e, embora a resistência dos soldados tenha sido geralmente heroica, era notória a inferioridade numérica, o impacto da surpresa e as horas que os reforços demoraram a chegar. Centenas de civis foram massacrados nos festivais de música Nova e Psyduck, nos quais 364 participantes morreram. Na pequena cidade de Ofakim, os terroristas massacraram 34 civis e em Sderot conseguiram tomar a delegacia de polícia, em que se entrincheiraram. Ali o combate durou mais de vinte horas e vinte policiais morreram.

Em vários kibutzim – Beeri, Kfar Aza, Holit, Nahal Oz, Nir Oz – terroristas do Hamas e da Jihad Islâmica perpetraram massacres indescritíveis acompanhados de estupros, mutilação de vítimas, queima de habitantes nas suas casas e sequestro de numerosos reféns que foram levados para Gaza, bem como atos de pilhagem e destruição arbitrárias envolvendo civis que chegaram da Faixa de Gaza na sequência dos terroristas.

No total, mais de 1.200 israelenses morreram em consequência do ataque terrorista do Hamas e dos atos que o acompanharam, 253 reféns foram levados de Israel para a Faixa de Gaza (alguns deles já morreram e os seus corpos ainda estão nas mãos dos terroristas) e mais de 3.300 feridos admitidos em hospitais israelenses. Se contarmos o contra-ataque israelense, nesse mesmo dia morreram 305 soldados (homens e mulheres), 58 policiais e 10 membros do Shabak.

As falhas operacionais foram múltiplas, a começar pela falta de um alerta prévio e geral. A surpresa custou muitas vidas e feridos *in situ*, e o atraso de horas na chegada de reforços às bases e posições das FDI agravou a situação, uma vez que civis e soldados estiveram durante muito tempo nas mãos de terroristas, e os combates, a perseguição de terroristas infiltrados e a consequente insegurança em toda a região foi questão de vários dias.

Deve-se assinalar que, desde o primeiro dia, dezenas de cidadãos árabes de Israel, na sua maioria beduínos, foram vítimas de ataques do Hamas, alguns inclusive levados como reféns, e que a maior parte da população árabe de Israel condenou o massacre de 7 de outubro. Os acontecimentos geraram traumas pessoais e sociais que atingiram nível nacional. Começou imediatamente uma espécie de caça às bruxas no lado israelense para identificar os responsáveis pelo que aconteceu.

■ ■

Houve graves falhas de inteligência militar e civil e, embora Israel já tivesse uma versão bastante detalhada do plano do Hamas, passo a passo, não lhe deu a devida atenção. Tampouco foram consideradas as múltiplas advertências das observadoras que controlavam a fronteira e viram o treinamento de grupos terroristas com suas picapes, motos e parapentes, bem como os exercícios do comando naval do Hamas.

Por trás de tudo isso estava a política dos sucessivos governos de Netanyahu, para os quais a existência-ameaça do Hamas justificava a não negociação política com uma Autoridade Palestina enfraquecida. A sua visão estratégica produziu a guerra de Gaza como resultado do jogo de equilíbrio que tentou manter frente ao Hamas e o seu governo em Gaza, por um lado, e a Fatah-OLP e o seu governo sobre a Autoridade Nacional Palestina, por outro.

Além disso, havia a crença de que os benefícios econômicos – transferências de dinheiro do Qatar e autorizações de trabalho para trabalhadores palestinos – geravam interesses que impediriam o Hamas de atacar Israel como um corolário necessário da sua posição ideológica, que rejeitava totalmente a existência de um Estado judeu no Oriente.

Declarações como as que Sinwar fez em maio de 2018 no *Al Jazeera* – "Preferimos morrer como mártires do que morrer de opressão e humilhação"; "Estamos dispostos a morrer e dezenas de milhares morrerão conosco" – eram interpretadas pelo lado israelense como um artifício retórico, sem compreender que o núcleo duro do Hamas tinha doutrinado desde a infância inúmeros combatentes dispostos a seguir o caminho do martírio em busca do ideal extremista islâmico. E, como demonstrou o psiquiatra alemão Kurt Schneider sobre o fanatismo, quando certos pensamentos e crenças atingem um tom emocional tão poderoso, subjugam a vida mental e, a partir desse momento, é impossível convencer as pessoas de qualquer fato ou ideia contrária.

Mas nada disso foi levado a sério, e as operações militares de Israel na Faixa de Gaza, não obstante a retórica política em contrário, nunca foram planejadas para destruir completamente a capacidade militar do Hamas ou para derrubar o seu controle sobre aquela região.

Esses "equilíbrios" foram corretamente interpretados pelo Hamas, que incentivava políticas para "entorpecer" os alertas que os sistemas de inteligência israelenses produziam com base em observações no terreno.

Por outro lado, dois dias antes do ataque de 7 de outubro, cem soldados da brigada de comando – outras versões alegam que era um batalhão e meio – foram transferidos da fronteira de Gaza para a Cisjordânia. Não está claro se isso ocorreu em resposta aos ataques de palestinos contra israelenses ou de colonos israelenses contra palestinos, ou que relação tudo isso tinha a ver com as manifestações de colonos israelenses em Jawara, devido aos ataques que ali ocorreram.

A verdade é que, na estrutura do governo de Netanyahu em 2023, o peso dos interesses da extrema-direita israelense e sua base social e política nos assentamentos da Cisjordânia conseguiram priorizar os interesses daquela área – o que é claramente visível não só nas ações governamentais e na distribuição de tropas, mas também na alocação do orçamento do Estado. Tudo isso prejudicava as duas outras áreas fronteiriças críticas, que eram a fronteira com o Líbano e a área em torno da Faixa de Gaza.

A isso devemos acrescentar o fenômeno da *hubris* (ὕβρις), ou orgulho e arrogância excessivos no grego antigo. Nesse caso, parece que um exagerado auto-orgulho teria gerado arrogância face ao inimigo e desprezo por ele e pelas suas capacidades intelectuais e operacionais, afetando o bom julgamento dos políticos, militares e agentes operacionais encarregados da avaliação necessária para gerar estratégias políticas israelenses.

Os chefes de inteligência, militares e políticos que governavam Israel desenvolveram uma concepção da realidade segundo a qual as ações militares israelenses em Gaza, por si só, haviam gerado um tal nível de dissuasão no Hamas que este, consciente da supremacia militar e tecnológica de Israel, não ousaria atacar e preferiria sempre negociar uma melhoria nos benefícios econômicos que Israel lhe poderia trazer.

Recordo-me da operação Hagurá Schekhorá (em hebraico, Cinturão Negro) de 2019, dirigida principalmente contra a Jihad Islâmica palestina, com a qual se pretendeu enviar a mensagem de que Israel conseguira atrasar em anos o terrorismo palestino em Gaza.

Nas elites, ninguém alertou sobre o quão perigoso era desprezar o inimigo, acreditar que o Hamas fosse incapaz de confrontar Israel com sucesso, racionalizar a inferioridade palestina como favorável aos objetivos de Israel. Tampouco ninguém nas elites político-militares advertiu – embora isso tenha ocorrido nos escalões mais baixos da inteligência militar – sobre a possibilidade de o Hamas gerar uma surpresa do calibre do Sábado Negro de 7 de outubro de 2023. E tudo isso apesar do distante, porém muito grave, precedente da experiência da Guerra de Yom Kipur-Ramadã de outubro de 1973, quando o fenômeno da arrogância e do desprezo pelo inimigo levou a uma surpresa militar que se converteu em uma catástrofe nacional e colocou em perigo a existência de Israel.

Do ponto de vista operacional, deve-se insistir que não foram tomadas as medidas preventivas necessárias para enfrentar os terroristas provenientes da Faixa de Gaza, não obstante a advertência aberta de Salah al-Arouri (1966-2024), um dos principais líderes do Hamas no canal de TV pan-árabe *Al Mayadin* (em árabe, Os Campos), próximo ao Hezbollah. No final de agosto de 2023, Al-Arouri anunciou que uma guerra aberta entre o Hamas e Israel era iminente, devido à necessidade de frear a aproximação entre Israel e a Arábia Saudita, às divisões internas e ao fato de Israel ter mobilizado poucas forças para defender a fronteira de Gaza. A elite governante israelense não só permaneceu indiferente diante de advertências públicas como essa, mas os seus membros aderiram à ideia de que "a calma seria respondida com calma" e que o Hamas tinha abandonado a ideia de atacar Israel.

Numa reunião governamental, algumas semanas antes do 7 de outubro, decidiu-se não agir contra o Hamas porque o Hamas não agiria contra Israel.

Hoje está claro – e os líderes do Hamas o afirmaram – que tudo isso fazia parte do seu plano para confundir o sistema de alerta israelense. Deve-se também levar em conta que, no mesmo 7 de outubro, os porta-vozes do Hamas chamaram o ataque a Israel de Dilúvio de Al-Aqsa, e observaram que, desde o estabelecimento do novo governo em Israel, a extrema-direita havia multiplicado as visitas de seus representantes e ativistas em Haram el Sharif, com o objetivo de profanar a mesquita de Al Aqsa, o terceiro lugar mais sagrado para o islã, e dela se apoderar.

A maioria dos líderes militares e o ministro da Defesa declararam-se imediatamente responsáveis pelos fracassos de 7 de outubro e dispostos a se demitirem após a guerra. O primeiro-ministro não o fez, embora mais tarde tenha admitido que depois da guerra seria necessário investigar as responsabilidades de todos os envolvidos.

■ ■

No dia 7 de outubro começaram os bombardeios israelenses sobre a Faixa de Gaza, com toda a problemática que exige isolar os objetivos militares atacáveis e reduzir ao máximo o número de vítimas civis entre os palestinos, tendo em conta que o Hamas e a Jihad Islâmica tinham instalações militares em bairros residenciais e campos de refugiados na Faixa de Gaza, bem como em todos os tipos de edifícios civis. Isso fazia parte da estratégia do Hamas e de outros grupos para aterrorizar a população civil israelense, mas também a população civil palestina, sujeita ao seu controle e parcialmente vítima não só das represálias israelenses como também da opressão direta exercida pelo terrorismo local.

Foi imediatamente declarada uma situação de guerra cujos objetivos eram destruir militarmente o Hamas e o seu controle sobre a Faixa de Gaza, a fim de eliminar qualquer ameaça a Israel e resgatar, pela força ou por meio de acordos, os reféns israelenses sequestrados pelos terroristas palestinos. Inicialmente, essas foram reações que não se beneficiaram de um planejamento estratégico claro.

O governo de Israel convocou mais de trezentos mil reservistas, com o consequente impacto na economia e na sociedade do país. O exército posicionou-se em torno de Gaza e preparou-se para invadi-la numa grande manobra terrestre.

O exército israelense teve de atuar num contexto em que o nível de cooperação civil com o Hamas, ou, se preferirem, a penetração do Hamas na sociedade civil palestina, é muito elevado. As FDI encontraram posições de combate e armas, explosivos e equipamento militar num grande número de residências privadas e há provas claras da utilização de ambulâncias para transportar armas e terroristas dentro de Gaza e da utilização de hospitais e escolas como bases para ataques terroristas. Tudo isso sugere que o objetivo declarado do governo israelense de eliminar a capacidade militar do Hamas para que ele não pudesse levar a cabo ataques contra Israel talvez seja possível, mas que eliminar o controle do Hamas sobre a Faixa de Gaza é um objetivo irreal.

Simultaneamente com a concentração em Gaza, as tropas foram dispersas nas fronteiras norte de Israel, especialmente contra o Hezbollah no Líbano, cujas forças começaram a realizar ataques quase imediatamente após o 7 de outubro, aos quais as FDI responderam de forma contundente.

O governo decidiu que as populações civis ao redor da Faixa de Gaza e ao longo da fronteira com o Líbano seriam evacuadas para hotéis, kibutzim e outros abrigos temporários durante a guerra, que em Israel foi chamada de Haravot Barzel (em hebraico, Espadas de Ferro).

Os líderes do país declararam desde o primeiro dia que a guerra continuaria até que os seus objetivos fossem atingidos, embora não seja claro até hoje se ambos os objetivos – desarmar e derrubar o governo do Hamas em Gaza e resgatar os reféns – podem ser alcançados em paralelo e, de qualquer forma, avisaram que isso levaria muitos meses e talvez até mais tempo.

O ministro da Defesa Gallant afirmou repetidamente que a forma mais eficaz de libertar reféns é por meio de ações militares que pressionem as organizações terroristas ao ponto de ceder nessa libertação. Essa posição recebe o apoio de Netanyahu, embora com o passar do tempo as famílias dos reféns não libertados e pessoas próximas a eles tenham começado a clamar e a exigir negociações – sempre por meio de terceiros – com o Hamas e a Jihad Islâmica para a libertação de todos os reféns em troca de prisioneiros palestinos nas prisões israelenses.

Entretanto, apesar dos níveis de penetração das FDI em Gaza, os grupos palestinos não pararam de lançar mísseis contra Israel. Estima-se que desde 7 de outubro tenham sido lançados mais de onze mil mísseis, aos quais se somam algumas centenas lançados pelo Hezbollah no Norte, e alguns lançados por grupos palestinos e pró-iranianos do Iêmen – os houthis – da Síria e do Iraque.

Nessa situação, as defesas antimísseis de Israel, especialmente o Domo de Ferro, provaram ser muito eficazes na defesa dos seus centros populacionais, mas a quantidade de mísseis lançados e daqueles disparados para os interceptar levou Israel a solicitar mísseis reservas aos EUA, um país que partilhou com Israel os custos e benefícios desse sistema de defesa.

Outro aspecto importante que se manifestou no dia 7 de outubro e nos dias seguintes foi a ineficácia dos ministérios do governo diante da crise. Nessa conjuntura, a sociedade civil – uma grande parte da qual estava bem organizada para protestar contra a revolução judicial – lançou campanhas de assistência aos soldados, aos deslocados, às famílias dos reservistas recrutados, aos setores mais pobres da sociedade israelense e aos agricultores paralisados pela crise devido à falta de mão de obra estrangeira, já que muitos trabalhadores do Leste Asiático deixaram Israel, enquanto os palestinos não conseguiam chegar aos seus locais de trabalho devido à mesma guerra e ao fechamento das passagens com Gaza e a Cisjordânia. A mobilização voluntária foi muito grande e eficiente e substituiu, em muitos casos, os ministérios, que foram ineficazes diante da magnitude da comoção.

É necessário salientar que a Guerra de Gaza encerrou a discussão sobre se as mulheres das FDI podem ou devem participar em unidades de combate. Desde o primeiro dia, como oficiais, suboficiais, soldadas e em inúmeras funções, as mulheres do exército regular e um grande número de reservistas distinguiram-se em todas as funções que lhes foram atribuídas e especialmente como combatentes, ombro a ombro com os seus colegas do sexo masculino.

■ ■

No âmbito internacional, as democracias ocidentais reagiram ao massacre de 7 de outubro condenando-o e apoiando Israel. Muitos chefes de Estado – incluindo Sunak (1980-), Macron (1977-) e Scholz (1958-) – visitaram Israel para demonstrar seu apoio nas primeiras semanas da guerra. Esse apoio enfraqueceu-se face ao massivo contra-ataque aéreo israelense e especialmente quando as tropas terrestres entraram na Faixa de Gaza a partir de 26 de outubro de 2023.

O apoio dos EUA, especialmente importante para Israel, foi perceptível desde o primeiro dia da guerra. Não só em nível militar e econômico, mas pelo envio de uma unidade da Sexta Frota para o Mediterrâneo Oriental, liderada pelo porta-aviões Gerald R. Ford, que deu respaldo ao apelo do presidente dos EUA, Joe Biden, a todos os atores no Oriente Médio, em particular ao Hezbollah e ao Irã, para que não interviessem na guerra. A fim de dissuadir o Irã ainda mais, os EUA enviaram para a região outra unidade liderada pelo porta-aviões Dwight D. Eisenhower, como medida de apoio.

O presidente Biden visitou Israel no dia 18 de outubro durante sete horas e meia e expressou o seu apoio a esse país e a sua total condenação ao massacre de 7 de outubro; enfatizou o direito de Israel à autodefesa e a necessidade de agir de acordo com as leis da guerra e a proteção de civis e das causas humanitárias em todos os casos. Não se tratava de ajuda irrestrita a Israel, mas de condicionar a ajuda ao cumprimento da norma internacional na forma como Israel conduziria essa guerra, que era aceita como defensiva devido à clara e bárbara agressão do Hamas no Sábado Negro.

No final de 2023, a África do Sul apresentou uma acusação de genocídio contra Israel à Corte Internacional de Justiça em Haia. Nessa ocasião, Israel decidiu reagir e enviar o ex-presidente do Supremo Tribunal de Israel, Aharon Barak, para se juntar à sessão plenária de juízes, juntamente com outros representantes jurídicos israelenses.

Ao mesmo tempo, o conflito espalhou-se em mais de uma direção. Os ataques do Hezbollah no Norte de Israel abrem uma segunda frente de guerra no Líbano para destruir o Hezbollah ou pelo menos mover as suas forças militares mais poderosas – a Brigada Raduan – para longe da fronteira de Israel e resolver o problema da enorme capacidade militar e dos mísseis dessa organização, proeminente devido aos seus laços com o Irã.

Na Cisjordânia, o apoio ao Hamas cresceu na sequência dos ataques israelenses a grupos terroristas nos campos de refugiados de Jenin, Nablus e Tulkarem e do sucesso de 7 de outubro, de modo que os apelos à rebelião ali e em Jerusalém Oriental por parte dos líderes do Hamas permanecem em vigor.

Além disso, Israel enfrenta grupos palestinos do Hamas ou próximos dele que agem a partir do Líbano e da Síria, e grupos pró-iranianos na Síria e no Iraque, que por vezes lançam mísseis contra o norte de Israel, enquanto os houthis do Iêmen lançaram mísseis e VANTs com cargas explosivas sobre o Sul de Israel.

Para além da confrontação ou da guerra de baixa intensidade que tem sido levada a cabo de várias formas desde 2012, deve-se notar que, para o Irã, o apoio contínuo ao Hamas em armas, treinamento, dinheiro e inteligência tem sido muito lucrativo com a Guerra de Gaza, uma vez que por meio dos seus parceiros menores como o

Hamas, a Jihad Islâmica, o Hezbollah, os houthis e grupos na Síria e no Iraque, e sem entrar num confronto direto com Israel ou com os EUA, conseguiu criar um problema grave para Israel.

É claro que a decisão de atacar no Sábado Negro foi tomada pelo Hamas, sem consultar o Irã, mas isso não diminui as responsabilidades desse país no seu apoio aos grupos terroristas palestinos.

■ ■

A Guerra de Gaza é o resultado de uma iniciativa estratégica e de uma dupla armadilha que o Hamas preparou para Israel e cujos resultados ainda não foram definidos. Em primeiro lugar, o Hamas antecipou que a resposta ao massacre do Sábado Negro seria um forte contra-ataque aéreo israelense que, por si só, ao fim de alguns dias, voltaria a maior parte da opinião pública mundial para a causa palestina, mais uma vez transformada em vítima da superioridade militar israelense e que o massacre de 7 de outubro ficaria em segundo plano, tal como aconteceu.

Por outro lado, o Hamas tinha certeza de que a campanha aérea israelense seria seguida pela entrada de um forte contingente terrestre de infantaria, blindados e batalhões de engenharia militar (além de toda a logística envolvida) que teriam que enfrentar uma situação de combate urbano contra a força militarmente estruturada do Hamas que, após o seu ataque contra Israel – Izz al-Din al-Qassam –, se transformaria numa espécie de guerrilha urbana. Utilizando as armadilhas e túneis preparados antecipadamente e durante anos, o Hamas transformaria a manobra terrestre israelense num exercício dispendioso e desgastante.

A dupla armadilha funcionou, e a isso devemos acrescentar o problema da libertação de 253 reféns de todas as idades, civis e soldados, que em Israel provocou uma mudança na opinião pública interna.

O resgate direto de reféns pelo exército funcionou duas vezes e falhou em mais algumas. A teoria de que o Hamas negocia apenas sob forte pressão militar, desmantelamento das suas próprias forças e estruturas e perda de controle territorial para as FDI é difícil de provar. Os reféns que Israel conseguiu libertar até agora, por meio de negociações, envolveram a entrega de prisioneiros do Hamas em Israel numa proporção de três para cada refém resgatado, cessar--fogo e abertura de canais de abastecimento e ajuda humanitária à Faixa de Gaza que, uma vez chegados a essa área, são em grande parte controlados pelo Hamas.

A libertação de reféns começou em 20 de outubro com duas estadunidenses e, três dias depois, com duas idosas israelenses. Um cessar-fogo foi estabelecido em 24 de novembro e durou até 1º de dezembro, e o Hamas e a Jihad Islâmica libertaram 110 reféns. Setenta e oito eram mulheres e crianças israelenses, que foram entregues no âmbito de um acordo entre Israel e o Hamas com a mediação do Qatar, do Egito e com pressão dos EUA sobre as partes. Havia também numerosos trabalhadores estrangeiros, principalmente tailandeses. Desde o início de dezembro de 2023, não foi possível negociar outra trégua ou a consequente libertação de reféns, e estima-se que ainda existam 134 reféns em Gaza, especialmente em Rafah, o último reduto do Hamas, mais de trinta dos quais parecem estar mortos. A posição do governo israelense tem sido a de rejeitar – não obstante a forte pressão interna de famílias e ativistas que atuam em nome dos reféns – as exigências do Hamas para acabar com a guerra e libertar muitos prisioneiros palestinos das prisões israelenses, especialmente aqueles que cumprem longas penas por atos terroristas que resultaram em mortes e feridos israelenses.

Nesse sentido, é importante recordar o precedente de Gilad Schalit, capturado pelo Hamas no lado israelense da fronteira de Gaza em julho de 2006 e libertado, com a intermediação do Egito, pelo segundo governo de Netanyahu, após uma longa campanha e pressões internas a seu favor, em outubro de 2011, em troca de 1027 terroristas palestinos presos em Israel, entre os quais estavam Yahya Sinwar (1962-) e Saleh al-Arouri, que se tornariam os líderes do Hamas. Após a sua libertação, Schalit foi recebido pessoalmente pelo primeiro-ministro num evento altamente divulgado. Esse precedente é muito desfavorável a Israel na situação atual em que o número de reféns é tão elevado.

Netanyahu absteve-se de propor opções para o seu próprio governo ou de debater sobre o futuro político da Faixa de Gaza. Ele fez declarações públicas rejeitando as exigências dos EUA, da União Europeia e de outros aliados e Estados com os quais Israel mantém boas relações, bem como da maior parte do restante do mundo. Ele se recusa a negociar o problema palestino e a contemplar a sua solução por meio do estabelecimento de um Estado Palestino próximo de Israel com fronteiras semelhantes às anteriores à Guerra dos Seis Dias (junho de 1967) ou com pequenas correções, ou seja, um regresso à quase esquecida linha verde.

O paralelismo ideológico entre a extrema-direita israelense – agora uma parte dominante do governo de Netanyahu – e a liderança do Hamas vem à luz. Na prática política, o massacre de 7 de outubro e a subsequente guerra demonstram que ambos os lados estão envolvidos em um jogo de soma zero, no qual o vencedor imporá à força a sua vontade ao perdedor. À extrema-direita nacionalista messiânica interessa que Israel se estenda desde o rio Jordão até o Mediterrâneo e desde a fronteira libanesa até Eilat – incluindo a Faixa de Gaza. Esse mesmo território é aquele que o Estado islâmico palestino liderado pelo Hamas – que seria a força religiosa nacionalista e extremista muçulmana no âmbito palestino – quer ocupar e governar depois de eliminar o Estado judeu, ou seja, Israel. Nenhuma das partes planeja ceder a um verdadeiro acordo político em que Israel e Palestina coexistam nesse território dividido.

É óbvio que o problema não pode ser solucionado apenas por meios militares e que o importante seriam os acordos políticos que teriam de ser negociados no final dessa guerra. Dado que nem os palestinos nem os israelenses irão abandonar esse território, a lógica impõe negociações políticas com pressões, incentivos e apoios internacionais. Nenhuma das partes ficará satisfeita com os resultados desses acordos políticos, pois cada uma sentirá que pagou um preço demasiado elevado pela paz. Por outro lado, os acordos poderiam promover um longo processo de pacificação que permitiria às maiorias de cada parte, e ao entorno, viver em paz.

A história de Israel moderno viu o seu período mais trágico e dramático na quarta década do século XX, em que ocorreu o extermínio no Holocausto judeu na Europa e a fundação do Estado de Israel no meio de uma guerra contra os palestinos e seus vizinhos árabes. Os palestinos e os árabes em torno de Israel experimentaram uma derrota após outra na sua tentativa de desmantelar o projeto sionista e sofreram as suas perdas humanas e materiais como humilhações públicas, que desequilibraram os seus sistemas políticos e também afetaram o mundo muçulmano.

Nas palavras do escritor libanês Amin Maalouf, poucos são suficientemente sensíveis para compreender a profundidade de ambas as tragédias. Aqueles que as compreendem são os mais tristes e desamparados, tanto entre os judeus como entre os árabes. As tragédias rivais, centrais nas histórias de Israel e do Oriente Médio moderno, provêm razões suficientes para superar as elevadas barreiras dos sentimentos conflitantes e abrir as perspectivas racionais de uma paz negociada como a única forma de enfrentar passados tão dramáticos, oferecendo um horizonte humanista e universalista que respeite os sofrimentos já vividos por todas as partes.

REFERÊNCIAS

Em espanhol, o autor utilizou a obra de Shlomo Ben-Ami e Zvi Medin, *Historia del Estado de Israel* (1981); a de Shlomo Ben-Ami, *Israel Entre la Guerra y la Paz* (1999); a de Joan Cullá, *La Tierra Más Disputada: El Sionismo, Israel y el Conflicto de Palestina* (2005); e a de Paul Johnson, *La Historia de los Judíos* (2003). Também foi utilizada a obra de Simon Schama, *La Historia de los Judíos: Em Busca de las Palabras, 1000 a.C –1492* (2015) (v. 1). É excepcional a introdução histórico-teórica de Antonio Hermosa Andújar à tradução espanhola de *El Estado Judío* (2006) de Theodor Herzl, cujo livro é uma fonte central desta pesquisa. Carmen López Alonso é autora de uma edição atualizada de seu *Hamás: De la Marcha Hacia el Poder al Vuelo de Ícaro* (2024). Um excelente trabalho analítico é o de María Luiza Tucci Carneiro, *Dez Mitos Sobre os Judeus* (2014), traduzido para espanhol, inglês e francês. O artigo de Judit Bokser Liwerant, "Fuentes de Legitimación de la Presencia Judia em México: El Voto Positivo de México a la Ecuación Sionismo-Racismo", em *Judaica Latinoamericana III* é importante para entender a relação entre a diáspora judaica e a política israelense. Foram utilizados artigos de Leonardo Senkman, Gayil Talshir e Mario Sznajder em *Araucaria* (2013) e diversos outros artigos de Sznajder. Foi consultada a obra de Ana Nuño, "Hannah Arendt and Gershon Sholem", *Raíces* (1998), bem como as interessantes reflexões do grande escritor libanês Amin Maalouf em *Los desorientados* (2012). Além disso, embora não traduzidas para o espanhol, é imprescindível consultar a *Jewish Encyclopedia* publicada em Nova York em 1906 e a *Encyclopaedia Judaica* (1972-2010), cujas versões eletrônicas constituem magníficas fontes secundárias.

No que diz respeito à relação entre judaísmo e Israel, destaca-se Shmuel N. Eisenstadt, *Jewish Civilization: The Jewish Historical Experience in a Comparative Perspective* (1992). Na história de Israel em geral, sobressaem-se os livros de Howard M. Sachar *A History of Israel* (2007) e *Israel and Europe: An Appraisal in History* (1999), bem como a obra de Simon Sebag Montefiore, *Jerusalem: A Biography* (2011), que toca no epicentro de todos os fatos aqui mencionados. Ademais, a obra de Colin Shindler, *A History of Modern Israel* (2008), também é muito útil. As fontes primárias indispensáveis são as obras de Flávio Josefo, *De bello Judaico* (A Guerra dos Judeus) e o trabalho de Filo de Alexandria, especialmente *Legatio ad Gaium* (Embaixada a Gaio).

Sobre a história econômica deve-se ler Nadav Halevi; Ruth Klinov-Malul, *The Economic Development of Israel* (1968); Miguel Bruno, "Generating a Sharp Disinflation: Israel 1985", *National Bureau of Economic Research Working Paper Series* (1986); Michael Bruno, *Crisis, Stabilization, and Economic Reform: Therapy by Consensus* (1993); Yakir Plessner, *The Political Economy of Israel: From Ideology to Stagnation* (1994); e Paul Rivlin, *The Israeli Economy from the Foundation of the State through the 21st Century* (2011).

O desenvolvimento do termo "Palestina" e a história desse povo estão muito bem apresentados na obra de Gudrun Krämer, *A History of Palestine: From the Ottoman Conquest to the Founding of the State of Israel* (2008). Devem ser consultados *sir* Moses Montefiore e lady Judith Cohen Montefiore, *Diaries of Sir Moses and Lady Montefiore* (1890).

As citações bíblicas foram extraídas da *Bíblia de Jerusalém* (2009). No tocante à época bíblica, foi verificada a obra de Israel Finkelstein; Neil Asher Silberman, *The Bible Unhearhearted: Archeology's New Vision of Ancient Israel* (2001), bem como a de John Riches, *The Bible: A Very Short Introduction* (2000). A narrativa da época herodiana está muito bem analisada em Nachman Ben-Yehuda, *The Masada Myth: Collective Memory and Mythmaking in Israel* (1995).

Entre as fontes secundárias sobre o antissemitismo moderno destaca-se a obra de Jarrod Tanny, *City of Rogues and Schnorrers: Russia's Jews and the Myth of Old Odessa* (2011). Não obstante, Bernard Lewis, em *The Jews of Islam* (1987), também analisa a judeofobia islâmica.

Sobre as origens e o desenvolvimento das ideias sionistas e das correntes políticas judias são essenciais as obras de Shlomo Avineri: *The Making of Modern Zionism: The Intellectual Origins of the Jewish State* (1981); *Moses Hess: Prophet of Communism and Zionism* (1985); *Arlosoroff* (1990); e *Herzl: Theodor Herzl and the Foundation of the Jewish State* (2013). Ver também Arthur Herzberg, *The Zionist Idea* (1997).

Uma boa análise do sionismo moderno e seus problemas é encontrada em Alan Dowty, "Much Ado about Little: Ahad Ha'am's 'Truth from Eretz Yisrael', Zionism, and the Arabs", *Israel Studies* (2000); e *The Jewish State, A Century Later* (2001). Ver também Esther Benbassa, "The Question of Palestine", *Studies on Zionism* (1990).

As reações árabes ao sionismo são importantes e deve-se consultar Najib Azouri, *Le Réveil de la nation arabe dans l'Asie turque* (1905) e, como uma fonte mais recente, Maxime Rodinson, *Israel and the Arabs* (1982). Não se deve esquecer George Antonius, *The Arab Awakening: The Story of the Arab National Movement* (1939) e Albert Hourani, *A History of the Arab Peoples* (1991). Ver também Adam M. Garfinkle, "On the Origin, Meaning, Use and Abuse of a Phrase", *Middle Eastern Studies* (1991).

Sobre o tema palestino é necessário consultar as obras de Yezid Sayigh, *Armed Struggle and the Search for State: The Palestinian National Movement, 1949-1993* (1997); Walid Khalidi, "Plan Dalet: Master Plan for the Conquest of Palestine", *Journal of Palestine Studies* (1988); e Shaul Mishal; Avraham Sela, *The Palestinian Hamas: Vision, Violence and Coexistence* (2000).

No que diz respeito aos mitos fundacionais, é fundamental o texto de Zeev Sternhell, *The Founding Myths of Israel: Nationalism, Socialism and the Making of the Jewish State* (1998). Quanto às origens do coletivismo israelense, ver a dissertação de Doutorado de Etan Bloom, *Arthur Ruppin and the Production of the Modern Hebrew Culture* (2008).

Sobre o sionismo religioso escreveram Aviezer Ravitzky, *Messianism, Zionism and Jewish Religious Radicalism* (1993) e *Religious and Secular Jews in Israel: a Kulturkampf?* (2000); Menachem Friedman, "Haredim and Palestinians in Jerusalem", em Marshall J. Berger; Ora Ahimeir (eds.), *Jerusalem: A City and its Future* (2002); Menachem Friedman, "Jewish Zealots: Conservative versus Innovative", em Emmanuel Sivan; Menachem Friedman (eds.), *Religious Radicalism and Politics in the Middle East* (1990); e Benjamin Brown, "Jewish Political Theology: The Doctrine of Daat Torah as a Case Study", *Harvard Theological Review* (2014).

As biografias mais importantes com relação a esta obra são: Robert W. St. John, *Builder of Israel: The Story of Ben-Gurion* (1961); Shabtai Teveth, *The Burning Ground: A Biography of David Ben-Gurion* (1997); Shabtai Teveth, *Ben-Gurion and the Palestinian Arabs: From Peace to War* (1985); Gabriel Sheffer, *Moshe Sharett: Biography of a Political Moderate* (1996); Zvi Elpeleg, *The Grand Mufti: Haj Amin Al-Hussaini, Founder of the Palestinian National Movement* (1993); Norman Bentwich; Michael Kisch, *Brigadier Frederick Kisch: Soldier and Zionist* (l966); Golda Meir, *My Life* (1975); e Itzhak Rabin, *The Rabin Memoirs* (1979-1996).

Entre as obras de maior destaque dos historiadores revisionistas ou novos historiadores encontram-se os estudos de Benny Morris: *1948 and After: Israel and the Palestinians* (1994); *Righteous Victims: A History of the Zionist-Arab Conflict 1881-2001* (2001); e *The Birth of the Palestinian Refugee Problem Revisited* (2004). Avi Shlaim contribui com seus excelentes estudos sobre as relações entre Israel e a Transjordânia-Jordânia e outros temas. Ver "Husni Za'im and the Plan to Resettle Palestinian Refugees in Syria", *Journal of Palestine Studies* (1986); *Collusion Across the Jordan: King Abdullah, the Zionist Movement, and the Partition of Palestine* (1988); "The Protocol of Sèvres, 1956: Anatomy of a War Plot", *International Affairs* (1997); *The Iron Wall: Israel and the Arab World* (2000); *The Politics of Partition: King Abdullah, the Zionists, and Palestine 1921-1951* (2004);

"Israel and the Arab Coalition in 1948", em Eugene L. Rogan; Avi Shlaim (eds.), *The War for Palestine* (2007). Um dos mais proeminentes historiadores israelenses revisionistas é Ilan Pappé, "An Uneasy Coexistence: Arabs and Jews in the First Decade of Statehood", em Ilan Troen; Noah Lucas (eds.), *Israel: The First Decade of Independence* (1995); e sua obra principal, *The Ethnic Cleansing of Palestine* (2006) (A Limpeza Étnica da Palestina).

Também é importante ler Ian S. Lustick, "Israeli History: Who is Fabricating What?", *Survival* (1997) e Anat Leibler; Daniel Breslau, "The Uncounted: Citizenship and Exclusion in the Israeli Census of 1948", *Ethnic and Racial Studies* (2005); ver também Tom Segev, *1949: The First Israelis* (1998) e *One Palestine Complete: Jews and Arabs under the British Mandate* (2013).

Com relação aos historiadores tradicionais – como também a sociólogos, economistas e politólogos – cujas obras foram consultadas, deve-se assinalar Efraim Karsh, *Fabricating Israeli History* (2000); Colin Shindler, *A History of Modern Israel* (2008); Yoav Gelber, "The Historical Role of Central European Immigration to Israel", *Leo Baeck Institute Yearbook* (1993); Anita Shapira, *Land and Power* (1992) e *L'Imaginaire d'Israël: histoire d'une culture politique* (2005); Peter Medding, *The Founding of Israeli Democracy 1948-1967* (1990); Asher Arian, *The Second Republic: Politics in Israel* (1998); Nir Kedar, "Ben-Gurion's Mamlakhtiyut: Etymological and Theoretical Roots", *Israel Studies* (2002); Ilan Troen; Noah Lucas (eds.), *Israel: The First Decade of Independence* (1995); Benjamin Akzin; Yehezkel Dror, *Israel: High Pressure Planning* (1966); Ben Ami (pseudônimo de Lova Eliav), *Between Hammer and Sickle* (1967); Ziva Galili; Boris Morozov, *Exiled to Palestine: The Emigration of Zionist Convicts from the Soviet Union, 1924-1934* (2006); e Martin Gilbert, *The Routledge Atlas of the Arab/Israeli Conflict* (2006). Os excepcionais trabalhos de sociologia política de Dan Horowitz; Moshe Lissak, *The Origins of the Israeli Polity: Palestine under the Mandate* (1978) e *Trouble in Utopia: The Overburdened Polity of Israel* (1989) propõem uma série de teorias por eles mesmos aplicadas ao caso de Israel. Sobre teorias de cidadania, ver Gershon Shafir; Yoav Peled, *Being Israeli* (2002).

Sobre a guerra de 1947-1949 consultar Tuvia Friling; S. Ilan Troen, "Proclaiming Independence: Five Days in May from Ben-Gurion's Diary", *Israel Studies* (1998); sir Alec Kirkbride, *From the Wings: Amman Memoirs 1947-1951* (1976); Chaim Herzog, *Arab-Israeli Wars: War and Peace in the Middle East* (2010); Dan Kurzman, *Genesis 1948: The First Arab-Israeli War* (2005); Jon Kimche; David Kimche, *A Clash of Destinies: The Arab-Jewish War and the Founding of the State of Israel* (1960); e Efraim Karsh, *The Palestine War 1948* (2002).

A Guerra dos Seis Dias (1967) é um ponto-chave na história contemporânea de Israel, que tem sido abordada em praticamente quase toda obra geral, porém com grande perícia por Michael Oren, *Six Days of War in June 1967 and the Making of the Modern Middle East* (2002); Isabella Ginor; Gideon Remez, *Foxbats over Dimona: The Soviets' Nuclear Gamble in the Six-Day War* (2007); Ami Gluska, *The Israeli Military and the Origins of the 1967 War: Government, Armed Forces and Defence Policy 1963-1967* (2007); Avi Raz, "The Generous Peace Offer That Was Never Offered: The Israeli Cabinet Resolution of June 19, 1967", *Diplomatic History* (2013); e David Kretzmer, *The Occupation of Justice: The Supreme Court of Israel and the Occupied Territories* (2002).

Por outro lado, a Guerra de 1973 – Iom Kipur, Ramadã, Outubro – e suas sequelas são muito bem analisadas nas seguintes obras: Uri Bar Joseph, *The Watchman Fell Asleep* (2005); Muhamad H. Heikal, *The Road to Ramadan* (1976); e Shmuel L. Gordon, "The Air Force and the Yom Kippur War: New Lessons", em P.R. Kumaraswamy (ed.), *Revisiting the Yom Kippur War* (2000).

O processo de paz entre Israel e o Egito foi examinado em uma série de trabalhos investigativos de muito bom nível, que incluem os de Yaacov Bar-Siman-Tov, *Israel and the Peace Process 1977-1982: In Search of Legitimacy and Peace* (1994); de Arie M. Kacowicz; Yaacov Bar-Siman-Tov; Ole Elgström; Magnus Jernek (eds.), *Stable Peace Among Nations* (2000); e de Harry Hurwitz; Yisrael Medad, *Peace in the Making: The Menachem Begin-Anwar El-Sadat Personal Correspondence* (2011).

O tema nuclear tem sido abordado em uma série de investigações e fontes secundárias, entre as quais se destacam as obras de

Ilan Troen, "The Protocol of Sèvres: British, French, Israeli Collusion Against Egypt, 1956", *Israel Studies* (1996); "Israel's Nuclear Weapon Capability: An Overview", *The Risk Report* (1996); Avner Cohen, *Israel and the Bomb* (1998); Warner D. Farr, "The Third Temple's Holy of Holies: Israel's Nuclear Weapons", *The Counterproliferation Papers* (1999); Yoel Cohen, *The Whistleblower of Dimona: Vanunu, Israel and Nuclear Secrecy* (2005); e Avner Cohen; William Burr, "Israel Crosses the Threshold", *Bulletin of the Atomic Scientists* (2006).

Outras obras importantes são: Eli Sha'altiel, "David Ben-Gurion on Partition 1937", *Jerusalem Quarterly* (1979); Helen Chapin Metz, *Israel, a Country Study* (1990); Colin Shindler, *The Triumph of Military Zionism* (2005); Moshe Gat, *The Jewish Exodus from Iraq 1948-1951* (2013); Yehoshua Porath, "Mrs. Peter´s Palestine", *The New York Review of Books* (1986); Joan Peters, *From Time Immemorial: The Origins of the Arab-Jewish Conflict over Palestine* (1984); Paul L. Kesaris (ed.), *Confidential US State Department Central Files: Palestine United Nations Activities, 1945-1949* (1987); Bernard Reich; Joseph E. Goldberg; Stephen H. Gotowicki; Sanford R. Silverburg; Mark Daryl Erickson (eds.), *An Historical Encyclopedia of the Arab-Israeli Conflict* (1996); Ehud Sprinzak, *Brother against Brother: Violence and Extremism in Israeli Politics from Altalena to the Rabin Assassination* (1999); e Ami Pedahzur; Arie Perliger, *Jewish Terrorism in Israel* (2009).

O tema dos problemas étnicos em Israel é analisado por Sammy Smooha, "Ethnic Democracy: Israel as an Archetype", *Israel Studies* (1997). No que diz respeito ao Schas, encontra-se em David Lehmann; Batia Siebzehner, *Remaking of Israeli Judaism: The Challenge of Schas* (2006). Sobre temas locais-municipais, ver Hana Ofek, "The Integration of Renewal Neighborhoods into the Mainstream of Israeli Society: Illusion or Reality?", em Efraim Ben-Zadok (ed.), *Local Communities and the Israel Polity: Conflicts of Values and Interests* (1993); Frederick A. Lazin, *Politics and Policy Implementation: Project Renewal in Israel* (1994); Yoav Peled, "Ethnic Exclusionism in the Periphery: The Case of Oriental Jews in Israel's Development Towns", *Ethnic and Racial Studies* (1990).

O estudo da relação entre Israel e a diáspora judaica está muito bem abordado em Eliezer Ben-Rafael; Judit Bokser Liwerant; Yosef Gorny (eds.), *Reconsidering Israel-Diaspora Relations* (2016). As informações estatísticas relevantes foram compiladas em Fred M. Gottheil, "The Smoking Gun: Arab Immigration into Palestine, 1922-1931", *The Middle East Quarterly* (2003); Matthias Riess, "Israel", em Dieter Noheln; Florian Grotz; Christof Hartman (eds.), *Elections in Asia and the Pacific: A Data Handbook* (2004); e nos anuários e monografias do Central Bureau of Statistics de Israel, que geralmente incluem resumos em inglês.

No que tange ao Holocausto e seu impacto sobre a Palestina e Israel, ver Raul Hilberg, *The Destruction of European Jews* (1973); Aviva Halamish, *The Exodus Affair: Holocaust Survivors and the Struggle for Palestine* (1988); Robert Wistrich, *Muslim Anti-Semitism: A Clear and Present Danger* (2002); Hannah Arendt, *Eichmann in Jerusalem: A Report on the Banality of Evil* (1963); Michel Ezra, "The Eichmann Polemics: Hannah Arendt and her Critics", *Democratiya* (2007); Raanan Rein, *Argentina, Israel, and the Jews: Perón, the Eichmann Capture, and After* (2003); Idith Zertal, "From the People's Hall to the Wailing Wall: A Study in Memory, Fear and War", *Representations* (2000); e Dalia Ofer, "The Strength of Remembrance: Commemorating the Holocaust During the First Decade of Israel", *Jewish Social Studies* (2000).

Foram também consultados para este livro os trabalhos de Wendy Pearlman, *Violence, Nonviolence and the Palestinian National Movement* (2011); Edward W. Said, "Intifada and Independence", em Zachary Lockman; Yoel Beinin (eds.), *Intifada: The Palestinian Uprising Against Israeli Occupation* (1989); Samih K. Farsoun; Jean M. Landis, "The Sociology of an Uprising: The Roots of the Intifada", em Jamal R. Nassar; Roger Heacock, *Intifada: Palestine at the Crossroads* (1990); Amal Jamal, *Palestinian National Movement: Politics of Contention 1967-2005* (2005); Eitan Y. Alimi, *Israeli Politics and the First Palestinian Intifada* (2007); Khalil Tofakji, "Settlements: A Geographic and Demographic Barrier to Peace", *Palestine-Israel Journal of Politics, Economics and Culture* (2000); Patrick Tyler,

Fortress Israel (2012); Michael I. Handel; Uri Bar-Joseph; Amos Perlmutter, *Two Minutes Over Baghdad* (2005); Amnon Kapeliouk, *Sabra and Chatila: Inquiry into a Massacre* (1984); Louis Rappoport, *Redemption Song: The Story of Operation Moses* (1986); Stephen Spector, *Operation Solomon: The Daring Rescue of the Ethiopian Jews* (2005); Anatoly Shcharansky, "Ceasing a Life of Double Thinking", *Jewish Quarterly* (1986); Mario Sznajder, "The Impact of the Gulf Crisis in Israel", *The Jewish Journal of Sociology* (1994); Mario Sznajder, "The Israeli Home Front and the Gulf War", *Defense Analysis* (1995); Hilde Henriksen Waage, "Postscript to Oslo: The Mistery of Norway's Missing Files", *Journal of Palestine Studies* (2008); Hassan Afif El-Hasan, *Israel Or Palestine? Is the Two-state Solution Already Dead? A Political and Military History of the Palestinian-Israeli Conflict* (2010); Yoram Peri (ed.), *The Assassination of Itzhak Rabin* (2000); Samuel Peleg, *Zealotry and Vengeance: Quest of a Religious Identity Group: A Sociopolitical Account of the Rabin Assassination* (2002); Carolyn Marvin; David W. Eagle, "Blood Sacrifice and the Nation: Revisiting Civil Religion", *Journal of the American Academy of Religion* (1996); Mario Sznajder, "Causes of the Breakdown of the Israeli-Palestinian Peace Process in a Comparative Perspective", em Sergio L. Germani; Devarayapuram R. Kaarthikeyan (eds.), *Pathways Out of Terrorism and Insurgency: The Dynamics of Terrorist Violence and Peace Processes* (2005); Mario Sznajder, "A Draft Proposal for Israeli Palestinian Security", *Is Oslo Alive?* (1998); Augustus Richard Norton, "Hizballah and the Israeli Withdrawal from Southern Lebanon", *Journal of Palestine Studies* (2000); Michel Zlotowski, "Le Crepuscule de la ALS", *Politique Internationale* (2000); Robert Malley; Hussein Agha, "Camp David: The Tragedy of Errors", *The New York Review of Books* (2001); Shlomo Ben-Ami, *Scars of War, Wounds of Peace: The Israeli-Arab Tragedy* (2006); Nona Gorilovskaya, "The Missing Peace", *Mother Jones* (2004); Esther Pan, "December 2000: Clinton Parameters", *Middle East Peace Plans Background* (2016).

A maioria das fontes primárias pode ser consultada – em hebraico e em inglês – nos *sites* do governo israelense, da Agência Judaica, da

Jewish Virtual Library (Biblioteca Virtual Judaica) e muitos outros. São também fontes importantes os sites do governo dos EUA, dos governos europeus e de outros países, bem como os da OLP e os dos governos árabes. Sem esquecer as fontes primárias da ONU e os documentos elaborados por essa instituição, também utilizados neste texto. Foram inclusive obtidas informações úteis sobre acontecimentos, discursos, comentários, bem como material gráfico, da imprensa diária; da mesma forma, outras fontes foram consultadas e comparadas, como os jornais israelenses *Haaretz* – em hebraico e inglês – *Maariv*, *Yediot Ahronoth*, *Hadashot*, *Al-HaMishmar* e *Davar*, além de *Ha-Olam ha-Ze*, *The Jerusalem Post* e *Times of Israel*. Outras publicações incluíram o *The New York Times*, o *The Washington Post*, o *The Guardian*, o *The Times* e o *The Sunday Times*, de acordo com as necessidades do texto. Portais jornalístico-analíticos na internet como *Al-Monitor*, *Axios* e outros são muito úteis, assim como os sites *ISSN* e *BESA* que publicam pesquisas atuais sobre Israel.

Este livro foi impresso na cidade de Barueri,
nas oficinas da Printi Gráfica, em setembro de 2024,
para a Editora Perspectiva.